MONOGRAPHIEN AUS DEM GESAMTGEBIET DER PHYSIOLOGIE DER PFLANZEN UND DER TIERE

HERAUSGEGEBEN VON

F. CZAPEK-PRAG †, M. GILDEMEISTER-BERLIN, E. GODLEWSKI JUN.-KRAKAU, C. NEUBERG-BERLIN, J. PARNAS-LEMBERG

REDIGIERT VON J. PARNAS

ERSTER BAND

DIE WASSERSTOFFIONENKONZENTRATION

VON

LEONOR MICHAELIS

TEIL I

DIE THEORETISCHEN GRUNDLAGEN

BERLIN
VERLAG VON JULIUS SPRINGER
1922

DIE WASSERSTOFFIONEN-KONZENTRATION

IHRE BEDEUTUNG FÜR DIE BIOLOGIE UND DIE METHODEN IHRER MESSUNG

VON

DR. LEONOR MICHAELIS
A. O. PROFESSOR AN DER UNIVERSITÄT BERLIN

ZWEITE, VÖLLIG UMGEARBEITETE AUFLAGE
MANULDRUCK 1927
UNVERÄNDERTER NEUDRUCK
MIT EINEM DIE NEUERE FORSCHUNG BERÜCKSICHTIGENDEN ANHANG

TEIL I

DIE THEORETISCHEN GRUNDLAGEN

MIT 32 TEXTABBILDUNGEN

BERLIN
VERLAG VON JULIUS SPRINGER
1922

ISBN-13:978-3-642-88800-7 e-ISBN-13:978-3-642-90655-8
DOI: 10.1007/978-3-642-90655-8

SOFTCOVER REPRINT OF THE HARDCOVER 2ND EDITION 1922

Vorwort zur ersten Auflage.

Niemand wird leugnen, daß es für den Ablauf vieler chemischen Prozesse, und ganz besonders aller biologisch interessierenden Prozesse von großem Einfluß ist, ob sie bei „saurer" oder bei „alkalischer Reaktion" verlaufen. Trotzdem sind bis heute viele Physiologen über diese rein qualitative Erkenntnis kaum hinausgekommen. Der Grund hierfür liegt darin, daß die quantitative Bestimmung der Azidität und Alkalität eine Methode des Denkens und des Arbeitens erfordert, die noch durchaus nicht zum Allgemeingut der physiologischen Chemiker geworden ist. Und so steht denn die Sache heute so, daß trotz der prinzipiellen Anerkennung der Wichtigkeit der „Reaktion" in Wahrheit ihre Bedeutung von der Mehrzahl der Biologen noch nicht genügend gewürdigt worden ist.

Das hat zur Folge gehabt, daß viele sonst sorgfältige Arbeiten Angriffspunkte für eine berechtigte Kritik bieten, weil viele richtige Beobachtungen auf eine falsche Ursache zurückgeführt worden sind. Einige Beispiele werden das erläutern. Ein Autor fand, daß Blutserum die Wirkung des rohrzuckerspaltenden Fermentes der Hefe hemmt, und er schließt daraus, daß das Serum einen Antikörper gegen Invertase enthält. In Wirklichkeit kann man aber mit jeder beliebigen wäßrigen Lösung, welche die gleiche Wasserstoffionenkonzentration wie Serum hat, denselben Effekt erreichen. Ein anderer Autor fand, daß die Wirkung der Speicheldiastase durch primäres Natriumphosphat gehemmt wird, durch sekundäres ebenso, und findet dann zu seiner Verwunderung, daß ein Gemisch beider die Wirkung fördert. Es liegt ihm aber ganz fern, diese höchst einfache Erscheinung auf die verschiedene Wasserstoffionenkonzentration dieser drei Lösungen zurück zu führen. Ein Autor findet, daß das überlebende Herz, mit zuckerhaltiger Salzlösung durchspült, weniger Zucker verbraucht, wenn das Herz von einem eines bestimmten Organes beraubten Tieres stammt, als normalerweise. Er übersieht aber, daß man am normalen überlebenden Herzen noch größere Schwankungen des Zuckerverbrauchs findet, wenn man die benutzte Salzlösung durch ganz geringfügige, von ihm gar nicht gewürdigte Manipulationen in seiner Wasserstoffionenkonzentration ändert. Ein Autor findet, daß Traubenzucker ohne jedes Ferment durch die Alkalität des Blutes zerstört wird, indem er eine Sodalösung von gleicher Alkalität wie Blut auf Traubenzucker wirken läßt. Er beachtet nicht, daß die aktuelle „Alkalität" auch der allerschwächsten Sodalösung in Wahrheit über hundert-, fast tausendmal so groß ist als die des Blutes. Der eine Autor findet, daß das Pepsin nur in Gegenwart von Wasserstoffionen wirkt, der andere, daß es auch ohne diese wirkt. Beide wissen nicht, daß es überhaupt keine wäßrige Lösung gibt, die keine Wasserstoffionen enthielte.

Ein Autor, der die hohe Bedeutung der Azidität und Alkalität an sich richtig zu würdigen bestrebt ist, will für einen ganz bestimmten biologischen Prozeß die Wirkung der Salze untersuchen. Als er aber auf die Frage nach der Wirkung der Phosphate kommt, meint er, es sei sinnlos, nach ihrer Wirkung zu fragen, denn untersuche man das primäre Phosphat, so erzeuge dies gleichzeitig eine saure Reaktion; und untersuche man das sekundäre Phosphat, so erzeuge es alkalische Reaktion, so daß man die Wirkung der Phosphate an sich gar nicht feststellen könne. Hier ist Richtiges mit Falschem in sehr komplizierter Weise vermischt.

Diese Beispiele sind zum Teil der neuesten Literatur entnommen. Einen klaren Einblick in diese Dinge zu verbreiten, die unumgängliche Notwendigkeit, bei allen biochemischen Reaktionen die Wasserstoffionenkonzentration zu beachten, überzeugend vor Augen zu halten, ist der Zweck dieses Buches. Auch für den Kliniker hat dieser Wissenszweig eine große Bedeutung. Die Lehre von der sogenannten Azidosis ist ohne ihn nur halb verständlich, und ihre Vernachlässigung hat zu mancher schiefen Auffassung geführt. Auch die Wirkung der Alkalitherapie und der Trinkkuren mit „alkalischen" Mineralwässern erscheint in neuem Lichte. Wenn ich noch erwähne, daß diese Lehre auch in die Bakteriologie eingedrungen ist und hier zunächst als kleinen Anfang die Methode der Säureagglutination gebracht hat, gleichsam um zunächst nur zu zeigen, daß sie auch hier gebraucht werden kann, so soll damit nicht gesagt sein, daß ihr Wirkungskreis hiermit erschöpft sei.

Um die Einführung der physikochemischen Denkweise beim Studium der Alkalität und der dazu gehörigen Methodik haben sich zuerst v. Bugarszki und v. Liebermann, sodann H. Friedenthal und R. Höber verdient gemacht. In experimenteller Beziehung sind weiterhin besonders die Arbeiten von S. P. L. Sörensen vorbildlich, dem sich K. Hasselbalch anschloß. In theoretischer Beziehung sind vor allem die Arbeiten von Lawrence J. Henderson zu nennen. Auch W. Pauli hat sich jetzt der modernen Methoden zur Messung der Wasserstoffionenkonzentration beim Studium der allgemeinen Eiweißchemie mit Erfolg bedient. In letzter Linie aber gebührt der Dank für die Erschließung dieses neuen Gebietes den Physikochemikern, vor allem van 't Hoff, Wilh. Ostwald, Nernst und Arrhenius.

Der Inhalt dieses Buches stützt sich zu einem bedeutenden Teil auf eigene Versuche. Die Mittel zu ihrer Ausführung wurden mir, abgesehen von den bescheidenen Mitteln meines Laboratoriums im städtischen Krankenhaus am Urban, im Jahre 1910 von der Jagor-Stiftung und im Jahre 1913 von der Zentralstelle für Balneologie zur Verfügung gestellt. Die Originalarbeiten wurden überwiegend in der „Biochemischen Zeitschrift“ publiziert.

Berlin, Mai 1914.

Leonor Michaelis.

Vorwort zur zweiten Auflage.

Als die erste Auflage dieser Monographie erschien, war der Interessentenkreis für dieses Gebiet noch klein, und es gereicht mir zur Freude, durch dieses Büchlein dazu beigetragen zu haben, ihn zu erweitern. Inzwischen ist trotz aller äußerer Hemmungen der Kriegsjahre eine so ungeheure Arbeit auf diesem Gebiete geleistet worden, daß es die Kräfte eines Einzelnen überschreitet, eine lückenlose Darstellung aller Einzelheiten zu geben. Wohl oder übel habe ich auf eine Vollständigkeit der Literatur verzichten müssen und die Abfassung mehr lehrbuchartig gehalten. Der Umfang mußte bedeutend erweitert werden, so daß die zweite Auflage in mehreren Bänden geplant ist, von denen der vorliegende erste Band die theoretischen, physikalisch-chemischen Grundlagen umfaßt; die weiteren sollen die Methodologie und die kolloidchemischen, physiologischen und medizinischen Anwendungen bringen. Auf diese Weise ist eigentlich ein ganz neues Buch entstanden, welches über den Rahmen seines Titels etwas hinausgewachsen ist und als „zweite Auflage" nur wegen seiner Kontinuität mit dem ursprünglichen Büchlein bezeichnet werden kann.

Das Gebiet ist in der Zwischenzeit schon in mehreren physiologischen Lehrbüchern mit verschiedener Ausführlichkeit behandelt worden. Die bemerkenswerteste monographische Darstellung ist das Buch von W. J. Clark, The Determination of Hydrogen Ions, Baltimore 1920. Dieses Buch hat naturgemäß einen bedeutenden Einfluß auf meine zweite Auflage gehabt, der sich jedoch erst in dem Band über die Methodologie zu erkennen geben wird.

Der vorliegende erste Band stellt die theoretischen Grundlagen auf eine breitere Basis als der entsprechende Abschnitt der ersten Auflage. Die Veranlassung dazu war erstens die inzwischen erweiterte Kenntnis der reinen physikalischen Chemie und zweitens die außerordentlich vermehrte und vielseitige Ausstrahlung, die diese Lehre auf andere Wissensgebiete gehabt hat. Darum erschien es mir wichtig, dem biologischen Leserkreis erst die gemeinsame theoretische Grundlage auf breitem Fundament hinzustellen, bevor die Einzelheiten ihrer Ausstrahlung abgehandelt werden.

Berlin, Weihnachten 1921.

Leonor Michaelis.

Vorwort zum Neudruck der zweiten Auflage.

Die Zeit, in der ein Neudruck dieses Buches notwendig geworden ist, fällt zusammen mit einer Zeit, in der ich aus äußeren Gründen an eine durchgehende Umarbeitung des Stoffes nicht denken kann. Da aber der Herr Verleger mir mitteilt, daß die Nachfrage nach der vorliegenden Ausgabe noch reichlich vorhanden ist, so habe ich meine Genehmigung zu einem unveränderten Abdruck der vorigen Auflage gegeben und mich nur bemüht, in einem Anhange zwei wichtige Kapitel wenigstens in ganz kurzer Form hinzuzufügen, deren Auslassung mir doch als eine zu bedeutende Vernachlässigung der Fortschritte auf diesem Gebiet erschienen wäre.

Baltimore, im April 1927.

Leonor Michaelis.

Inhaltsverzeichnis.

I. Das chemische Gleichgewicht der Ionen.

A. Die Gesetze der elektrolytischen Dissoziation.

Inhaltsübersicht.

Das Gleichgewicht chemischer Reaktionen wird durch das Massenwirkungsgesetz geregelt. Nur für verdünnte Lösungen ist eine einfache und gleichzeitig exakte Formulierung desselben möglich. Auch für die Dissoziation der Elektrolyte kann dieses Gesetz angewendet werden, insbesondere auch für die Dissoziation des Wassers. Die Besonderheiten der Ionen des Wassers führen zu eigenartigen Konsequenzen. Alle Elektrolyte, welche eines der beiden Ionen des Wassers abspalten, verschieben den Dissoziationszustand des Wassers; es sind die Säuren und Basen. Die Konzentration der H- oder OH-Ionen in einer wäßrigen Lösung steht in einer engen Beziehung zur sauren bzw. alkalischen Beschaffenheit der Lösung. Die Stärke der Säuren oder Basen steht in enger Beziehung zur Dissoziationskonstante derselben. Es wird gezeigt, wie man die Konzentration der H-Ionen aus der Konzentration und der Stärke der gelösten Säuren und Basen berechnen kann und die Theorie der Regulatoren oder Puffer entwickelt. Die Gesetze der Dissoziation werden durch Einführung geeigneter Funktionen der H-Ionenkonzentration, des Dissoziationsgrades und Dissoziationsrestes, in eine praktisch brauchbare Form gebracht, welche besonders über die Dissoziation der amphoteren Elektrolyte Aufklärung gibt und zum Begriff des isoelektrischen Punktes führt. Es wird die Abhängigkeit der Löslichkeit schwerlöslicher Substanzen von der Konzentration der H-Ionen entwickelt und die Hydrolyse der Salze theoretisch erörtert.

1. Das Massenwirkungsgesetz.

Das „Massenwirkungsgesetz" soll, wie sein Name sagt, eine Aussage machen über die Wirkung der Massen der an einer chemischen Reaktion beteiligten Stoffe auf diese chemische Reaktion. Und zwar beziehen sich seine Angaben auf die Feststellung des definitiven Zustandes, dem das chemische System zustrebt, also auf das chemische Gleichgewicht. Dieses chemische Gleichgewicht ist dadurch charakterisiert, daß die Menge der einzelnen Molekülarten sich mit der Zeit nicht ändert. Es ist aber nicht ein Zustand der chemischen Ruhe, sondern ein stationärer Zustand, in welchem chemische Umsetzungen wohl stattfinden, jedoch derart, daß von jeder einzelnen Molekülart in jedem Augenblick ebensoviel gebildet wird, wie verschwindet. Zur Aufrechterhaltung dieses stationären Zustandes bedarf es keiner äußeren Arbeit, und umgekehrt kann man aus den in diesem stationären Zustand ständig verlaufenden Vorgängen keine Arbeit gewinnen; vielmehr ist die algebraische Summe aller Arbeiten, welche aus den einzelnen Teilvorgängen gewonnen werden könnten bzw. für sie aufgewendet werden müßten, gleich 0. Dies unterscheidet den stationären Zustand des chemischen Gleichgewichts von dem sog. dynamischen Gleichgewicht, welches ein lebender Organismus darstellt. Auch er ist ein chemisches System, welches oft lange Zeit seine chemische Zusammensetzung nicht ändert, aber zur Aufrechterhaltung dieses Zustandes bedarf es der andauernden Energiezufuhr.

Der scheinbar ruhende Zustand eines lebenden Organismus ist somit nicht der durch das Massenwirkungsgesetz für ein abgeschlossenes System vorgeschriebene. Das hindert aber nicht, daß für viele Teilvorgänge im lebenden Organismus das Massenwirkungsgesetz gültig ist. Vorgänge, die mit großer Geschwindigkeit verlaufen, wie Reaktionen von Ionen aufeinander, verlaufen auch in der lebenden Zelle derart, daß sich das wahre, chemische Gleichgewicht einstellt. Gelangt z. B. freie Kohlensäure in das alkalische Blut, so wird diese sofort zum Teil gebunden, d. h. sie bildet Ionen oder Salze, und es stellt sich genau derselbe Gleichgewichtszustand ein, als ob das Blut nicht der Bestandteil eines lebenden Organismus wäre. Langsam verlaufende chemische Vorgänge dagegen führen im Organismus nicht zum wahren Gleichgewicht, sondern höchstens zu einem dynamischen. Z. B. ist der wahre Gleichgewichtszustand der Verbrennung des Zuckers im Blut mit Hilfe der Oxydationsfermente und des Sauerstoffs die praktisch restlose Vernichtung des Zuckers. Dieses wahre Gleichgewicht wird aber während des Lebens niemals erreicht, weil vorher aus der Nahrung oder aus den Glykogendepots neuer Zucker herbeigeführt wird, wodurch die Konzentration des Zuckers im Blut künstlich auf einer gewissen, ziemlich konstanten Höhe gehalten wird.

In diesem Buche haben wir es nur mit Ionenreaktionen zu tun. Sie verlaufen so schnell, daß sie stets das wahre Gleichgewicht erreichen. Finden wir in zwei verschiedenen Blutproben zwei verschiedene Konzentrationen der Wasserstoffionen, so liegt das niemals daran, daß die Reaktion zwischen diesen Ionen und den anderen, mit ihnen bindungsfähigen Stoffen verschieden weit abgelaufen ist. Dies geschieht so blitzartig schnell, daß wir Zwischenstadien überhaupt nicht fassen können; sondern es liegt daran, daß diese beiden Blutproben wirklich eine verschiedene stoffliche Zusammensetzung haben. Beide aber sind in bezug auf ihren Ionengehalt im wahren Gleichgewicht. Das erste Kapitel dieses Buches behandelt nun die Gesetze dieses wahren, chemischen Ionengleichgewichts, und seine Grundlage ist daher das Massenwirkungsgesetz.

Der Inhalt des Massenwirkungsgesetzes ist folgender: 1. Einfacher Spezialfall. Wenn eine chemische Molekülart A in zwei Molekülarten B_1 und B_2 zerfallen („dissoziieren") kann, so ist das Gleichgewicht, d. h. der scheinbare Stillstand der Reaktion, erreicht, sobald

$$\frac{[A]}{[B_1]\cdot[B_2]} = k$$

geworden. Die Klammern bedeuten die molaren Konzentrationen der eingeklammerten Molekülart. Die Konstante k hängt außer von der Natur der chemischen Reaktion auch von der Temperatur ab. Sie heißt die Affinitätskonstante dieser chemischen Reaktion. Ihren reziproken Wert

$$\frac{[B_1]\cdot[B_2]}{[A]}$$

nennt man auch die Dissoziationskonstante des Stoffes A.

2. Allgemeinster Fall. Wenn 1 Molekül A_1 + 1 Molekül A_2 + ... sich umsetzen können zu 1 Molekül B_1 + 1 Molekül B_2 + ..., so ist Gleichgewicht, wenn

$$\frac{[A_1]\cdot[A_2]\ldots\ldots}{[B_1]\cdot[B_2]\ldots\ldots} = k.$$

Befinden sich unter den verschiedenen Molekülarten zwei oder mehrere gleichartige, so wird die Regel ganz unverändert angewendet; z. B. die Reaktion des Knallgases

$$\underset{\text{Wasserstoffgas}}{1\,\text{Mol. } H_2 + 1\,\text{Mol. } H_2} + \underset{\text{Sauerstoffgas}}{1\,\text{Mol. } O_2} \rightleftarrows \underset{\text{Wasserdampf}}{1\,\text{Mol. } H_2O + 1\,\text{Mol. } H_2O}$$

hat ihr Gleichgewicht, wenn

$$\frac{[H_2]\cdot[H_2]\cdot[O_2]}{[H_2O]\cdot[H_2O]} = k$$

oder kürzer geschrieben: Die Reaktion

$$2\,\text{Mol. } H_2 + 1\,\text{Mol. } O_2 \rightleftarrows 2\,\text{Mol. } H_2O$$

hat ihr Gleichgewicht, wenn

$$\frac{[H_2]^2 \cdot [O_2]}{[H_2O]^2} = k$$

Dieses Massenwirkungsgesetz gilt aber nur unter der Voraussetzung, daß alle miteinander reagierenden und auch die neu entstehenden Molekülgattungen in homogener Lösung (oder als Gas) nebeneinander bestehen. Fällt eine der beteiligten Molekülgattungen wegen Übersättigung teilweise aus der Lösung aus, so darf man unter der „Konzentration" derselben nur die Konzentration ihres noch gelöst bleibenden Anteils verstehen.

Wenn man sich mit einer angenäherten Genauigkeit begnügt, so kann man sagen, daß das Massenwirkungsgesetz in so zahlreichen Fällen bestätigt worden ist, daß es als ein allgemein gültiges Gesetz betrachtet werden muß auch für diejenigen Fälle, wo der theoretische Beweis für seine Richtigkeit nicht erbracht werden könnte. Bei höheren Ansprüchen an Genauigkeit jedoch erkennt man, daß das in obiger Form ausgesprochene Gesetz nur in erster Annäherung richtig ist. Die Annäherung ist um so besser, in je geringerer Konzentration die Stoffe reagieren, und ist am besten für ideale Gase oder für in sehr verdünnter Lösung vorhandene Stoffe. In der Tat läßt sich der strenge, thermodynamische Beweis auch nur für diesen Grenzfall erbringen. Dieser Beweis führt nämlich zu einem allgemeinen Gesetz, welches von dem angegebenen darin abweicht, daß man überall statt „Konzentration" setzen muß: Druck; sei es Gasdruck oder osmotischer Druck. Da nun in sehr verdünntem Zustand Druck und Konzentration einander proportional sind, so kann man in diesem Fall statt Druck einfach Konzentration setzen. Der thermodynamische Beweis ist nun zwar für beliebig hohe Drucke anwendbar. Aber bei hohen Drucken ist der Druck nicht mehr der Konzentration proportional. Der Druck wächst bei der Kompression im allgemeinen zunächst weniger schnell als die Konzentration. Somit ist theoretisch aufgeklärt, warum in höheren Konzentrationen das auf Konzentrationen bezogene Massenwirkungsgesetz nicht mehr streng richtig sein kann. Um es wieder zur vollen Geltung zu bringen, müßten wir in den obigen Gleichungen jede einzelne Konzentration mit einem passend gewählten Faktor multiplizieren, welcher im allgemeinen etwas kleiner als 1 ist. Die auf diese Weise korrigierten Größen nennt man die aktiven Massen.

Es fragt sich nun, bis in welches Bereich von Konzentrationen das unkorrigierte Massenwirkungsgesetz noch brauchbar ist. In Lösungen unelektrischer Moleküle findet man in Lösungen von 0,1 molarer Konzentration nur unbedeutende Abweichungen, ja selbst in molaren Lösungen sind die Abweichungen erträglich. Es hat sich nun neuerdings herausgestellt, daß diese Abweichungen viel größer sind, sobald es sich um Ionen handelt. Verhältnismäßig große Abweichungen des Ionengleichgewichts vom Massenwirkungsgesetz sind jetzt dadurch aufgeklärt worden, daß man diese Erkenntnis berücksichtigte.

So wichtig nun auch diese Korrekturen sind, wenn es sich um die Gewinnung wirklich exakter Zahlenwerte handelt, so kann doch nicht genug betont werden, daß sie in den meisten Fällen nur klein sind. Es ist deshalb nicht nur didaktisch, sondern auch sachlich durchaus berechtigt, die komplizierte Lehre des Ionengleichgewichtes zunächst unter Zugrundelegung des einfachen Massenwirkungsgesetzes vollständig zu entwickeln und erst nachträglich zu überlegen, wann und wie wir die Korrekturen anzubringen haben.

2. Die elektrolytische Dissoziation.

Mit der Theorie der Dissoziation der Elektrolyte, welche Svante Arrhenius[1]) im Jahre 1887 veröffentlichte, begann eine neue Epoche der physikalischen Chemie. Eine große Menge von Tatsachen, die der Erklärung harrten, wurden mit einem Schlage der Erkenntnis zugänglich. Die große Tragweite dieser Theorie erweist sich aber vor allem darin, daß ihre Konsequenzen noch jetzt sich immer vermehren, und alles, was in diesem Teile des Buches besprochen werden soll, stellt eine Reihe solcher Konsequenzen dar. Der Inhalt der Arrheniusschen Hypothese ist in Kürze der, daß die Leitfähigkeit eines gelösten Elektrolyten nicht darauf beruht — wie man vordem annahm —, daß er durch den Strom in Ionen zerlegt wird, sondern darauf, daß er in der Lösung schon an sich zu einem Teil in diese Ionen spontan gespalten ist. Diese Ionen können wie selbständige Moleküle behandelt werden, ihre Reaktionen miteinander folgen dem gewöhnlichen Massenwirkungsgesetz, welches zuerst von Guldberg und Waage, dann aber hauptsächlich von van't Hoff aufgestellt worden ist.

---

[1]) Svante Arrhenius, Zeitschr. f. physikal. Chem. 1, 631 (1887).

Bis vor kurzem war es ganz unklar, woher die bei der Dissoziation entstehenden entgegengesetzten freien Ladungen stammen. Man half sich mit folgender Erklärung [1]). Man dachte sich den Raum erfüllt mit elektrisch neutralen Elementarteilchen von Elektrizität, von denen jedes aus einem positiven und einem negativen Elementarteilchen zusammengesetzt sei. Diese Teilchen sollten die unerschöpfliche Quelle für die elektrischen Ladungen bei der Dissoziation sein. Bei der Dissoziation des Wassers entnimmt ein H-Atom diesem Elektrizitätsreservoir eine positive Ladung, der OH-Rest eine negative Ladung. Diese Annahme ist durch das Rutherford-Bohrsche Atommodell überflüssig geworden. Das Reservoir für die freien Ladungen sind die Atome selbst. Jedes Atom besteht aus einem Kern mit positiver Ladung, und zwar aus einer bestimmten ganzzahligen Menge von Elementarladungen. Dieser Kern wird umkreist von (negativen) Elektronen. Bei einem elektrisch neutralen Atom ist die Anzahl der Elektronen gleich der Zahl der Kernladungen. Wenn ein elektrisch neutrales Molekül H_2O in $H^{\cdot} + OH'$ dissoziiert, so bedeutet das, daß das abdissoziierende OH-Radikal ein Elektron mehr mitnimmt, als seiner Elektroneutralität entspricht, und daß das H-Atom es ist, welches dieses Elektron geliefert hat.

Die Elektronen, welche den Bestand eines Atoms bilden, werden von demselben mit verschieden großer Kraft festgehalten; ist von den Elektronen eins durch besondere Lockerheit der Bindung ausgezeichnet, so ist das Atom leicht in der Lage, dieses abzuwerfen; der Rest ist infolge Verlustes einer negativen Ladung zu einem positiven Ion geworden. Dieses Elektron nennt man das Valenzelektron. Sind zwei solcher vorhanden, bildet das Atom zweiwertige positive Ionen usw. Andererseits gibt es Atome, bei denen gewissermaßen eine koordinative Sättigung mit Elektronen noch nicht erreicht ist, wenn das Atom in Form seines gewöhnlichen, elektroneutralen Zustandes gegeben ist. Der positiv geladene Atomkern ist imstande, noch ein Elektron (oder bei mehrwertigen mehrere) festzuhalten und wird dadurch zu einem ein- (oder mehr-) wertigen negativen Ion. Je nach der Fähigkeit, Elektronen abzugeben oder aufzunehmen, unterscheidet man positive und negative Elemente; so kommt die alte Berzeliussche Lehre in veränderter Form wieder zu ihrem Recht. Steht sich ein „positives“

---

[1]) W. Nernst, Theoretische Chemie, Die älteren Auflagen.

(Na) und ein „negatives" Atom (Cl) einander gegenüber, so tritt eine Konkurrenz der beiden Atome um das labile Elektron ein. Ein Teil dieser Atompaare wird sich derart gruppieren, daß das Elektron das Attraktionsbereich des positiven Atoms ganz verläßt und sich an das negative Atom bindet; ein anderer Teil wird sich derart gruppieren, daß das Valenzelektron das negative Atom fesselt, ohne das positive Atom ganz zu verlassen. Die erste Art der Gruppierung stellt die elektrolytisch dissoziierten Teile, die Ionen, dar, die zweite die undissoziierten Moleküle. Je nach dem Überwiegen der ersten oder zweiten Art der Gruppierung spricht man von starker oder schwacher elektrolytischer Dissoziation.

Der Dissoziationszustand eines Elektrolyten ist kein ruhender Gleichgewichtszustand; dasselbe Molekül wird im Laufe der Zeit bald im dissoziierten, bald im undissoziierten Zustand vorhanden sein. Der „Dissoziationsgrad" ist danach nur eine statistisch zu erfassende Größe; sie stellt das Mengenverhältnis des dissoziierten Anteils zur Gesamtmenge des Elektrolyten dar, wie es durchschnittlich in irgendeinem gegebenen Augenblick vorhanden ist. Bei der ungeheuren Zahl der Einzelmoleküle selbst in verdünntesten Lösungen ist allerdings die Wahrscheinlichkeit, daß eine zu verschiedenen Zeiten durch Auszählen angestellte Statistik verschiedene Resultate liefert, unendlich gering. In diesem Sinne herrscht in der Lösung eines Elektrolyten ein dynamisches Gleichgewicht, in demselben Sinne, wie in jeder Lösung, in welcher eine umkehrbare chemische Reaktion bis zu ihrem Gleichgewichtszustand abgelaufen ist.

Ebenso wie die einzelnen Elemente verhalten sich übrigens auch Radikale wie OH, CN usw.

Da das Wasserstoffatom nur ein einziges Elektron enthält, so stellt das positiv geladene Wasserstoffion einen nackten Atomkern dar, der eine einzige positive Ladung trägt.

Die Theorie des Wasserstoffatom-Modells ließ die Möglichkeit zu, daß ein H-Atom ein zweites Elektron aufnehmen und dadurch zu einem negativen Ion werden könnte. In der Tat hat neuerdings Moers[1]) (bei Nernst) nachgewiesen, daß die wohlcharakterisierte, krystallisierte Verbindung Lithiumhydrür, LiH, bei der Elektrolyse in geschmolzenem Zustand positive Li-Ionen und negative H-Ionen liefert, d. h. der Wasserstoff entwickelt sich an der Anode, statt wie sonst an der Kathode. Er verhält sich gleichsam wie ein Halogen, wie er ja auch in organischen Verbindungen durch ein Halogen oft glatt

[1]) W. Nernst, Dtsch. Bunsen-Ges. 1920; K. Moers, Zeitschr. f. anorg. u. allg. Chem. **113**, 179 (1920).

substituierbar ist. Sonst dagegen verhält er sich wie ein Metall. In wäßrigen Lösungen sind aber negative H-Ionen nicht existenzfähig.

3. Die Dissoziation des Wassers.

Zu den Elektrolyten, die der elektrolytischen Dissoziation unterworfen sind, gehört auch das Wasser. Die Gesetze der Elektrolyse sind nun bisher am genauesten an wäßrigen Lösungen studiert worden, und für diese ist das Wasser ja das Lösungsmittel. Wenn wir einen beliebigen Elektrolyten in Wasser lösen, so haben wir in der Lösung somit nicht nur diejenigen Ionen, welche dieser Elektrolyt liefert, sondern unvermeidlich stets auch die Ionen, welche das Wasser liefert, das $H^{\cdot}$- und das OH'-Ion. Die Dissoziation des Wassers ist freilich sehr geringgradig, aber immerhin zeigt selbst das reinste Wasser noch eine gewisse Leitfähigkeit für den elektrischen Strom, welche nur durch eine wenn auch geringgradige elektrolytische Dissoziation desselben erklärt werden kann, wenn überhaupt die Arrheniussche Theorie zu Recht besteht. F. Kohlrausch und A. Heydweiller [1]) kamen durch wiederholte Destillation des Wassers unter ganz besonderen Kautelen zu einem Grenzwert der Leitfähigkeit des Wassers, der sich durch weitere Reinigungsversuche nicht weiter herabdrücken ließ und daher als die eigene wahre Leitfähigkeit des Wassers gedeutet werden mußte. Sie stellten auf diese Weise die Dissoziation des Wassers zum erstenmal zahlenmäßig fest. Später wurden dann mehrere andere Methoden zur Bestimmung der Dissoziation des Wassers gefunden, die wir bald kennen lernen werden, und diese bestätigten die Resultate von Kohlrausch.

Die Dissoziation des reinen Wassers ist nun sehr geringfügig, d. h. die $H^{\cdot}$- und OH'-Ionen haben das Bestreben, sich weitgehend zu H_2O zu vereinigen, während die allermeisten Elektrolyte, die in Wasser gelöst sind, viel stärker, viele sogar fast völlig in ihre Ionen gespalten sind. Diese Eigentümlichkeit des Wassers führt zu zwei bemerkenswerten Konsequenzen.

1. Befindet sich in der wäßrigen Lösung ein „starker" Elektrolyt wie etwa KCl, welcher weder $H^{\cdot}$- noch OH'-Ionen liefert, so tritt die Menge des $H^{\cdot}$- und OH'-Ionen hinter der der anderen Ionenarten so zurück, daß viele Eigenschaften einer solchen Lösung

---

[1]) F. Kohlrausch und A. Heidweyller, Zeitschr. f. physikal. Chem. 14, 317 (1894).

ganz allein durch die Ionen des gelösten Elektrolyten erklärt werden können; z. B. die Leitfähigkeit, die Gefrierpunktserniedrigung. Die Dissoziation des Wassers selber wird durch einen starken Elektrolyten nicht beeinflußt.

2. Befindet sich aber in der wäßrigen Lösung ein Elektrolyt, welcher selber entweder $H^{\cdot}$- oder OH'-Ionen abspaltet, so werden die Dissoziationsverhältnisse des Wassers dadurch von Grund auf umgestaltet. Diese besonderen Elektrolyte haben so auffällige Eigenschaften, daß man sie von jeher als etwas Besonderes ansah, lange bevor man sich theoretisch über das Wesen der Erscheinung klar war. Diejenigen Elektrolyte, welche $H^{\cdot}$-Ionen abspalten, sind die von alters her sog. „Säuren", diejenigen, welche OH'-Ionen abspalten, die „Basen", und sämtliche anderen Elektrolyte zusammengenommen die „Salze".

Die $H^{\cdot}$- und OH'-Ionen nehmen daher eine eigentümliche Stellung unter den Ionen ein, welche darauf beruht, daß sie erstens zueinander eine so große Affinität haben, daß sie immer nur sehr wenig dissoziiert sind, zweitens, daß es die Ionen des häufigsten Lösungsmittels, des Wassers, selber sind.

Die chemische Gleichung, nach der die Dissoziation des Wassers erfolgt, ist

$$H_2O \rightleftharpoons H^{\cdot} + OH' \quad (1)$$

wo $H^{\cdot}$ das positiv geladene Wasserstoffion, OH' das negativ geladene Hydroxylion bedeutet.

Die theoretisch ebenfalls denkbare Dissoziation des Wassers nach der Gleichung

$$H_2O \rightleftharpoons 2\,H^{\cdot} + O''$$

tritt dagegen jedenfalls quantitativ so außerordentlich zurück, daß sie nicht nachweisbar ist. Sie hätte folgenden Sinn. Das Molekül H_2O könnte, da es H-Ionen abspalten kann, als eine Säure aufgefaßt werden, und zwar als eine zweibasische, welche die beiden Dissoziationsstufen

$$1.\quad H_2O \rightleftharpoons H^{\cdot} + OH'$$

$$2.\quad OH' \rightleftharpoons H^{\cdot} + O''$$

hat. Nun ist in der Regel bei zweibasischen Säuren die Dissoziation in der zweiten Stufe viel geringer als in der ersten, und da hier die erste Stufe schon so schwach dissoziiert ist, entzieht sich die zweite Stufe bei unseren bisherigen Methoden dem Nachweis. Da bei der ersten Dissoziationsstufe neben dem $H^{\cdot}$ ein OH'-Ion entsteht, so kann das Wasser ebensogut als eine Base betrachtet werden: Die Säure- und die Basennatur des Wassers sind beide sehr schwach und heben zweitens einander gerade auf; in bezug auf seine Säure-Basen-Natur ist Wasser völlig amphoter, in bezug auf seine „Reaktion" völlig neutral.

Nach dem Massenwirkungsgesetz führt nun die in der Formel (1) ausgedrückte Reaktion zu einem Gleichgewicht, welches charakterisiert ist durch die Beziehung

$$\frac{[H^{\cdot}] \cdot [OH']}{[H_2O]} = k \tag{2}$$

Die Klammern bedeuten die Konzentrationen der eingeklammerten Molekülart, gemessen in Grammmolekül pro Liter, oder in „Mol" pro Liter. Da nun die Dissoziation des Wassers stets sehr geringfügig ist, so erleidet die Konzentration der undissoziierten Wassermoleküle infolge der Dissoziation keine meßbare Verminderung, und die Konzentration des undissoziierten Wassers ist weit innerhalb der Fehlergrenzen unserer Meßmethoden gleich der Gesamtkonzentration des Wassers; diese ist aber natürlich eine konstante Größe. Bringen wir daher $[H_2O]$ auf die rechte Seite der Gleichung und bezeichnen wir $[H_2O] \cdot k = k_w$, so lautet die Dissoziationsgleichung des Wassers:

$$[H^{\cdot}] \cdot [OH'] = k_w \tag{3}$$

Wir werden im folgenden die Konzentration der $H^{\cdot}$-Ionen, deren Symbol so häufig gedruckt werden muß, aus typographischen Gründen meist einfach mit h, die der OH'-Ionen mit oh bezeichnen, und wir schreiben daher[1])

$$h \cdot oh = k_w \tag{3a}$$

k_w nennen wir die Dissoziationskonstante des Wassers. Sie hat für jede Temperatur einen ganz bestimmten Wert.

Die aktiven Massen, die wir in die Formel des Massenwirkungsgesetzes einzusetzen haben, sind nur in sehr verdünnten Lösungen (oder im idealen Gaszustand) den Konzentrationen gleichzusetzen. Die aktive Masse des Wassers, welche durch $[H_2O]$ ausgedrückt wurde, ist nicht leicht zu definieren. Nach Nernst[2]) muß man darunter eine Größe verstehen, welche dem Dampfdruck des Wassers proportional ist. Die Größe $[H_2O]$ ist daher z. B. in reinem Wasser und in einer 1 molaren Zuckerlösung nicht ganz identisch, da der Dampfdruck der letzteren kleiner ist; aber der Unterschied ist sehr geringfügig (2‰). Der Satz, daß die aktive Masse des Wassers in zwei verschiedenen wäßrigen Lösungen den Dampfdrucken proportional ist, gilt übrigens streng nur für zwei Lösungen gleicher Temperatur. Die aktive Masse des Wassers in zwei Lösungen verschiedener Temperatur darf man nicht einfach dem Dampfdruck proportional setzen.

Die Dissoziationskonstante des Wassers ist somit für eine gegebene Temperatur eine konstante Größe. Sie ändert sich mit der Temperatur

---

[1]) Das Symbol H, welches auch brauchbar wäre, soll seiner ursprünglichen Bedeutung „Wasserstoffatom" reserviert bleiben.

[2]) Nernst, Theoretische Chemie, S. 680, 7. Aufl.

ziemlich stark, viel stärker als etwa die Dissoziationskonstante der meisten anderen Elektrolyte. Das hängt offenbar damit zusammen, daß die Größe $[H_2O]$ sich stark mit der Temperatur ändert. Dürfen wir zwar, wie wir schon sagten, $[H_2O]$ bei variierter Temperatur nicht einfach dem Dampfdruck proportional setzen, so steht diese Größe doch zweifellos in einer nahen Beziehung zu demselben, die wir noch nicht genau erfassen können. Die starke Änderung von k_W beruht sicherlich nicht so sehr auf einer bedeutenden Änderung des eigentlichen k von Gleichung (2), sondern des Faktors $[H_2O]$. Ein genauer Einblick in die Verhältnisse wird uns bisher weder durch thermodynamische, noch durch molekulartheoretische Überlegungen ermöglicht.

Die Dissoziationskonstante k_W beträgt bei 22 °C rund 10^{-14}, d. h. ein zehnmillionstel zum Quadrat. Daraus folgt, daß in reinem Wasser sowohl die $H^{\cdot}$-Ionen wie die OH'-Ionen in einer Konzentration von 10^{-7} oder ein zehntelmillionstel Gramm-Ion pro Liter („ein zehntelmillionstel normal") vorhanden sind. Diese Zahl erscheint ungeheuer klein, sie ist aber trotzdem scharf definiert. Bedenkt man, daß 1 Grammmolekül einer beliebigen Substanz $6{,}2 \cdot 10^{23}$ Moleküle enthält (Loschmidtsche Zahl), so folgt daraus, daß in reinem Wasser pro Liter doch noch $6{,}2 \cdot 10^{23} \cdot 10^{-7} = 6{,}2 \cdot 10^{16}$, also im Kubikmillimeter $6{,}2 \cdot 10^{10}$ oder 62 Milliarden $H^{\cdot}$-Ionen und ebensoviel OH'-Ionen vorhanden sind.

Ein Liter Wasser enthält $1000/18 = 55{,}56$ Mole H_2O, also $55{,}56 \cdot 6{,}2 \cdot 10^{23} = 344 \cdot 10^{23}$ Moleküle H_2O; andererseits enthält 1 Liter Wasser $6{,}2 \cdot 10^{16}$ $H^{\cdot}$-Ionen. Von je 555 Millionen H_2O-Molekülen ist also immer ein einziges dissoziiert.

4. Die Besonderheiten des Wassers und seiner Ionen; die Definition von Säuren, Basen und Ampholyten.

Das Wasser nimmt unter den chemisch einheitlichen Flüssigkeiten eine ganz besondere Stellung ein, die man geradezu als eine Ausnahmestellung bezeichnen kann. Wir sehen hier ganz ab von den sonstigen Eigenheiten des Wassers (seinem Dichtemaximum bei 4° C, der Volumvermehrung beim Gefrieren, seiner besonders großen Oberflächenspannung und vielen anderen) und wollen nur diejenigen hervorheben, die ihm in seiner Rolle als Lösungsmittel für Elektrolyte seinen Charakter aufprägen. Diese Eigenheiten lassen sich gemeinschaftlich durch die außerordentlich große Dielektrizitätskonstante des Wassers erklären. Zwei elektrisch geladene Massenpunkte, welche mit den Elektrizitätsmengen e_1 (in Form von positiver Elektrizität) und e_2 (in Form von negativer

Elektrizität) geladen sind und die Entfernung r voneinander haben, ziehen einander an mit der Kraft $\frac{e_1 \cdot e_2}{r^2}$, wenn sie sich im Vakuum (oder praktisch ebenso, wenn sie sich in einem Gase) befinden. Innerhalb eines beliebigen körperlichen Mediums ziehen sie sich stets mit geringerer Kraft an, nämlich mit der Kraft $\frac{e_1 \cdot e_2}{r^2 \cdot D}$. Hier ist D die Dielektrizitätskonstante dieses Mediums. Je größer diese, um so geringer die elektrostatische Anziehung zwischen zwei geladenen Massenpunkten, die sich in ihm befinden. Das Wasser hat nun von fast allen Körpern die größte Dielektrizitätskonstante, was folgende Tabelle zeigt (die Zahlen gelten für eine Temperatur von 17—18° C).

Tabelle der Dielektrizitätskonstanten[1]).

Wasserstoffgas	1,000500	Anilin	7,32
Luft	1,000576	Amylalkohol	16
Hexan	1,88	Diamant	16,47
Petroleum	2	Ammoniak	22
Holz, Papier	2—7	Äthylalkohol	25,4
Benzol	2,26	Methylalkohol	35,4
Olivenöl	3	Nitrobenzol	36,45
Eis (bei — 18°)	3,16	Acetonitril	38,8
Brom	3,2	Glykol	41,2
Octylalkohol	3,4	Glycerin	56
Harnstoff (fest)	3,5	Acetamid (geschmolzen)	59,2
Äthyläther	4,3	Glykolsäurenitril	68
Chloroform	4,95	Wasser	81,7
Natriumchlorid (fest)	6,12	Formamid	94
Essigsäure	6,3	Cyanwasserstoff	95

Mit dem Wasser annähernd vergleichbar sind überhaupt nur vielwertige Alkohole (Glycerin) und allenfalls die Säureamide und Nitrile; einzig Formamid und Blausäure überragen das Wasser.

Daher sind alle elektrostatischen Anziehungskräfte in Wasser stark geschwächt und die Dissoziation der Elektrolyte wird hervorragend begünstigt. Dieser Zusammenhang zwischen der Dielektrizitätskonstante und dem dissoziierenden Vermögen auf gelöste Elektrolyte besteht durchgängig und ist fast gleichzeitig

[1]) Entnommen zumeist aus Landolt-Börnstein, Physikalisch-chemische Tabellen. Berlin, Jul. Springer, 1912. Die Werte gelten meist für Zimmertemperatur.

(1893) von Nernst[1]) und von J. J. Thomson[2]) zuerst erkannt worden.

Der quantitative Zusammenhang zwischen dissoziierendem Vermögen und Dielektrizitätskonstante D eines Lösungsmittels wurde von P. Walden[3]) festgestellt, indem er solche Lösungen eines bestimmten Salzes (des Tetraäthylammoniumjodid) in verschiedenen Solventien miteinander verglich, in welchen dieses Salz den gleichen Dissoziationsgrad hatte. Alsdann besteht zwischen D und den zugehörigen Konzentrationen c die einfache Beziehung

$$\frac{D}{\sqrt[3]{c}} = \text{konstant}$$

Oder: bei gleichem Dissoziationsgrad des Elektrolyten in verschiedenen Lösungsmitteln ist die zugehörige „lineare Konzentration“ (d. h. die Kubikwurzel aus der Konzentration) der Dielektrizitätskonstante des Lösungsmittels proportional. Die Kubikwurzel der Konzentration ist, wie leicht zu erkennen ist, dem durchschnittlichen Abstand je zweier benachbarter Moleküle des gelösten Stoffes umgekehrt proportional.

Aber auch die Ionen des Wassers haben ganz besondere Eigenschaften. Das $H^{\cdot}$-Ion ist nach der Rutherford-Bohrschen Hypothese des Atombaues nichts weiter als ein einfach positiv geladener Atomkern, ohne jedes (negative) Elektron. Es ist das kleinste „Massengebilde“, welches nach den heutigen Vorstellungen überhaupt denkbar ist, welches eine positive Ladung trägt. Das kleinste Gebilde mit negativer Ladung ist bekanntlich das Elektron, dessen Masse nur 1/1800 der eines $H^{\cdot}$-Ions ist; ein Analogon für eine positive Ladung an einer so kleinen Masse ist überhaupt nicht bekannt; das kleinste positiv geladene Massenteilchen ist das $H^{\cdot}$-Ion. Es hat von allen Atomgebilden den kleinsten Atomradius; da ihm jede Hülle von Elektronen fehlt, kann es sich negativ geladenen Massenteilchen stärker annähern als irgendein anderes positives Ion. Da die Anziehungskraft entgegengesetzter Ladungen mit dem Quadrat ihrer Annäherung zunimmt, kann das $H^{\cdot}$-Ion von negativen Teilchen fester gehalten werden als irgendein anderes, einfach geladenes, positives Ion.

Nicht so einfach sind bis heute die Eigenheiten des OH'-Ions aus dem Atommodell zu erklären. Es besteht nun die Möglichkeit, die ganze Sache so darzustellen, daß wir dem OH'-Ion gar keine besonderen

---

[1]) W. Nernst, Göttinger Nachr. Nr. 12 (1893); Zeitschr. f. physikal. Chem. **13**, 531 (1894).

[2]) J. J. Thomson, Phil. Mag. **36**, 320 (1893).

[3]) P. Walden, Zeitschr. f. physikal. Chem. **54**, 228 (1905), sowie **94**, 263 und 374 (1920).

extremen Eigenschaften zuzuschreiben brauchen und mit der Sonderstellung des $H^{\cdot}$-Ions allein auskommen können.

Das tritt folgendermaßen zum Ausdruck. Unter allen Elektrolyten sind in wäßriger Lösung die Säuren und Basen am wenigsten dissoziiert. Unter diesen gibt es nur einige wenige (HCl, HNO_3, H_2SO_4, NaOH, KOH, $Ba(OH)_2$ und einige andere), die ebenso stark dissoziiert sind wie die Salze; die meisten freien Säuren und Basen sind „schwache Elektrolyte", während die Salze zu den starken Elektrolyten gehören, selbst wenn sie aus einer schwachen Säure und Base gebildet sind, wie Ammoniumacetat, Ammoniumcarbonat[1]). Die allgemeine Ursache dieser Erscheinung ist für die Säuren nach dem Atommodell verständlich. Der Mittelpunkt des sehr kleinen H-Ions kann sich den Zentren elektrostatischer Kraftwirkung, von denen es angezogen wird, mehr annähern, als der Mittelpunkt der größeren Ionen; die Anziehungskraft wächst aber mit der Annäherung sehr stark. Deshalb wird ein $H^{\cdot}$-Ion von einem Säure-Ion fester gehalten, als jedes andere Ion. Diese Anschauung scheint aber auf die Basen zunächst nicht übertragbar zu sein. Das OH'-Ion ist ja räumlich viel ausgedehnter als das $H^{\cdot}$-Ion. Aber man kann auch keineswegs behaupten, daß das OH'-Ion von positiven Ionen fester gehalten werde als zum Beispiel das Cl'-Ion. Das $NH_4^{\cdot}$-Ion bindet OH' in keiner Weise stärker als Cl', d. h. in wäßriger Lösung existiert die Molekülgattung NH_4OH ebenso spärlich wie NH_4Cl. Es gibt überhaupt keine einzige schwache Base, die — in Analogie mit einer schwachen Säure — ihre basische Natur dem Vorhandensein von wenig dissoziierbaren OH-Gruppen verdankte. Die zahllosen OH-haltigen organischen Körper sind ausnahmslos[2]) keine Basen; wo bei N-freien organischen Körpern eine basische Natur nachweisbar ist, findet sich gewöhnlich ein doppeltgebundenes O-Atom, welches Oxonium-Ionen auf dieselbe Weise bildet, wie die NH_2-Gruppen Ammonium-Ionen, oder etwas Analoges.

Die übliche Darstellung, warum NH_3 (und jedes Amin) eine Base ist, ist folgende. Man nimmt folgende Reaktionen an: $NH_3 + H_2O \rightarrow NH_4OH \rightarrow NH_4^{\cdot} + OH'$. Die Molekülart NH_4OH ist nun sehr problematisch. Nichts zwingt uns zu ihrer Annahme, sie wird nur ad hoc konstruiert, um die Entstehung des Ammonium-Ions zu rechtfertigen. Mit mindestens dem gleichen Recht können wir dessen Entstehung durch folgende Reaktion erklären: $NH_3 + H^{\cdot} \rightarrow NH_4^{\cdot}$, oder in Worten: NH_3 bindet ein $H^{\cdot}$-Ion und wird dadurch zum $NH_4^{\cdot}$-Ion. Hiernach könnte man sagen: eine Base ist eine an sich elektroneutrale Molekülart, welche ein $H^{\cdot}$-Ion binden kann und dadurch ein positives Ion wird. Hiermit ist die vollkommene Analogie zu der Definition einer Säure gegeben: eine Säure ist eine an sich elektroneutrale Molekülart, welche ein $H^{\cdot}$-Ion abspaltet und dadurch zu einem negativen Ion wird.

Dieser Definition einer Base scheinen die starken Laugen sich zunächst nicht einzufügen. Das ist aber nur scheinbar. Wir schreiben gewöhnlich

---

[1]) D. h. derjenige Teil eines solchen Salzes, welcher in wäßriger Lösung nicht hydrolytisch dissoziiert ist, ist stark elektrolytisch dissoziiert.

[2]) Abgesehen von den quaternären Ammoniumbasen, welche starke Elektrolyte sind, und für die dasselbe gilt, was wir sogleich von NaOH sagen werden.

$$NaOH \rightarrow Na^{\cdot} + OH'$$

und es sieht danach in der Tat so aus, als ob die $H^{\cdot}$-Ionen hierbei keine Rolle spielen. Aber man bedenke, daß das Symbol $Na^{\cdot}$ die wirkliche Konstitution dieses Ions nicht wiedergibt. Die Ionen sind stets hydratisiert, und wenn wir auch die zweifellos wechselnde Zahl des Hydratwassers (s. darüber später) nicht allgemein in die Formel des $Na^{\cdot}$-Ions aufnehmen wollen, so ist z. B. eine Schreibweise mit 1 Mol H_2O, also $(NaH_2O)^{\cdot}$ kaum weniger berechtigt, wie die Schreibweise $Na^{\cdot}$. Bei dieser Darstellung entsteht aber auch das Natrium-Ion aus dem Natriumhydroxyd durch Addition eines $H^{\cdot}$-Ions, nicht durch Abgabe eines OH'-Ions:

$$NaOH + H^{\cdot} \rightarrow (NaH_2O)^{\cdot}$$

Will man sich zu dieser Schreibweise nicht entschließen, so kann man ebensogut schreiben

$$NaOH + H^{\cdot} \rightarrow Na^{\cdot} + H_2O$$

Das heißt: ein Molekül NaOH bindet oder verbraucht ein $H^{\cdot}$-Ion und gibt dabei ein $Na^{\cdot}$-Ion neben einem Molekül H_2O.

So würden sich auch die starken Basen der auf Seite 14 gegebenen, gesperrt gedruckten Definition einer Base einfügen.

Wollen wir in dieses Schema die amphoteren Elektrolyten einfügen, so wäre die Definition derselben: sie sind Molekülarten, welche sowohl H-Ionen binden wie abdissoziieren können. Bezeichnen wir Glykokoll mit $H \cdot R \cdot NH_2$, so reagiert es auf doppelte Weise:

$$1.\quad H \cdot R \cdot NH_2 + H^{\cdot} \rightarrow (HRNH_3)^{\cdot}$$

$$2.\quad HRNH_2 \rightarrow H^{\cdot} + (RNH_2)'$$

Die bisher übliche Schreibweise setzt statt 1):

$$H \cdot R \cdot NH_2 + H_2O \rightarrow H \cdot R \cdot NH_3OH \rightarrow (H \cdot R \cdot NH_3)^{\cdot} + OH'$$

Die Molekülart $HRNH_3OH$ ist aber ganz problematisch.

Es besteht also die Möglichkeit, alle Erscheinungen der Säuren- und Basen-Natur auf das H-Ion zu beziehen und auf das OH'-Ion zu verzichten; aber nur die Möglichkeit, keine unbedingte Notwendigkeit. Ja, in einigen Fällen ist es fast zwangloser, die Bildung des Anions statt durch Abdissoziation eines $H^{\cdot}$-Ions, durch Addition eines OH'-Ions zu erklären, z. B.:

$$CO_2 + OH' = CO_3H'$$

Bicarbonat-Ion.

Auch werden wir später, bei der Frage der Adsorbierbarkeit der Ionen, sehen, daß dieselbe exzeptionelle Stellung, die das $H^{\cdot}$-Ion unter den Kationen, das OH'-Ion unter den Anionen einnimmt: sie sind beide außergewöhnlich stark adsorbierbar. Wir finden also auch sonst, daß dieselbe exzeptionelle Stellung, welche unter den Kationen das H-Ion einnimmt, unter den Anionen vom OH-Ion eingenommen wird, und werden daher auch bei der Frage der Säuren- und Basenbildung gut daran tun, das $H^{\cdot}$-Ion dem OH'-Ion gegenüber nicht zu stark in den Vordergrund zu stellen.

Kurz: Abgabe eines $H^{\cdot}$-Ions ist völlig äquivalent mit Aufnahme eines OH'-Ions und umgekehrt; in vielen Fällen sind diese beiden Vorgänge so sehr einander äquivalent, daß wir durch keinerlei Tatsachen gezwungen werden können, uns für die eine oder die andere Auffassung zu entscheiden.

Wir kommen somit zu folgenden Definitionen: eine Säure ist ein **an sich elektrisch neutrales Molekül,** welches $H^{\cdot}$-Ionen abdissoziiert (oder OH'-Ionen addiert); eine Base ein Molekül, welches OH'-Ionen abdissoziiert (oder $H^{\cdot}$-Ionen addiert). Ein amphoterer Elektrolyt oder Ampholyt ist ein Stoff, welcher diese beiden Eigenschaften vereinigt.

Bei dieser Definition ist auf die Worte: „ein an sich elektrisch neutrales Molekül" besonderes Gewicht zu legen. Ein negativ geladenes Molekül kann ebenfalls $H^{\cdot}$-Ionen binden (CH_3COO' bindet $H^{\cdot}$ und wird CH_3COOH), und dabei wird seine Ladung neutralisiert. Ein solches Molekül, welches ein $H^{\cdot}$-Ion unter Neutralisierung der Ladung bindet, ist ein Säure-Ion oder ein Anion (CH_3COO'); ein Molekül, welches ein $H^{\cdot}$-Ion unter Erhaltung der positiven Ladung bindet, ist eine Base ($NH_3 + H^{\cdot} \rightarrow NH_4^{\cdot}$). Ein Molekül, welches OH'-Ionen unter Neutralisierung seiner Ladung bindet, ist ein Basen-Ion oder Kation ($Na^{\cdot} + OH' = NaOH$). Ein Molekül, welches OH'-Ionen unter Erhaltung der Ladung bindet, ist eine Säure ($CO_2 + OH' \rightarrow CO_3H'$; $SO_3 + OH' \rightarrow SO_4H'$.

Ein Molekül, welches selbst schon eine positive (bzw. negative) Ladung hat, und $H^{\cdot}$ (bzw. OH') unter Verdoppelung seiner Ladung bindet, ist ein zweiwertiges Kation (bzw. Anion) (z. B. Hydrazin; $(NH_2NH_2) + H^{\cdot} \rightarrow (NH_2NH_3)^{\cdot}$, und nun: $(NH_2NH_3)^{\cdot} + H^{\cdot} \rightarrow (NH_3NH_3)^{\cdot\cdot}$; von Säuren gehört hierher die Kohlensäure: $CO_2 + OH' \rightarrow CO_3H'$; und nun: $CO_3H' + OH' \rightarrow CO_3''$, H_2O (als Hydrat gedachtes CO_3''-Ion, statt dessen kann man den letzten Vorgang auch schreiben: $CO_3H' \rightarrow CO_3'' + H^{\cdot}$). Diese Mannigfaltigkeit der Schreibweise könnte als unnötige Spielerei betrachtet werden, wir werden aber sehen, was wir bei dem Kapitel der Ionenadsorption hiervon für einen Nutzen haben werden.

5. Der Einfluß gelöster Stoffe auf die Dissoziationskonstante des Wassers.

Es wurde schon gesagt, daß jeder in Wasser gelöste Stoff einen Einfluß auf die Dissoziationskonstante des Wassers hat, weil er den Dampfdruck des Wassers und somit die aktive Masse des undissoziierten Wassers verändert. Dieser Einfluß ist aber sehr klein. Eine einmolare Lösung eines Nichtelektrolyten (Zucker, Harnstoff) hat einen nur um 2% kleineren Dampfdruck als reines Wasser; bei einem binären Elektrolyten wird der Betrag etwa verdoppelt. Molare Lösungen sind aber so konzentrierte Lösungen, daß wir in diesem Buche unsere Betrachtungen nicht bis zu so hohen Konzentrationen zu erstrecken brauchen; und selbst hier ist der Einfluß auf die Größe von k_w nicht sicher größer als die heute noch bestehenden Fehlergrenzen in der Bestimmung von k_w.

Zu berücksichtigen ist ferner, wenn der gelöste Stoff einen

merklichen Einfluß auf die Dielektrizitätskonstante des Wassers hat. Enthält eine wäßrige Lösung Alkohol, so wird die Dielektrizitätskonstante des Lösungsmittels kleiner, und somit auch k_w. Auch hier haben erst größere Mengen einen merklichen Einfluß. So beträgt k_w nach Löwenherz[1]) in wäßrigem Alkohol bei 25°

Prozent Alkohol	Dielektrizitäts-konstante	$\sqrt{k_w}$ bei 25°
0	84	$4{,}6 \cdot 10^{-7}$
7,4	78	4,1
24,0	67	3,4
41,8	56	2,7
64,8	43	1,5
86,6	32	0,73
92,6	29	0,47
97,4	27	0,28
99,8	26	0,30

(Unter k_w wird hier verstanden $\frac{h \,.\, oh}{[H_2O]}$, wo $[H_2O]$ dem Dampfdruck des Wassers in dem Alkohol-Wasser-Gemisch proportional gesetzt ist.) Eine molare Lösung von Alkohol enthält 4,6 % Alkohol. In ihr ist also k_w noch nicht sicher von dem k_w in reinem Wasser unterscheidbar.

Für alle „wäßrigen" Phasen in lebenden Geweben legt man ohne weiteres den gewöhnlichen Wert von k_w zugrunde. Allerdings darf man das nicht auf die „lipoiden" Phasen wie Zellmembrane, Nervenfasern usw. übertragen.

Neuerdings gibt R. Keller[2]) an, daß viele kolloide wäßrige Lösungen, insbesondere auch die von Eiweißkörpern, eine merklich kleinere Dissoziationskonstante als reines Wasser haben. Daß diese höchst wichtige Frage nicht schon lange exakt beantwortet worden ist, liegt nur an den methodischen Schwierigkeiten, in so gut leitenden Flüssigkeiten, wie es wäßrige Lösungen sind, die Dielektrizitätskonstante genau zu bestimmen. Sollten sich die Angaben von Keller bestätigen, so würde das auf die Berechnung von Dissoziationskonstanten und Ionengleichgewichten in eiweißhaltigen Lösungen einen gewissen Einfluß haben. Wir sehen in diesem Buch vorläufig davon ab, ihn zahlenmäßig zu bestimmen.

---

[1]) Löwenherz, Zeitschr. f. physikal. Chem. **20**, 283 (1896).
[2]) R. Keller, Kolloid-Zeitschr. **29**, 193 (1921).

6. Der Einfluß gelöster Elektrolyte auf den Dissoziationszustand des Wassers.

Löst man in Wasser einen Elektrolyten, so zerfällt dieser mehr oder weniger vollständig in seine Ionen. Ist eins von diesen Ionen ein $H^{\cdot}$-Ion, so wird dadurch in dem Wasser die Konzentration der Wasserstoffionen um ein gewisses Vielfaches vermehrt, da aber die Gleichung (3) (S. 10) bestehen bleiben muß, so folgt daraus, daß gleichzeitig die Konzentration der OH'-Ionen um das gleiche Vielfache vermindert werden muß. Umgekehrt ist es, wenn der gelöste Elektrolyt OH'-Ionen abspaltet. Liefert dagegen der Elektrolyt nur andersartige Ionen, aber keine $H^{\cdot}$- oder OH'-Ionen, so hat er auch keinen Einfluß auf die Dissoziation des Wassers. $H^{\cdot}$-Ionen werden von den Säuren und sauren Salzen geliefert; OH'-Ionen von den Basen und basischen Salzen; Elektrolyte, die keine von beiden Ionen liefern, sind die echten Neutralsalze (z. B. NaCl).

Hieraus folgt, daß jede wäßrige Lösung sowohl $H^{\cdot}$-, wie OH'-Ionen enthalten muß, mag sie sauer, neutral oder alkalisch reagieren. Eine neutrale Lösung ist dadurch charakterisiert, daß sie gleichviel $H^{\cdot}$- wie OH'-Ionen enthält, und zwar bei 22^0 je 10^{-7} normal. Eine saure Lösung enthält mehr als 10^{-7} n. $H^{\cdot}$-Ionen und weniger als 10^{-7} n. OH'-Ionen, eine alkalische umgekehrt. Aber keine noch so stark saure Lösung ist ganz frei von OH'-Ionen, keine noch so alkalische Lösung ganz frei von $H^{\cdot}$-Ionen. Um eine Flüssigkeit auf ihre saure, neutrale oder alkalische Beschaffenheit genau zu charakterisieren, genügt es daher, entweder nur ihre h oder nur ihre oh anzugeben. Da die Resultate unserer Messungen sich in der Regel direkt nur auf h beziehen, so wollen wir die seit Jahren eingebürgerte Konvention innehalten, immer nur h anzugeben und diese zur Vermeidung des langen Wortes Wasserstoffionenkonzentration einfach „Wasserstoffzahl" nennen. Die Definition der

neutralen Reaktion ist daher: $h = 10^{-7}$,
sauren ,, ,, ,, $,, = > 10^{-7}$,
alkalischen ,, ,, ,, $,, = < 10^{-7}$.

Hinter der Zahl 10^{-7} ist zu denken „normal" oder „Gramm-Ion pro Liter".

Die oh ist daher stets von der h abhängig, in der Weise, daß

$$oh = \frac{k_w}{h}$$

Stellen wir oh graphisch in einem rechtwinkligen Koordinatensystem als Funktion von h dar, so erhalten wir eine Hyperbel (Abb. 1).

Von gewissem Interesse ist noch festzustellen, bei welcher Reaktion die Summe der H·- und OH′-Ionen zusammengenommen

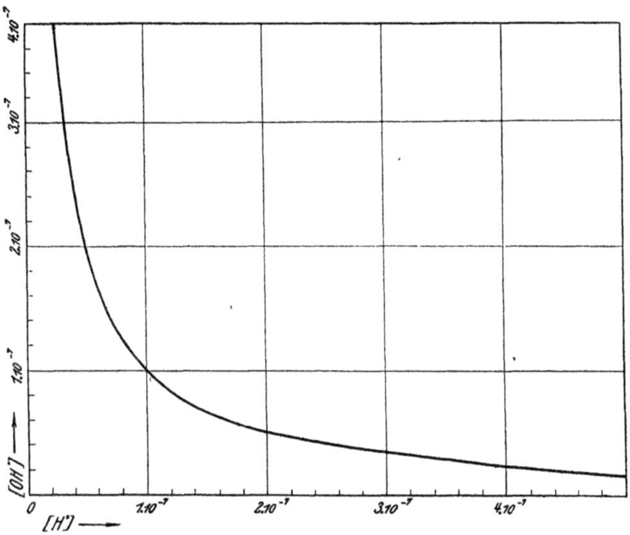

Abb. 1.

ein Minimum ist. Die Betrachtung der Abbildung zeigt, daß dies bei neutraler Reaktion ($h = 10^{-7}$) der Fall ist.

Mathematisch kann man das folgendermaßen beweisen. Die gesuchte Größe h + oh werde als u bezeichnet. Dann ist

$$u = h + oh$$

$$u = h + \frac{k_w}{h}$$

$$\frac{du}{dh} = 1 - \frac{k_w}{h^2}$$

Diese gleich 0 gesetzt, ergibt als Minimumbedingung

$$h = \sqrt{k_w}$$

$$h = oh = \sqrt{k_w}$$

d. h. neutrale Reaktion. Daß es ein Minimum und kein Maximum ist, ergibt sich daraus, daß

$$\frac{d^2u}{dh^2} = + 2\,\frac{k_w}{h^3}$$

unter allen Umständen einen positiven Wert haben muß.

Es mögen hier für einige gebräuchlicheren Lösungen reiner Säuren und Basen h und p_h angegeben werden.

Für die Dissoziation der HCl und NaOH wird hier vorläufig noch die bisher gebräuchliche Berechnung aus der Leitfähigkeit zugrunde gelegt.

	h	p_h	
n HCl	0,80	0,10	
0,1 n HCl	0,084	1,076	
0,01 n HCl	0,0095	2,022	
0,001 n HCl	$9{,}7 \cdot 10^{-4}$	3,013	
0,0001 n HCl	$9{,}8 \cdot 10^{-4}$	4,009	
n Essigsäure	$4{,}3 \cdot 10^{-3}$	2,366	
0,1 n Essigsäure	$1{,}36 \cdot 10^{-3}$	2,866	
0,01 n Essigsäure	$4{,}3 \cdot 10^{-4}$	3,366	
0,001 n Essigsäure	$1{,}36 \cdot 10^{-4}$	3,866	
n NH_3	$1{,}7 \cdot 10^{-12}$	11,77	bei 18°.
0,1 n NH_3	$5{,}4 \cdot 10^{-12}$	11,27	
0,01 n NH_3	$1{,}7 \cdot 10^{-11}$	10,77	
0,001 n NH_3	$5{,}4 \cdot 10^{-10}$	10,27	
n NaOH	$9{,}0 \cdot 10^{-14}$	14,05	
0,1 n NaOH	$8{,}6 \cdot 10^{-14}$	13,07	
0,01 n NaOH	$7{,}6 \cdot 10^{-13}$	12,12	
0,001 n NaOH	$7{,}4 \cdot 10^{-11}$	11,13	

Da die Dissoziationskonstanten der meisten Säuren und Basen nicht stark mit der Temperatur variieren, können die Werte von p_h bei den Säuren ohne gröberen Fehler auch für andere Temperaturen gebraucht werden. Dagegen ändert sich p_h für die Basen stark, weil bei ihnen ja p_{oh} von der Temperatur fast unabhängig ist, während die Dissoziationskonstante des Wassers sich stark mit der Temperatur ändert.

Ebenso ändert sich aus demselben Grunde bei den Säuren p_{oh} mit der Temperatur bedeutend.

So ist z. B.

		h	p_h	oh	p_{oh}
in 0,01 n HCl	bei 18°	$9{,}5 \cdot 10^{-3}$	2,022	$7{,}6 \cdot 10^{-13}$	12,12
	38°	$9{,}5 \cdot 10^{-3}$	2,022	$3{,}6 \cdot 10^{-12}$	11,44
dagegen					
in 0,1 n NH_3	bei 18°	$5{,}4 \cdot 10^{-12}$	11,27	$1{,}7 \cdot 10^{-12}$	11,77
	38°	$2{,}5 \cdot 10^{-11}$	10,60	fast genau $1{,}7 \cdot 10^{-12}$	fast genau 11,77

8. Die Größe der Dissoziationskonstante des Wassers.

Die Größe von k_w wurde nach verschiedenen Methoden bestimmt, die wir nur im Prinzip erläutern wollen.

Es mögen hier für einige gebräuchlicheren Lösungen reiner Säuren und Basen h und p_h angegeben werden.

Für die Dissoziation der HCl und NaOH wird hier vorläufig noch die bisher gebräuchliche Berechnung aus der Leitfähigkeit zugrunde gelegt.

	h	p_h	
n HCl	0,80	0,10	
0,1 n HCl	0,084	1,076	
0,01 n HCl	0,0095	2,022	
0,001 n HCl	$9{,}7 \cdot 10^{-4}$	3,013	
0,0001 n HCl	$9{,}8 \cdot 10^{-4}$	4,009	
n Essigsäure	$4{,}3 \cdot 10^{-3}$	2,366	
0,1 n Essigsäure	$1{,}36 \cdot 10^{-3}$	2,866	
0,01 n Essigsäure	$4{,}3 \cdot 10^{-4}$	3,366	
0,001 n Essigsäure	$1{,}36 \cdot 10^{-4}$	3,866	
n NH_3	$1{,}7 \cdot 10^{-12}$	11,77	bei 18°.
0,1 n NH_3	$5{,}4 \cdot 10^{-12}$	11,27	
0,01 n NH_3	$1{,}7 \cdot 10^{-11}$	10,77	
0,001 n NH_3	$5{,}4 \cdot 10^{-10}$	10,27	
n NaOH	$9{,}0 \cdot 10^{-14}$	14,05	
0,1 n NaOH	$8{,}6 \cdot 10^{-14}$	13,07	
0,01 n NaOH	$7{,}6 \cdot 10^{-13}$	12,12	
0,001 n NaOH	$7{,}4 \cdot 10^{-11}$	11,13	

Da die Dissoziationskonstanten der meisten Säuren und Basen nicht stark mit der Temperatur variieren, können die Werte von p_h bei den Säuren ohne gröberen Fehler auch für andere Temperaturen gebraucht werden. Dagegen ändert sich p_h für die Basen stark, weil bei ihnen ja p_{oh} von der Temperatur fast unabhängig ist, während die Dissoziationskonstante des Wassers sich stark mit der Temperatur ändert.

Ebenso ändert sich aus demselben Grunde bei den Säuren p_{oh} mit der Temperatur bedeutend.

So ist z. B.

		h	p_h	oh	p_{oh}
in 0,01 n HCl	bei 18°	$9{,}5 \cdot 10^{-3}$	2,022	$7{,}6 \cdot 10^{-13}$	12,12
	38°	$9{,}5 \cdot 10^{-3}$	2,022	$3{,}6 \cdot 10^{-12}$	11,44
dagegen					
in 0,1 n NH_3	bei 18°	$5{,}4 \cdot 10^{-12}$	11,27	$1{,}7 \cdot 10^{-12}$	11,77
	38°	$2{,}5 \cdot 10^{-11}$	10,60	fast genau $1{,}7 \cdot 10^{-12}$	fast genau 11,77

8. Die Größe der Dissoziationskonstante des Wassers.

Die Größe von k_w wurde nach verschiedenen Methoden bestimmt, die wir nur im Prinzip erläutern wollen.

a) Aus der Leitfähigkeit des reinen Wassers. F. Kohlrausch und A. Heydweiller [1]) bestimmten die Leitfähigkeit von absolut reinem Wasser. Da die Leitfähigkeiten der $H^{\cdot}$- und OH'-Ionen bekannt waren, konnte aus der beobachteten Leitfähigkeit des reinen Wassers die Konzentration der $H^{\cdot}$- und OH'-Ionen berechnet werden. Für das Produkt $h \cdot oh = k_w$ ergab sich bei 25°

$$k_W = 1{,}1 \cdot 10^{-14}$$

b) Aus der katalytischen Fähigkeit des reinen Wassers. Auf Veranlassung von van't Hoff bestimmte J. J. A. Wijs [2]) die Verseifungsgeschwindigkeit des Methylacetats durch reines Wasser. Als Katalysator fungieren die OH'-Ionen; die Verseifungsgeschwindigkeit ist deren Konzentration proportional. Diese Geschwindigkeit wurde verglichen mit der Verseifungsgeschwindigkeit einer Lauge von bekannter OH'-Konzentration und daraus oh des reinen Wassers berechnet; h ist in reinem Wasser = oh. Es ergab sich bei 25° $h \cdot oh = k_W = 1{,}44 \cdot 10^{-14}$

c) Aus dem Hydrolysegrad von Salzen. Salze aus einer schwachen Säure und einer starken Base sind in Wasser zum Teil hydrolytisch gespalten in freie Säure und freie Base, welche ihrerseits wieder elektrolytisch dissoziiert sind und $H^{\cdot}$- und OH'-Ionen liefern. Da aber die Base stärker ist, überwiegt ihre elektrolytische Dissoziation, und es ergibt sich ein Überschuß der OH'-Ionen über die $H^{\cdot}$-Ionen, von der die Dissoziationskonstante des Wassers abgeleitet werden kann, wenn die Dissoziationskonstante der schwachen Säure bekannt ist. Darauf werden wir später zurückkommen. Die Konzentration der OH'-Ionen kann wieder durch ein katalytisches Verfahren wie bei b) bestimmt werden.

Arrhenius [3]) bestimmte aus der Hydrolyse des Natriumacetat bei 25°

$$k_W = 1{,}21 \cdot 10^{-14}$$

Aus der Hydrolyse anderer Salze gewannen mehrere Autoren ähnliche Zahlen. Lundén [4]) untersuchte die Hydrolyse von Salzen aus einer schwachen Säure und einer schwachen Base und fand

Temperatur	10°	15°	25°	40°	50°
k_W	0,31	0,46	1,05	2,94	$5{,}17 \cdot 10^{-14}$

---

[1]) F. Kohlrausch und A. Heydweiller, Zeitschr. f. physikal. Chem. 14, 317 (1894).

[2]) J. J. A. Wijs, Zeitschr. f. physikal. Chem. 11, 492 u. 12, 253 (1893).

[3]) Sv. Arrhenius, Zeitschr. f. physikal. Chem. 1, 631 (1887).

[4]) H. Lundén, Journ. de Chim. phys. 5, 574 (1907).

d) Aus Wasserstoffkonzentrationsketten. Durch solche Konzentrationsketten, die später eingehend beschrieben werden sollen, kann man in einer beliebigen Lösung die h bestimmen. Bestimmt man nun in einer bestimmten NaOH von bekannter oh durch diese Methode h, so ergibt sich daraus k_w. Wilhelm Ostwald [1]) machte zuerst auf diese Methode aufmerksam; W. Nernst[2]) brachte in der Berechnung eine wesentliche Korrektur an, und seitdem ist die Methode von verschiedenen Autoren angewandt worden. Löwenherz [3]) fand

Temperatur	19^0	25^0
k_w	0,8	$1{,}41 \cdot 10^{-14}$

Inzwischen ist die Technik der Konzentrationsketten weiter ausgebildet worden und man darf diese Methode heute wohl als die genaueste betrachten. Die zuverlässigsten Messungen wurden von S. P. L. Sörensen [4]) ausgeführt und ergaben im Mittel aus zahlreichen Messungen

$$k_w = 0{,}73 \cdot 10^{-14} = 10^{-14{,}14} \text{ bei } 18^0$$

Ebenfalls mit Konzentrationsketten wurden von mir [5]) folgende Werte erhalten. Sie wurden aus zahlreichen Versuchen (im Jahre 1912) bei verschiedenen Temperaturen und durch graphische Interpolation zusammengestellt.

Temperatur	$k_w \times 10^{14}$	$p_{k_w} = -\log k_w$	$\sqrt{k_w}$ d. h. die h des reinen Wassers $\times 10^7$
16	0,63	14,200	0,79
17	0,68	14,165	0,82
18	0,74	14,130	0,86
19	0,79	14,100	0,89
20	0,86	14,065	0,93
21	0,93	14,030	0,96
22	1,01	13,995	1,00
23	1,10	13,960	1,05
24	1,19	13,925	1,09
25	1,27	13,895	1,13
26	1,38	13,860	1,17
27	1,50	13,825	1,23
28	1,62	13,790	1,27
29	1,76	13,755	1,33

[1]) Wi. Ostwald, Zeitschr. f. physikal. Chem. **11**, 521 (1893).
[2]) W. Nernst, Zeitschr. f. physikal. Chem. **14**, 155 (1894).
[3]) R. Löwenherz, Zeitschr. f. physikal. Chem. **20**, 283 (1896).
[4]) S. P. L. Sörensen, Biochem. Zeitschr. **21**, 131 (1909).
[5]) Mitgeteilt in der 1. Auflage dieser Monographie (1914).

Temperatur	$k_w \times 10^{14}$	$p_{kw} = -\log k_w$	$\sqrt{k_w}$ d. h. die h des reinen Wassers $\times 10^7$
30	1,89	13,725	1,37
31	2,04	13,690	1,43
32	2,19	13,660	1,48
33	2,35	13,630	1.53
34	2,51	13,600	1,59
35	2,71	13,567	1,65
36	2,92	13,535	1,71
37	3,13	13,505	1,77
38	3,35	13,475	1,83
39	3,59	13,445	1,89
40	3,80	13,420	1,95

Ebenfalls durch Bestimmung von p_h in NaOH-Lösungen, deren p_{oh} aus Leitfähigkeitsdaten berechnet wurde, erhielten Lewis, Brighton und Sebastian[1]) für 25° C

$$k_w = 1{,}012 \cdot 10^{-14};\ p_{kw} = 13{,}995$$

Daher für reines Wasser bei 25° praktisch genau $h = 1{,}00 \cdot 10^{-7}$

$$p_h = 7{,}00$$

Der Temperaturkoeffizient von k_w läßt sich nach der van't Hoffschen Gleichung (von Nernst Reaktionsisochore genannt)[2]) berechnen:

$$\frac{d \ln k_w}{dT} = -\frac{U}{RT^2}$$

Mit Einsetzung der Zahlenwerte und Umwandlung in dekadische Logarithmen:

$$\frac{d \ln k_w}{dT} = -\frac{13\,700}{4{,}571 \cdot (293)^2}$$

für 20° C, wo wir für U, die Wärmetönung der Reaktion $H^{\cdot} + OH' = H_2O$, die Neutralisationswärme von HCl + NaOH nach Berthelot (13700 kl. Calorien) einsetzen. Das ergibt

$$\frac{d\, p_{kw}}{dT} = -0{,}0349$$

Für das Intervall von 16—26° ausgerechnet, ergibt meine obige Tabelle diesen Wert = — 0,0340 in befriedigender Übereinstimmung mit der Theorie.

Die kleineren Differenzen der neueren Messungen gegen die älteren beruhen auf einer besseren Ausschaltung der Fehler, insbesondere des Diffusionspotentials. In Anbetracht des Umstandes, daß die sehr zahlreichen Untersuchungen von Sörensen, alle bei gleicher Temperatur gemacht, einen sehr zuverlässigen Mittelwert ergeben, die meinigen aber verschiedene Temperaturen um-

[1]) Lewis, G. N., Brighton, T. B. und Sebastian, R. L., Journ. of the Amer. chem. soc. 39, 2245 (1917).

[2]) S. z. B. Nernst, Theoret. Chem., 7. Aufl., 1913, S. 675ff.

fassen, möchte ich als wahrscheinlichsten Wert den für 18° von Sörensen empfehlen, während meine Zahlen für den Temperaturkoeffizienten zu benutzen sind. Sörensens Zahl für 18° ist $10^{-14,14}$; die Mittelwerte, die er aus seinen zu verschiedenen Zeiten angestellten Versuchsserien erhielt, schwanken zwischen $10^{-14,11}$ und $10^{-14,15}$; meine zu verschiedenen Zeiten erhaltenen Zahlen für 18° schwanken zwischen $10^{-14,09}$ und $10^{-14,13}$. Der in der angeführten Tabelle aus sehr zahlreichen Versuchen des Jahres 1913 angeführte Mittelwert von $10^{-14,13}$ steht mit dem Mittelwert von Sörensen, $10^{-14,14}$ in befriedigender Übereinstimmung.

Wir werden später sehen, daß wir wahrscheinlich alle unsere bisherigen p_h-Messungen in Zukunft um eine gewisse Größe korrigieren werden müssen. Die Unsicherheit liegt in folgendem begründet: 1) h in der verdünnten NaOH wird gemessen durch Vergleichung mit der h einer verdünnten HCl-Lösung, deren h als bekannt vorausgesetzt wird. Andererseits wird oh der NaOH als bekannt vorausgesetzt. Bis vor kurzem glaubte man nicht im Zweifel zu sein, wie groß in einer HCl-Lösung bekannter Konzentration h, und wie groß in einer NaOH-Lösung bekannter Konzentration oh sei. Man berechnete h bzw. oh aus dem Dissoziationsgrad, den man wiederum durch Vergleichung der molaren Leitfähigkeit bei einer gegebenen Verdünnung mit der bei unendlicher Verdünnung berechnete. Wir werden nun später sehen, daß diese Berechnung fehlerhaft ist. Es ist möglich, daß p_{Kw} (und zwar um höchstens 0,1) kleiner ist als die hier vorläufig empfohlenen Werte.

9. Die allgemeine Anwendung des Massenwirkungsgesetzes auf die elektrolytische Dissoziation der Säuren.

Wir haben uns ein Bild davon gemacht, auf welche Weise ein elektrisch neutrales Molekül wie H_2O in zwei entgegengesetzt geladene Ionen zerfallen kann; genau so können wir uns umgekehrt vorstellen, wie die beiden Ionen auch wieder zu dem elektrisch neutralen Molekül zusammentreten können. Von den äußeren Bedingungen wird es abhängen, ob in jedem einzelnen Fall der Vorgang in der einen oder der anderen Richtung abläuft. Ein freies $H^{\cdot}$- und freies OH'-Ion, welche gerade einmal infolge der Molekularbewegung in sehr große räumliche Nähe kommen, werden sich zu H_2O vereinigen; andererseits wird durch den zufälligen in geeigneter Weise vor sich gehenden Stoß eines vorbeifliegenden fremden Moleküls ein $H^{\cdot}$-Ion vom H_2O abgetrennt werden. Im allgemeinen wird sich für jede gegebene äußere Bedingung (vor allem für jede Temperatur) ein gewisser, statistisch betrachtet stationärer Zustand einstellen, der dadurch charakterisiert ist, daß die Menge der in der Zeiteinheit sich bildenden Ionen gleich der der verschwindenden Ionen ist. Dies sind aber die Bedingungen für die Anwendbarkeit des Massenwirkungsgesetzes und wir können dieselben Symbole benutzen wie für die Reaktionen zwischen unelektrischen Molekülen. Der „chemischen Gleichung"

1 Mol. Alkohol + 1 Mol. Essigsäure $\rightleftharpoons$ 1 Mol. Äthylacetat + 1 Mol. H_2O

entspricht die chemische Gleichung

$$1\,H^{\cdot} + 1\,OH' \rightleftharpoons 1\,H_2O$$

Und der Formel des Massenwirkungsgesetzes

$$\frac{[\text{Alkohol}]\cdot[\text{Essigsäure}]}{[\text{Äthylacetat}]\,[H_2O]} = k$$

entspricht das Gesetz

$$\frac{h\cdot oh}{[H_2O]} = k \text{ oder } h\cdot oh = k_w$$

Dies ist das Gesetz der elektrolytischen Dissoziation des Wassers, welches wir schon besprochen haben. Wir wollen jetzt die Dissoziation einer in Wasser gelösten Säure betrachten. Bezeichnen wir die Säure als SH, ihre Ionen mit S' und H˙, so schreibt das Massenwirkungsgesetz folgenden Gleichgewichtszustand vor:

$$\frac{[S']\cdot[H^{\cdot}]}{[SH]} = k \qquad (1)$$

Die Konstante k ist für jede Säure charakteristisch. Sie variiert mit der Temperatur, im allgemeinen aber nicht stark. Man nennt sie die **Dissoziationskonstante**, oder die **Affinitätskonstante** der Säure. Ihre Größe ist, wie **Wilh. Ostwald** gezeigt hat, das einzige rationelle Maß für die **Stärke** einer Säure.

Um Mißverständnissen vorzubeugen, wollen wir die Größe $\frac{[S'\cdot[H^{\cdot}]}{[SH]}$ die „Dissoziationskonstante", die reziproke Größe $\frac{[SH]}{[S'][H^{\cdot}]}$ die „Affinitätskonstante" der Säure nennen. Die Dissoziationskonstante ist ein Maß für die Kraft, mit der die Säure bestrebt ist, in die Ionen zu zerfallen; die Affinitätskonstante ein Maß für die Kraft, mit der die Ionen sich zu vereinigen bestreben. Unter der „Kraft" oder „Affinität" einer chemischen Reaktion versteht man diejenige maximale Arbeit C, welche gewonnen werden kann, wenn je 1 Mol der beteiligten Molekülgattungen sich umsetzt, also z. B. wenn 60 g Essigsäure in 59 g Acetat-Ionen + 1 g H˙-Ionen zerfallen, unter der Bedingung, daß jede der beteiligten Molekülgattungen in 1fach molarer Konzentration zugegen ist und daß das Reaktionsvolumen so groß gewählt ist, daß diese Konzentration durch die Umsetzung nicht meßbar geändert wird.

Diese Arbeit C steht zu k in der Beziehung

$$C = RT \ln k$$

wo k die frühere Bedeutung hat. Sind die reagierenden Molekülarten in der beliebigen Konzentration [Essigsäure], [Acetat'], [H˙] in Lösung, so wird bei Umsetzung eines Mols die maximale Arbeit A

$$A = C + RT \ln \frac{[\text{Essigs.}]}{[\text{Acetat}'] \cdot [\text{H}^{\cdot}]}$$

gewonnen.

Bei den verschiedenen Säuren wechselt die Größe von k in weiten Grenzen. Man könnte sich vorstellen, daß jedes H Atom eines Moleküls die Tendenz hat, als H˙-Ion abzudissoziieren. Nur ist diese Tendenz je nach der chemischen Konfiguration der Verbindung v rschieden groß und kann unter Umständen unmeßbar klein werden. Man kann z. B. auch Zucker, ja sogar Alkohol als eine Säure mit außerordentlich kleiner Dissoziationskonstante auffassen; beim Zucker ist sie gerade meßbar, beim Äthylalkohol für unsere Methoden unmeßbar klein. Überall aber, wo die Methoden eine Messung der Konstanten überhaupt noch gestatten, erweist sie sich trotz ihrer Kleinheit als eine gut definierte Größe.

Die obere Grenze der Dissoziationskonstanten anzugeben ist nicht ohne weiteres möglich. Die ganz starken Säuren, wie HCl, HBr, HJ, HNO_3, H_2SO_4, H_3PO_4 (in erster Stufe) führen nämlich überhaupt nicht zu einem einheitlichen Wert von k und werden noch besonders besprochen werden. Die schwächeren und schwächsten Säuren dagegen folgen den obigen Gesetzen gut. Folgende Tabelle gibt die Dissoziationskonstanten einiger „schwacher" Säuren bei 18°. Diese Tabelle zeigt ferner die Ahbängigkeit des k von der Temperatur für einige Säuren.

Tabelle über die Dissoziationskonstanten einiger schwacher Säuren.

Nach Landolt-Börnstein, Physikal.-chem. Tabellen, 4. Aufl., Berlin 1912, mit Berücksichtigung einiger neuerer Messungen; die Autoren der Messungen sind Wi. Ostwald, Luther, Bodländer, Rothmund und Drucker, Walker und Cormack, Lundén, Noyes, Walden, Madsen, H. Euler, Michaelis und Rona.

Name	Temperatur	k
Arsenige Säure	25°	$6 \cdot 10^{-10}$
Arsensäure	25°	$5 \cdot 10^{-3}$
Borsäure	15°	$5{,}5 \cdot 10^{-10}$
	25°	$6{,}6 \cdot 10^{-10}$
	25°	$6{,}4 \cdot 10^{-10}$
	40°	$8{,}5 \cdot 10^{-10}$

Name	Temperatur	k
Kakodylsäure	25°	$6{,}4 \cdot 10^{-7}$
Kohlensäure[1]) (1. Stufe) . . .	18°	$3{,}0 \cdot 10^{-7}$
(2. Stufe) . . .	25°	$1{,}3 \cdot 10^{-11}$
Phosphorsäure (1. Stufe) . . .	25°	$1 \cdot 10^{-2}$
(2. Stufe)[2]) . .		$8{,}8 \cdot 10^{-8}$
(3. Stufe) . . .		$3{,}6 \cdot 10^{-13}$
Schwefelwasserstoff	18°	$5{,}7 \cdot 10^{-8}$
Salpetrige Säure		$6{,}0 \cdot 10^{-4}$
Ameisensäure		$2{,}1 \cdot 10^{-4}$
Buttersäure	18°	$1{,}5 \cdot 10^{-5}$
Essigsäure	10°	$1{,}83 \cdot 10^{-5}$
	18°	$1{,}82 \cdot 10^{-5}$
	25°	$1{,}86 \cdot 10^{-5}$
	40°	$1{,}80 \cdot 10^{-5}$
	50°	$1{,}74 \cdot 10^{-5}$
	100°	$1{,}11 \cdot 10^{-5}$
α Fruktose	18°	$6{,}6 \cdot 10^{-13}$
α Glukose		$3{,}6 \cdot 10^{-13}$
Glycerin		$7 \cdot 10^{-15}$
Glykol	$< 10^{-14}$, unmeßbar klein	
Milchsäure	25°	$1{,}38 \cdot 10^{-4}$
β Oxybuttersäure	18°	$3{,}86 \cdot 10^{-5}$
Saccharose	18°	$1{,}14 \cdot 10^{-13}$
i, l, r Weinsäure	25°	$9{,}7 \cdot 10^{-4}$
Benzoesäure	25°	$6{,}0 \cdot 10^{-5}$
Phenol	25°	$1{,}09 \cdot 10^{-10}$
Salicylsäure	20—30°	$1{,}05 \cdot 10^{-3}$
Harnsäure	—	$1{,}5 \cdot 10^{-6}$

10. Wahre und scheinbare Dissoziationskonstante der Säuren; Pseudosäuren.

Bei einigen Säuren ist die freie Säure in reinem Zustand nicht bekannt, sondern nur ihr Anhydrid. Z. B. kennen wir die Kohlensäure, H_2CO_3, in reinem Zustand nicht, sondern nur das Anhydrid,

[1]) S. später darüber genaueres.

[2]) Nach Michaelis und Garmendia, Biochem. Zeitschr. **67**, 431 (1914). Abbott und Bray (Journ. of the Americ. chem. soc. **31**, 729 (1909), s. S. 760) hatten gefunden $1{,}95 \cdot 10^{-7}$. Es sei hier gleich bemerkt, daß verschiedene in neuerer Zeit erkannte Umstände, die in dem Kapitel über die „Dissoziation der starken Elektrolyte“ besprochen werden, sollen eine Revision einiger der hier mitgeteilten Zahlen erforderlich machen; groß sind die Korrekturen zweifellos nirgends. Dasselbe gilt für die Dissoziationskonstanten der späteren Tabellen (S. 51, 60).

CO_2. Lösen wir CO_2 in Wasser, so reagiert die Lösung sauer. Wir schließen daraus, daß in der Lösung die Ionen $H^{\cdot}$ und HCO_3' sich gebildet haben. Die Entstehung dieser Ionen könnte man auf zwei Weisen erklären. Entweder nehmen wir an, daß CO_2 ein OH'-Ion addiert:

$$CO_2 + H^{\cdot} + OH' \rightleftharpoons CO_3H' + H^{\cdot}$$

oder einfach, da ja die $H^{\cdot}$-Ionen an dem Prozeß nicht beteiligt sind:

$$CO_2 + OH' \rightleftharpoons CO_3H'$$

Daraus würde als Gleichgewichtsbindung folgen

$$\frac{[CO_2]\,[OH']}{[CO_3H']} = k_1$$

Da wir nach S. 10 für [OH'] schreiben können $\frac{k_W}{[H^{\cdot}]}$, so ist auch

$$\frac{[CO_2] \cdot k_W}{[H^{\cdot}]\,[CO_3H']} = k_1$$

oder

$$\frac{[CO_2]}{[H^{\cdot}]\,[CO_3H']} = \frac{k_1}{k_W} = k_2 \qquad (1)$$

Diese Gleichung ist rein formal dieselbe, als wenn es sich um einen chemischen Vorgang

$$CO_2 \rightleftharpoons H^{\cdot} + CO_3H'$$

handelte und man kann mit diesen k_2 wie mit einer echten „Dissoziationskonstante" operieren. Es ist aber nur eine „scheinbare" Dissoziationskonstante, denn der durch die letzte Gleichung angedeutete chemische Prozeß geht doch in dieser Weise gar nicht vor sich.

Wir können aber die Ionenbildung der Kohlensäure auch anders auffassen. Wir nehmen als primären Vorgang eine Hydratbildung an:

$$CO_2 + H_2O \rightleftharpoons H_2CO_3$$

mit dem Gleichgewicht

$$\frac{[CO_2] \cdot [H_2O]}{[H_2CO_3]} = k_3 \qquad (2)$$

Bringen wir die konstante Größe $[H_2O]$ auf die rechte Seite und vereinigen sie mit k_3 zu einer neuen Konstante, so ist

$$\frac{[CO_2]}{[H_2CO_3]} = k_4 \qquad (3)$$

k_4 ist sehr groß, d. h. es besteht immer nur ein sehr kleiner Bruchteil H_2CO_3 neben viel CO_2. Nun dissoziiert das Molekül H_2CO_3 elektrolytisch:

$$H_2CO_3 \rightleftharpoons H^{\cdot} + HCO_3'$$

mit der Gleichgewichtsbedingung

$$\frac{[H^\cdot] \cdot [HCO_3']}{[H_2CO_3]} = k_5 \qquad (4)$$

wo k_5 die wahre Dissoziationskonstante der eigentlichen Kohlensäure H_2CO_3 ist. Nun kennen wir $[H_2CO_3]$ nicht, sondern nur $[CO_2]$. Dies ist nämlich einfach die Konzentration der gesamten gelösten freien Kohlensäure, denn die Molekülart H_2CO_3 ist stets nur in verschwindend kleiner Konzentration gegenüber der Molekülart CO_2 vorhanden. Wir können nun für $[H_2CO_3]$ seinen Wert aus (3) einführen $= \frac{[CO_2]}{k_4}$ und erhalten aus (4)

$$\frac{[H^\cdot] \cdot [HCO_3']}{[CO_2]} = \frac{k_3}{k_4} = k_6$$

Dieser Ausdruck ist identisch mit (1). Auch k_6 ist eine scheinbare Dissoziationskonstante.

Diese scheinbare „Dissoziations"konstante ist es, die wir allein messen können. Die wahre Dissoziationskonstante der Kohlensäure H_2CO_3 bleibt uns dabei unbekannt. Wir können aber formal mit der scheinbaren Konstante wie mit einer wahren operieren.

Nach den Untersuchungen von Thiel und Strohecker[1]) ergibt sich, daß die wahre Dissoziationskonstante der echten Kohlensäure H_2CO_3 sehr groß ist, mindestens $5 \cdot 10^{-4}$, nach Strohecker[2]) $4{,}4 \cdot 10^{-4}$, also weit größer als die der Essigsäure und sogar der Ameisensäure. Das ist auch sehr plausibel, denn H_2CO_3 ist je Oxyameisensäure. Von der Stärke der eigentlichen Kohlensäure kann man sich durch folgenden einfachen Versuch eine Vorstellung machen. Man versetze eine 0,1 n·Lösung von $NaHCO_3$ mit etwas Neutralrot. Dasselbe ist in der alkalischen Lösung gelb. Nun füge man so viel 0,1 n HCl hinzu, bis die Farbe nach dem Vermischen rot ist, also saure Reaktion zeigt. Wartet man dann einige Sekunden, so geht die Farbe wieder nach gelb zurück. Fügt man wieder HCl zu, so wird die Farbe zunächst wieder rot und geht dann allmählich wieder auf eine gelbere Stufe zurück. Es handelt sich hierbei nicht etwa um ein allmähliches Entweichen von gasförmiger CO_2, sondern darum, daß durch HCl aus dem Bicarbonat die wahre, starke Kohlensäure H_2CO_3 in Freiheit gesetzt wird, welche erst allmählich überwiegend in $CO_2 + H_2O$ zerfällt. Die Möglichkeit dieses Versuchs beruht auf der relativ geringen Geschwindigkeit der Reaktion

$$H_2CO_3 \rightarrow H_2O + CO_2$$

Dieser Fall der „scheinbaren Dissoziationskonstante" steht bei der Kohlensäure keinesfalls vereinzelt da. Wir sind im Grunde genommen niemals imstande zu entscheiden, ob eine wahre oder eine scheinbare Dissoziationskonstante vorliegt. Dies ist so wichtig, daß wir einige Beispiele

---

[1]) Thiel, A. u. Strohecker, R., Ber. d. Dtsch. Chem. Ges. **47**, 945 (1914).
[2]) Strohecker, Zeitschr. f. Unters. d. Nahr.- u. Genußm. **31**, 121 (1916).

dafür geben wollen. Traubenzucker ist eine äußerst schwache Säure. Wenn wir uns nun eine Vorstellung von der chemischen Konstitution des Traubenzuckers und seiner Ionen machen wollen, so wissen wir zunächst vom Traubenzucker, daß wir seine Konstitution in verschiedener Weise auffassen können. Entweder betrachten wir ihn nach der ursprünglichen Schreibweise von E. Fischer als einen Aldehydalkohol oder unter dem Tollensschen Bilde mit einer Ringbildung vermittels eines O-Atoms. Diese ist wiederum in 2 steroisomeren Formen, der α- und β-Glykose denkbar. Neuerdings sind sogar noch weitere Isomere je nach der Art der Ringbildung bekannt geworden. Alle diese Formen haben Wirklichkeitswert und stehen in einem Gleichgewichtszustand zueinander. Je nach den Bedingungen überwiegt die eine oder die andere Konfiguration. Außerdem aber ist noch eine Konfiguration möglich, die Enolform von Wohl und Neuberg. Sie leitet sich von der Fischerschen Aldehydform ab. Stellen wir uns vor, daß das Aldehyd (Formel I) zunächst ein Hydrat bildet (Formel II) und dieses entsprechend dem Schema in Formel II wieder Wasser abspaltet, so erhalten wir die Enolform (Formel III).

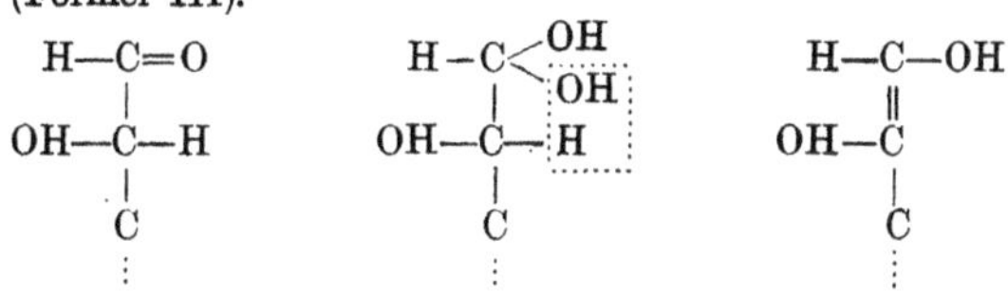

I Aldehyd — II Aldehydhydrat — III Enol

Diese Enolform ist nun gemeinschaftlich für Glukose, Mannose und Fruktose. Wenn also ein Glukosemolekül die Enolform angenommen hat, und nun wieder die Aldehydform sich zurückbildet, so kann bei dieser Rückbildung ebensogut Glukose wie Mannose wie Fruktose entstehen. Nun lehrt die Beobachtung, daß bei stark alkalischer Reaktion in der Tat teilweise eine Umbildung der Glukose in Mannose und Fruktose stattfindet, und zwar ist die Geschwindigkeit dieser Umbildung der Konzentration der Wasserstoffionen genau umgekehrt proportional[1]). Da nun auch die Konzentration der Zuckerionen der h umgekehrt proportional sein muß, so liegt die Vermutung nahe, daß die Umwandlung des Zuckers über seine Ionen erfolgen muß. Da wir nun soeben gehört haben, daß diese Umwandlung über die Enolform erfolgen muß, so folgt daraus, daß die Ionen die Enolform haben müssen und daß außer den Ionen keine wesentlichen Mengen Zucker in Enolform vorhanden sein können. Mit anderen Worten: Zucker ist nur in seiner Enolform eine dissoziationsfähige Säure, und in dieser Form sicher eine recht starke Säure. Das ist sehr plausibel, denn alle Enole sind kräftige Säuren, die ihnen zugehörigen Ketone oder Aldehyde aber nicht. Zucker ist daher nur deshalb eine so sehr schwache Säure, weil die einzige Modifikation, in der er saure Eigenschaften hat, in so geringen Mengen neben den anderen Modifikationen vorhanden ist.

Zahlreiche vergleichbare Fälle kommen bei den Indikatoren vor. Phenolphthalein hat eine scheinbar sehr niedrige Dissoziationskonstante. Es

[1]) L. Michaelis und P. Rona, Biochem. Zeitschr. **47**, 447 (1912).

hat in freier Form die Konstitution I. Diese Form ist tautomer mit der Form II.

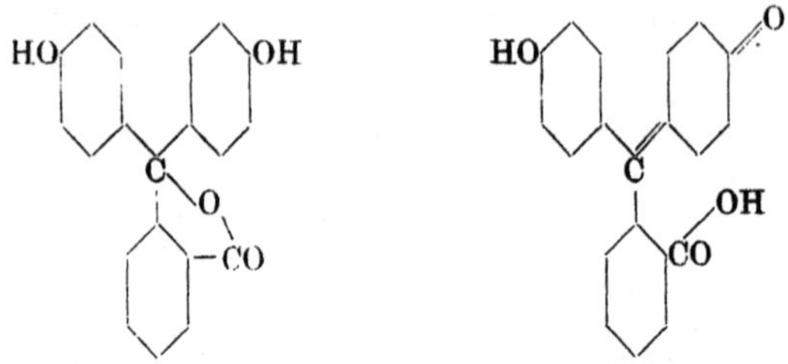

I　　　　II

Die Form I ist ungefärbt, die Form II infolge der chinoiden Doppelbindung gefärbt und infolge der Carboxyl-Gruppe stark sauer. Diese ist neben der ungefärbten Modifikation in meßbarem Maße nicht existenzfähig, sondern nur ihre Ionen. Die Ionen können nur nach der Form II konstituiert sein. Die Form II ist wahrscheinlich eine ziemlich starke Säure, aber da sie neben der Form I immer nur in verschwindender Menge existenzfähig ist, treten uns die Erscheinungen unter dem Bilde entgegen, als wäre das farblose Phenolphthalein eine sehr schwache Säure, deren Ionen rot sind. Alle Farbenumschläge der Indikatoren beruhen darauf, daß die Ionen eine andere Konstitution haben als die undissoziierten Indikatoren und alle Dissoziationskonstanten von Indikatoren sind scheinbare.

Solche Moleküle, welche nach ihrer Konstitution zwar keine Säuren sind, aber durch eine tautomere Umlagerung in Säuren übergehen können, nennt Hantzsch Pseudosäuren.

Den Beweis für die Richtigkeit dieser Anschauung kann man in ähnlicher Weise erbringen, wie wir es oben für die Kohlensäure zeigten. Versetzt man eine rote, alkalische Phenolphthaleinlösung mit Säure, so entsteht zunächst die rote undissoziierte Säure der Form II und diese lagert sich erst sekundär in die farblose Form I um. Nur geschieht dies beim Phenolphthalein so schnell, daß wir es nicht nachweisen können. Es ist aber Hantzsch gelungen, bei anderen geeigneten Farbstoffen den Nachweis zu erbringen, z. B. beim Krystallviolett und vielen anderen. Versetzt man eine solche Lösung mit Alkali und bestimmt ihre elektrische Leitfähigkeit, so findet man, daß diese im Laufe der Zeit abnimmt, zum Zeichen dafür, daß ein starker Elektrolyt aus der Lösung verschwindet.

Ein einfacher Versuch mit einem sich allmählich umwandelnden Indikator ist folgender. Bringt man in 100 ccm einer ganz schwach alkalischen Flüssigkeit, z. B. Leitungswasser oder Phosphatgemische, 1 ccm von Säurefuchsin oder von Wasserblau (1:1000), so tritt allmählich eine Abblassung ein, welche je nach der h der Lösung bis zu einer ganz bestimmten Farbtiefe fortschreitet und dann stehen bleibt. Bei Zimmertemperatur dauert das gewöhnlich eine halbe bis eine Stunde, bei 50° nur wenige Minuten. Das Säurefuchsin und das Wasserblau sind Indikatoren, bei denen die beiden Vorgänge deutlich getrennt sind. Die Einstellung des Ionengleichgewichtes muß wie alle Ionenreaktionen unmeßbar schnell erfolgen, die tautomere Umlagerung der gefärbten Form in die farblose aber erfolgt langsam.

11. Die Dissoziation der Basen.

Für die Dissoziation der Basen gilt das gleiche für die der Säuren, wenn man überall oh statt h setzt. Bezeichnen wir das Molekül der Base mit BOH, so erfolgt die Dissoziation in dem Sinne

$$BOH \rightleftharpoons B^{\cdot} + OH'$$

und die Dissoziationskonstante ist

$$k = \frac{[B^{\cdot}][OH']}{[BOH]}$$

Die Betrachtungen über die scheinbaren Dissoziationskonstanten gelten hier ebenso wie für die Säuren. Auch hier müssen wir zwischen starken und schwachen Basen unterscheiden. Starke Basen sind die Laugen wie KOH, NaOH; sie sind sehr weitgehend in Ionen zerfallen und die genaue Erörterung ihrer Dissoziationsverhältnisse stößt auf die gleichen Schwierigkeiten wie bei den starken Säuren und soll mit diesen zusammen abgehandelt werden. Aber auch die schwer wasserlöslichen Basen wie $Cu(OH)_2$, Ag(OH) sind höchstwahrscheinlich zu den ziemlich starken, weitgehend dissoziierten zu rechnen. Daß man mit ihnen dem Wasser keine merkliche alkalische Reaktion erteilen kann, liegt wohl fast ausschließlich an ihrer sehr geringen Löslichkeit, nicht aber an ihrer geringen Dissoziation. Eine Base wie Ag(OH) ist in reinem Zustand nicht bekannt. Es ist aber doch recht wahrscheinlich, daß die Spuren von Ag_2O, welche in Wasser in Lösung gehen, völlig als Ag(OH) in Lösung gehen und daß dieses praktisch total dissoziiert ist, so daß in Wirklichkeit beinahe nur $Ag^{\cdot}$ und OH'-Ionen in Lösung sind.

Von den organischen Basen sind nur die quaternären Basen mit diesen vergleichbar. Alle anderen Basen, insbesondere die wichtigsten, die Aminobasen, sodann die Oxoniumbasen und einige andere Formen, sind als Pseudobasen zu betrachten. Wir zeigten schon, daß die basische Natur des NH_3 entweder durch die Hypothese eines in sehr geringer Menge sich bildenden Ammoniumhydroxyds NH_4OH und nachträgliche Dissoziation desselben oder einfacher durch die Addition $NH_3 + H^{\cdot} \rightarrow NH_4^{\cdot}$ erklärt werden kann. Dasselbe gilt für alle anderen schwachen Basen. Die folgende Tabelle gibt die (scheinbare) Dissoziationskonstanten einiger schwacher Basen an.

Die Dissoziationskonstanten aller organischen Basen sind somit „scheinbare“. Über die wahre Dissoziationskonstante des NH_4OH ist uns nichts aus der Erfahrung bekannt. Wir gehen aber wohl nicht fehl, wenn wir sie zu Analogie mit den Alkalihydroxyden zu den ganz starken Basen rechnen. Ammoniak, NH_3, ist nur deshalb eine Base mit scheinbar sehr kleiner Konstante, weil immer nur unmeßbar wenig NH_4OH vorhanden ist; das NH_4OH selbst werden wir wohl als fast total dissoziiert betrachten dürfen.

Tabelle über die Dissoziationskonstanten einiger schwacher Basen.

Ammoniak	10^0	$1{,}63 \cdot 10^{-5}$
	18^0	$1{,}75 \cdot 10^{-5}$
	25^0	$1{,}87 \cdot 10^{-5}$
	40^0	$1{,}98 \cdot 10^{-5}$
	50^0	$1{,}96 \cdot 10^{-5}$
	100^0	$1{,}35 \cdot 10^{-5}$
Äthylamin	25^0	$5{,}6 \cdot 10^{-4}$
Diäthylamin	25^0	$1{,}26 \cdot 10^{-3}$
Triäthylamin	25^0	$6{,}4 \cdot 10^{-4}$
Harnstoff	25^0	$1{,}5 \cdot 10^{-14}$
Anilin	25^0	$4{,}6 \cdot 10^{-10}$
Guanin	40^0	$8{,}4 \cdot 10^{-12}$
Coffein	40^0	$4{,}1 \cdot 10^{-11}$
Kreatinin	40^0	$3{,}7 \cdot 10^{-9}$
Pyridin	25^0	$2{,}3 \cdot 10^{-14}$
Xanthin	40^0	$4{,}8 \cdot 10^{-14}$

12. Die Wasserstoffzahl in reinen Säurelösungen.

Bisher haben wir rein qualitativ festgestellt, daß die Säuren die h des Wassers vermehren, die Basen die h vermindern. Wir gehen jetzt zu der quantitativen Betrachtung über und legen uns die Frage vor, wie h von der Art der Säuren, also von ihren Dissoziationskonstanten, und zweitens von der Konzentration der Säure abhängt. Liegt eine reine Lösung der Säure in Wasser vor, so muß die Konzentration der Säureanionen gleich der der $H^{\cdot}$-Ionen sein. Wir können also in Gleichung (1) von S. 26 $[H^{\cdot}] = [S']$ setzen und erhalten

$$\frac{[H^{\cdot}]^2}{[SH]} = k$$

oder

$$[H^{\cdot}] = \sqrt{k\,[SH]}$$

Angenommen, es seien A Mole einer Säure im Liter gelöst, so dissoziiert sie zu einem Teil in $H^{\cdot}$-Ionen und Säureanionen, ein anderer Teil bleibt undissoziiert. Die Konzentration des undissoziierten Teils ist $[SH] = [A] - [H^{\cdot}]$.

Daraus folgt

$$\frac{[H^{\cdot}]^2}{[A]-[H^{\cdot}]} = k$$

oder

$$h = \sqrt{\frac{k^2}{4} + kA} - \frac{k}{2}$$

Diese Formel vereinfacht sich für schwache Säuren in folgender Weise:

Wenn die Dissoziationskonstante der Säure sehr klein ist, so ist die Dissoziation auf alle Fälle sehr geringfügig, z. B. weniger als 1 %. Wir werden dann mit guter Annäherung sagen können, daß die Konzentration der undissoziierten Säure gleich der der gesamten Säure ist, [SH] = [A]. Dann ist

$$h = \sqrt{k \cdot [A]} \qquad (1a)$$

Die h ist also der Wurzel aus der Säurekonzentration proportional. Genau in derselben Weise gilt für die Lösung einer schwachen Base

$$oh = \sqrt{k\,[B]}$$

wo [B] die Konzentration der gesamten Base ist. Setzen wir für oh den Wert $\frac{k_w}{h}$, so ist auch

$$h = \frac{k_W}{\sqrt{k\,[B]}}$$

Für die allerschwächsten Säuren, deren Dissoziationskonstante von gleicher Größenordnung mit der des Wassers ist, sowie für extrem niedere Konzentrationen mittelstarker Säuren gelten diese Formeln nicht, weil hier die vom Wasser gelieferte H-Ionen gegenüber den von der Säure gelieferten nicht mehr zu vernachlässigen sind. In einer solchen Lösung läßt sich h folgendermaßen berechnen. Zunächst dürfen wir wegen der sehr geringen Dissoziation stets [SH] = [A] setzen, und dürfen schreiben

$$\frac{[H^{\cdot}] \cdot [S']}{[A]} = k \qquad (1)$$

Ferner verlangt das „Gesetz der Elektroneutralität“, daß die Summe sämtlicher positiver Ionen gleich der Summe sämtlicher negativen Ionen ist:

$$[H^{\cdot}] = [S'] + [OH'] \qquad (2)$$

Drittens ist

$$[OH'] = \frac{k_W}{[H^{\cdot}]} \qquad (3)$$

Wenn wir in (2) [S'] mit Hilfe von (1), und [OH'] mit Hilfe von (3) eliminieren, so erhalten wir

$$[H^{\cdot}] = \frac{k\,[A]}{[H^{\cdot}]} + \frac{k_W}{[H^{\cdot}]}$$

oder

$$h = \sqrt{k\,[A] + k_W} \qquad (4)$$

Wir erkennen hieraus, daß h niemals, auch bei unendlich kleinem k, unter $\sqrt{k_W}$, d. h. unter die neutrale Reaktion heruntergehen kann, und zweitens, daß Säuren, deren k nur wenig verschieden von k_W ist, die h des Wassers sehr wenig erhöhen, so daß z. B. Lösungen von Zucker als „neutral" betrachtet werden dürfen. Die saure Natur des Zuckers äußert sich nur darin, daß er die h in einer Lauge erhöht, d. h. daß er ihre oh vermindert oder daß er NaOH „bindet".

In einem Gemisch zweier schwacher Säuren in der Konzentration A_1 und A_2 mit den Dissoziationskonstanten k_1 und k_2 kann man die h folgendermaßen berechnen. Es ist

$$1.\quad [S_1'] + [S_2''] = [H^\cdot]$$

$$2.\quad \frac{[S_1'][H^\cdot]}{[S_1]} = k_1$$

$$3.\quad \frac{[S_2'][H^\cdot]}{[S_2]} = k_2$$

Daraus folgt

$$h = \sqrt{k_1 S_1 + k_2 S_2}$$

Da nun die Menge der undissoziierten Säuren bei schwachen Säuren praktisch gleich der der gesamten Säuren ist, so ist auch praktisch genau

$$h = \sqrt{k_1 A_1 + k_2 A_2} \qquad (5)$$

Denken wir also eine Lösung von 1 Mol Essigsäure ($k_1 = 2 . 10^{-5}$) und 1 Mol Kohlensäure ($k_2 = 3 \cdot 10^{-7}$) im Liter, so ist

$$h = \sqrt{2 \cdot 10^{-5} + 3 \cdot 10^{-7}}$$

was praktisch nicht verschieden ist von einer 1 mol. Lösung von Essigsäure ohne Kohlensäure, in der

$$h = \sqrt{2 \cdot 10^{-5}}$$

ist. Selbst eine Lösung von 1 Mol CO_2 + 0,1 Mol Essigsäure mit der h

$$h = \sqrt{0{,}1 \cdot 2 \cdot 10^{-5} + 3 \cdot 10^{-7}} = 4{,}5 \cdot 10^{-3}$$

unterscheidet sich praktisch nicht von einer 0,1 mol. Essigsäure ohne CO_2, mit $h = 4{,}48 \cdot 10^{-3}$. Die stärkere Säure unterdrückt die Dissoziation der schwächeren.

Arrhenius[1]) hat vor langem ein Gesetz aufgestellt: Wenn man isohydrische Lösungen (d. h. Lösungen von gleicher h) verschiedener Säuren miteinander mischt, so ändert sich die h beim Vermischen nicht. Das kann man aus dem soeben Gesagten leicht ableiten. Gegeben sei die Konzentration A_1 und A_2 der beiden Säuren, ihre Dissoziationskonstanten seien k_1 und k_2. Die Konzentration A_1 und A_2 seien derart bemessen, daß die h in beiden Lösungen gleich ist. Das ist nach (1a, S. 35) der Fall, wenn $k_1 A_1 = k_2 A_2$, und zwar ist dann $h = \sqrt{k_1 A_1} = \sqrt{k_2 A_2}$. Nun mische man m Volumina der ersten Lösung mit n Volumina der zweiten. Dann ist in der Mischung die eine Säure in der Konzentration $\frac{m}{m+n} \cdot A_1$,

[1]) Sv. Arrhenius, Zeitschr. f. physikal. Chem. 2, 284 (1888).

die zweite in der Konzentration $\frac{n}{m+n} A_2$. Nach (5, S. 36) ist in dem Gemisch

$$h = \sqrt{k_1 \cdot \frac{m}{m+n} A_1 + k_2 \frac{n}{m+n} A_2}$$

Da nun $k_1 A_1 = k_2 A_2$, so ist

$$h = \sqrt{k_1 A_1 \left(\frac{m}{m+n} + \frac{n}{m+n}\right)} = \sqrt{k_1 A_1}$$

also ebenso groß wie vorher. Dieses Gesetz gilt aber nur, wenn Salze dieser Säuren nicht gleichzeitig vorhanden sind, sondern nur die freien Säuren. Es ist nicht der Fall, daß zwei isohydrische Lösungen beliebiger Beschaffenheit beim Mischen die h nicht änderten.

13. Gemische von schwachen Säuren mit ihren Alkalisalzen: die Regulatoren oder Puffer.

Während die Säuren und Basen alle möglichen Abstufungen der Dissoziation darbieten können, ist das bei den Alkalisalzen derselben nicht der Fall. Diese gehören alle zu den starken Elektrolyten, auf die man das Massenwirkungsgesetz nicht ohne weiteres anwenden kann. Dasselbe gilt für die Chloride (Bromide u. a.) der schwachen Basen. Wir können zur Vereinfachung der Rechnung zunächst annehmen, daß die Salze unter allen Umständen total dissoziiert sind. Diese Annahme entfernt sich von der Wirklichkeit nicht weit, und die Schlußfolgerungen, die wir unter dieser vereinfachenden Annahme machen werden, haben einen recht hohen Genauigkeitsgrad und bilden das Fundament der Theorie der Regulatoren oder Puffer[1]).

Wenn man die Lösung einer schwachen Säure mit ihrem Alkalisalz vermischt, so wird die Dissoziation der Säure stark herabgedrückt und mit steigender Salzmenge immer mehr. Dasselbe gilt für die Vermischung einer schwachen Base mit ihrem Chlorid. Wenn wir also Essigsäure mit wechselnden Mengen Natriumacetat versetzen, haben wir es in der Hand, willkürlich alle möglichen, sehr niederen Wasserstoffzahlen herzustellen, und dasselbe können wir auch mit vielen anderen derartigen Säure-Salz-Paaren. Die

[1]) Literatur: Einige Arbeiten aus dem Nernstschen Institut (Fels, Zeitschr. f. Elektrochem. 10, 208 (1904); Salesski, ibid. 10, 204 (1904). Sodann S. P. L. Sörensen, Biochem. Zeitschr. 21, 131 (1909); Lawrence J. Henderson, Ergebn. d. Physiol. 8, 254 (1909); L. Michaelis und P. Rona, Biochem. Zeitschr. 23, 364 (1910).

Berechnung von h in solchen Gemischen ist von besonderer Wichtigkeit und kommt beim experimentellen Arbeiten häufig vor. Wir nehmen ein Gemisch von Essigsäure und Natriumacetat. Die Formel

$$\frac{[S'] \cdot [H^{\cdot}]}{[SH]} = k$$

gilt auf alle Fälle.

Sie ergibt

$$h = \frac{k\,[SH]}{[S']} = k\,\frac{[\text{undissoziierte Säure}]}{[\text{Säure-Ion}]}$$

In einem solchen Gemisch ist nun die Konzentration der undissoziierten Säure praktisch gleich der Konzentration der gesamten freien Essigsäure, da ja deren Dissoziation sehr geringfügig ist, und die Konzentration der Säure-Anionen ist praktisch gleich der des Natriumacetats; denn dieses wird als total dissoziiert betrachtet und die aus der freien Essigsäure stammenden Acetationen verschwinden an Menge demgegenüber. Wir erhalten somit die Formel

$$h = k \cdot \frac{[\text{freie Essigsäure}]}{[\text{Natriumacetat}]} \tag{1}$$

Diese Formel ist nur eine Näherungsformel, weil sie gewisse Annahmen erfordert, die nicht ganz exakt zutreffen. Aber sie gilt für zahlreiche Fälle mit sehr guter Annäherung an die Wahrheit; die unter gewissen Bedingungen gefundenen Abweichungen, von denen wir noch sprechen werden, sind so klein, daß man sie geradezu nur als Korrekturen der Näherungsformel behandeln kann.

Bei etwas stärkeren Säuren, bei denen man die Dissoziation der freien Säure nicht ganz vernachlässigen dürfte, wie Weinsäure, dürfen wir die Konzentration der undissoziierten Säure nicht einfach gleich der der freien Säure [E] setzen, sondern = [E] — [H˙]; und die Konzentration der Säureionen ist nicht gleich der des Salzes, sondern auch die freie Säure liefert Säure-Anionen, und zwar in gleichem Betrage wie H˙-Ionen. Statt (1) muß es also heißen

$$h = \frac{k\,([E] - [H^{\cdot}])}{[\text{Na-Salz}] + [H^{\cdot}]} \tag{2}$$

Hieraus erhält man eine quadratische Gleichung für h, deren Lösung ist:

$$h = -\frac{[\text{Na-Salz}] + k}{2} + \sqrt{\left(\frac{[\text{Na-Salz}] + k}{2}\right)^2 + k\,[E]}$$

Dies ist die erste Korrektur der Annäherungsformel. Sie hat praktisch selten eine Bedeutung. Die zweite, viel wichtigere Korrektur hat die Aufgabe, die nur angenäherte Annahme von der totalen Dissoziation des

Na-Salzes richtig zu stellen. Diese werden wir bei der Besprechung der starken Elektrolyte bringen.

In einem Gemisch von $NH_3 + NH_4Cl$ gilt ganz analog die Näherungsformel

$$oh = k \cdot \frac{[NH_3]}{[NH_4Cl]} \tag{3}$$

Zur experimentellen Bestätigung der Formel (1) sei folgendes erwähnt. Hält man in einer Serie von Lösungen die Konzentration des Natriumacetats konstant (z. B. 0,1 n) und variiert die Konzentration der freien Essigsäure, so findet man in weitem Bereich dieser Variation keine praktisch bemerkbare Abweichung von diesem Gesetz. Nicht ganz so vollkommen ist die Bestätigung der Formel, wenn man die Essigsäure konstant hält und die Menge des Natriumacetats variiert; dann macht sich nämlich der Umstand bemerkbar, daß die Dissoziation des Natriumacetats, welche als stets total angenommen wurde, mit seiner Konzentration etwas variiert. Wenn man eine gegebene Mischung von Essigsäure und Natriumacetat mit Wasser verdünnt, macht sich derselbe Umstand bemerkbar. Eine Lösung von 0,1 n Essigsäure + 0,1 n Natriumacetat hat, gemessen mit der Gaskette

unverdünnt	$h = 2{,}42 \cdot 10^{-5}$	$p_h = 4{,}615$
5fach verdünnt	$h = 2{,}16 \cdot 10^{-5}$	$p_h = 4{,}665$

Ein Einfluß der Verdünnung ist also nur soeben nachweisbar. Jedenfalls ist er so gering, daß die Formel (1) als meist praktisch fast genau gültig betrachtet werden kann.

Etwas größer sind die Abweichungen von der Annäherungsformel bei einem Gemisch von primärem und sekundärem Natriumphosphat. Betrachtet man diese Salze als total dissoziiert, so wäre in einem solchen Gemisch

$$h = k \cdot \frac{[\text{primäres Phosphat}]}{[\text{sekundäres Phosphat}]}$$

Das sekundäre Phosphat ist gleichsam das Na-Salz der schwachen Säure: „primäres Phosphat". Träfe diese Formel streng zu, so sollte die absolute Konzentration der Phosphate belanglos sein. Einigermaßen trifft das zu, aber nicht so verhältnismäßig gut wie bei den Acetatgemischen; der Dissoziationszustand des zweiwertigen Phosphatsalzes hängt viel stärker von seiner Verdünnung ab. Es hat, elektrometrisch gemessen, eine Mischung gleicher Mengen von $m/_{15}$ primärer Kaliumphosphat- + $m/_{15}$ sekundärer Natriumphosphatlösung folgenden Wert[1])

	h	p_h
unverdünnt	$1{,}54 \cdot 10^{-7}$	6,813
$^1/_2$ verdünnt	1,25	6,904
$^1/_5$ verdünnt	1,02	6,990
$^1/_{20}$ verdünnt	0,853	7,069
$^1/_{50}$ verdünnt	0,817	7,088
$^1/_\infty$ verdünnt	0,80	7,10 (extrapoliert)

[1]) L. Michaelis und A. Krüger, Biochem. Zeitschr. **119**, 307 (1921).

14. Das Zweisäurenproblem.

Wir stellen uns die Aufgabe, die h zu berechnen, welche in einem Gemisch zweier verschiedener schwacher Säuren mit ihren Alkalisalzen besteht, und nennen diese Frage das Zweisäuren-Problem[1]. Eine allgemeine Lösung dieses Problems ist sehr schwierig und kaum zu geben. Da das Problem aber, wie wir weiter unten erörtern werden, eine praktische Bedeutung hat, so wollen wir es wenigstens für gewisse einfache Bedingungen ableiten, welche uns genügen werden, um jene praktische Frage zu beantworten.

Zu diesem Zweck wollen wir der vorigen Ableitung zunächst eine andere Formulierung geben, und nochmals zurückkommen auf das Gemisch einer schwachen Säure mit ihrem Alkalisalz. Ein solches Gemisch können wir uns auch entstanden denken durch Mischung der schwachen Säure, welche insgesamt die Konzentration A haben möge, und starker Lauge, L, wo $L < A$ ist. Dann ist in dem Gemisch die Konzentration des Salzes $= L$, die der überschüssigen freien Säure $= A - L$, und die Formel (1) von S. 38 würde sinngemäß übertragen lauten

$$h = k \cdot \frac{A - L}{L} \qquad (1\,a)$$

Ein Gemisch aus zwei Säuren mit ihren Salzen können wir uns dementsprechend entstanden denken aus den beiden Säuren mit den Dissoziationskonstanten k_1 und k_2 in der Konzentration A_1 und A_2 und der gesamten Laugenmenge L, wo $L < (A_1 + A_2)$ sein muß. Von dieser Laugenmenge L wird der Bruchteil L_1 von der ersten Säure und der Bruchteil L_2 von der zweiten Säure gebunden, und es ist

$$L_1 + L_2 = L. \qquad (1\,b)$$

Das Massenwirkungsgesetz fordert die Beziehungen

$$h = k_1 \frac{A_1 - L_1}{L_1} \qquad (1\,c)$$

$$h = k_2 \frac{A_2 - L_2}{L_2} \qquad (1\,d)$$

Nun müssen wir uns erinnern, daß diese Formeln ebenso wie (1) und (1a) nur Näherungsformeln sind und nur angewendet werden dürfen, wenn der zweite bruchartige Faktor der rechten Seite einen Wert ungefähr zwischen 0,01 und 100 hat. Bei den weiteren Rechnungen werden wir daher immer revidieren müssen, für welche Bedingungen sie noch Sinn haben. Setzt man in (1c) $L_1 = L - L_2$, und eliminiert L_2 vermittels (1d), so erhält man eine quadratische Gleichung für h, deren einzige Lösung von physikalischem Sinn ist:

$$h = \frac{k_1 (A_1 - L) + k_2 (A_2 - L)}{2\,L} + \sqrt{\left[\frac{k_1 (A_1 - L) + k_2 (A_2 - L)}{2\,L}\right]^2 + \frac{k_1 \cdot k_2}{L} (A_1 + A_2 - L)} \qquad (1\,e)$$

---

[1] L. Michaelis und A. Krüger, Biochem. Zeitschr. 119, 307 (1921).

Unser Problem hat folgende praktische Nutzanwendung. Bei der Indikatorenmethode der h-Bestimmung versetzen wir die zu untersuchende Lösung mit einem Indikator, also einer Säure, und setzen dabei stillschweigend voraus, daß der Zusatz dieser Säure die h der Lösung nicht ändert. Die zu untersuchende Lösung wird in der Regel den Charakter eines Einsäurepuffers haben, also z. B. ein Gemisch von Natriumbicarbonat + Kohlensäure. Wir wollen nun die Rechnung für einen möglichst übertriebenen Fall durchführen. Die zu untersuchende Lösung sei möglichst pufferarm, Wasserleitungswasser. Dies können wir auffassen als eine Mischung von 0,00300 normal Kalziumbicarbonat (wofür wir uns ebensogut $NaHCO_3$ denken können) und 0,00030 n. H_2CO_3. L ist demnach 0,003, $A_1 = 0{,}0033$. k_1 setzen wir $= 3 \cdot 10^{-7}$. Nun setzen wir den Indikator m-Nitrophenol ($k_2 = 5 \cdot 10^{-9}$) in der Konzentration $A_2 = 0{,}003$ n hinzu. In Wirklichkeit braucht man nicht einmal die Hälfte dieser Menge, obwohl gerade m-Nitrophenol eine sehr geringe Färbekraft hat und viel mehr Farbstoff erfordert als die meisten anderen Indikatoren. Berechnen wir nun h in diesem Gemisch vor Zusatz des Indikators nach (1a), so ergibt sich unter Zugrundelegung der angenommenen Daten $h = 3 \cdot 10^{-8}$. Nach Zusatz des Indikators ergibt sich aus (1e) $h = 5{,}83 \cdot 10^{-8}$.

Nehmen wir, unter Beibehaltung aller anderen Daten, für die Indikatorkonzentration A_2 verschiedene Werte an, so ergibt sich für

$A_2 =$ (Mol pro Liter)	$h =$	p_h	Durch den Indikator hervorgerufener Fehler von p_h
0,003	$5{,}83 \cdot 10^{-8}$	7,23	— 0,29
0,0015	$4{,}66 \cdot 10^{-8}$	7,33	— 0,20
0,00075	$3{,}93 \cdot 10^{-8}$	7,41	— 0,11
0,00037	$3{,}46 \cdot 10^{-8}$	7,46	— 0,06
0,00018	$3{,}27 \cdot 10^{-8}$	7,49	— 0,03
0	$3{,}0 \cdot 10^{-8}$	7,52	

Bei der Benutzung des m-Nitrophenol nimmt man z. B. eine 0,3%ige = 0,027 molare Lösung; gibt man davon 0,3 ccm auf 20 ccm Leitungswasser, so macht das einen definitiven Indikatorgehalt von rund 0,0004 n; der p_h-Fehler wird daher etwa = — 0,06, eine Größe, die beinahe in die Fehlergrenze der Bestimmung fällt. Dies sind aber die allerungünstigsten Verhältnisse. Man kann in Wirklichkeit mit viel weniger Indikator auskommen. Bei allen anderen Indikatoren, welche eine größere Farbkraft haben und in viel geringeren Konzentrationen angewendet werden können, kommt dieser Fehler mit noch größerer Gewißheit nicht in Betracht.

15. Der Dissoziationsgrad und der Dissoziationsrest der Säuren.

Unter dem Dissoziationsgrad einer Säure in reiner wäßriger Lösung versteht man das Verhältnis des dissoziierten Anteils zu der Gesamtmenge der Säure. Wir wollen diese Definition etwas erweitern, damit sie auch für Gemische von Säuren mit ihren Salzen anwendbar wird. Unter dem Dissoziationsgrad einer Säure verstehen wir dann das Verhältnis der Säureionen zur Gesamtmenge der Säureradikale, gleichgültig in welcher Form, überhaupt. Der Dissoziationsgrad der Essigsäure in einem Essigsäure-Natriumacetatgemisch ist also das Verhältnis der Essigsäure-Anionen zur Gesamtmenge der Essigsäure, sowohl in Form der freien Essigsäure wie in Form des Natriumacetats. Unter dem Dissoziationsrest[1]) verstehen wir das Verhältnis der undissoziierten Essigsäure zur Gesamtmenge der Essigsäureradikale. Von diesen beiden Begriffen werden wir wiederholt nutzbringenden Gebrauch machen. Mit Rücksicht auf diese Nutzanwendungen werfen wir die Frage auf: wie hängt der Dissoziationsgrad und der Dissoziationsrest von der Wasserstoffzahl ab? Wir betrachten den Dissoziationsgrad (bzw. -rest) als eine Funktion von h; wir denken uns also, umgekehrt wie vorher, h als die unabhängige Variable. Da wir in den Säure-Salzmischungen ein Mittel kennen gelernt haben, um in irgendeiner Lösung eine gewünschte h in beliebigem Betrage praktisch herzustellen, so gewinnt die Annahme von h als der unabhängigen Variablen jetzt eine greifbare Bedeutung.

Definitionsgemäß ist also der Dissoziationsgrad α

$$\alpha = \frac{[S']}{[A]}$$

wo S' wie früher die Säureanionen, A die Säure summarisch in allen ihren Existenzformen bedeutet. Benutzen wir nun die alte Gleichung (S. 38)

$$[H^{\cdot}] = \frac{k \cdot [SH]}{[S']} \qquad (1)$$

Definitionsgemäß ist der Dissoziationsgrad $\alpha = \frac{[S']}{[A]}$ und $[A] = [SH] + [S']$.

Also

$$\alpha = \frac{[S']}{[SH] + [S']}$$

Setzen wir für [SH] den aus (1) sich ergebenden Wert $\frac{[H^{\cdot}] \cdot [S']}{k}$ ein, so wird

$$\alpha = \frac{k}{k + h} \qquad (2)$$

---

[1]) L. Michaelis, Biochem. Zeitschr. 33, 182 (1911).

oder auch

$$\alpha = \frac{1}{1 + \frac{h}{k}} \tag{2a}$$

Diese Gleichung stellt also α als Funktion von h dar. Die Dissoziationskonstante der Säure, k, erscheint in dieser Formel als eine die Funktion charakterisierende konstante Größe, die wir als den Parameter dieser Funktion bezeichnen. Wir stellen diese Funktion $\alpha = \frac{k}{k + h}$ in Abb. 2 graphisch dar. Sie stellt eine Hyperbel dar, welche die Nullpunktsordinate spitzwinklig schneidet.

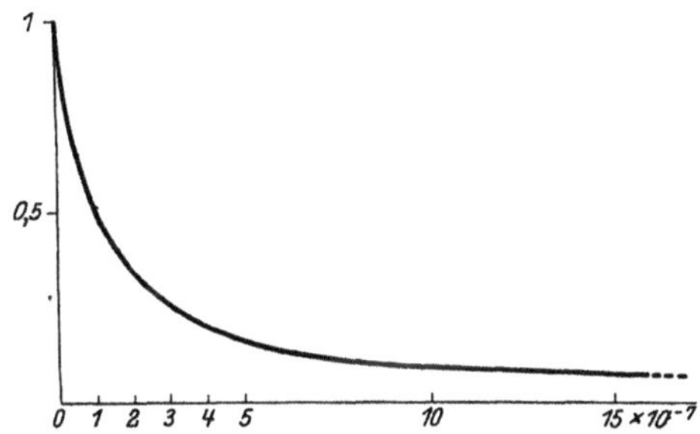

Abb. 2. Dissoziationsgrad (α) einer Säure mit der Dissoziationskonstante $1 \cdot 10^{-7}$. Abszisse: h. Ordinate: α.

Diese Darstellung ist nun wenig übersichtlich, und die hohe praktische Bedeutung dieser Funktion beruht darauf, daß man ihr durch eine leichte Transformation eine sehr übersichtliche graphische Form geben kann, wenn wir nämlich die Abszisse logarithmisch transformieren. Wir tragen auf der Abszisse nicht h selbst, sondern p_h auf, stellen somit α als Funktion von p_h dar.

p_h ist eine antibate Funktion von h; d. h. p_h fällt stets mit wachsendem h.

Unsere Funktion lautet demnach

$$\alpha = \frac{k}{k + 10^{-p_h}} \tag{2b}$$

Wir stellen sie zunächst graphisch dar (Abb. 3, S. 44).

Die Kurve zeichnet sich durch folgendes aus:

1. Sie besteht aus einem asymptotisch parallel zur Abszisse verlaufenden Anfangs- und Endstück; das Anfangsstück verläuft in der Ordinatenhöhe 0, das Ende in der Ordinatenhöhe 1.

2. Dazwischen liegt eine fast geradlinig verlaufende schräge Strecke, welche mit scharfer Biegung in die Asymptoten übergeht.
3. Streng genommen ist diese mittlere Strecke jedoch nicht geradlinig, sondern leicht S-förmig gekrümmt und hat einen

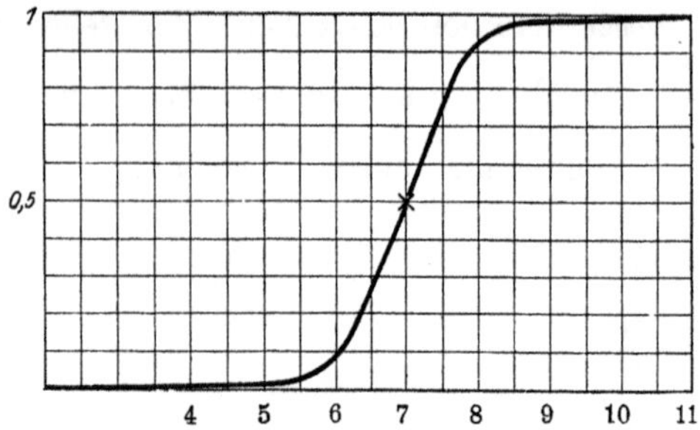

Abb. 3. Dissoziationskurve einer Säure mit der Dissoziationskonstante $1 \cdot 10^{-7}$. Abszisse: p_h. Ordinate: α.
Der Maßstab der Ordinate ist um das 5fache gegenüber dem der Abszisse vergrößert.
In dem mit × bezeichneten Punkt ist $\alpha = {}^1/_2$, und der Fußpunkt der Ordinate auf der Abszisse zeigt p_k (den negativen Logarithmus der Dissoziationskonstante) an.

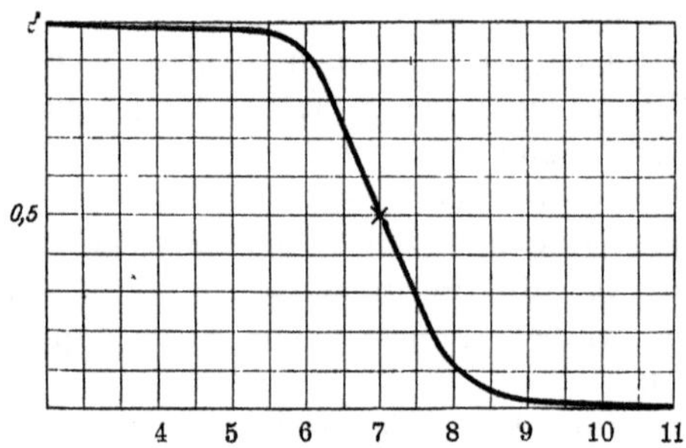

Abb. 4. Dissoziationsrestkurve einer Säure unter gleichen Bedingungen wie die vorige Abbildung.
Stellt gleichzeitig die Dissoziationskurve einer Base mit der Dissoziationskonstante 10^{-7} dar.

Wendepunkt in der Ordinatenhöhe ${}^1/_2$. Der Fußpunkt dieser Ordinate auf der Abszisse gibt den negativ genommenen Logarithmus der Dissoziationskonstanten k an. Bezeichnen wir also, in Analogie mit dem früheren, $-\log k = p_k$, so können wir sagen: der Parameter dieser Funktion ist p_k, und er hat geometrisch die einfache Bedeutung, daß er den Wert der x-Achse (p_h-Achse) bedeutet, für welchen die Ordinate $= {}^1/_2$ ist. Zeichnen wir solche Dissoziationskurven für verschiedene Werte von p_k (also für Säuren verschiedener Stärke), so laufen alle diese Kurven genau parallel. Sie können aus der oben gezeichneten graphisch abgeleitet werden, indem man diese einfach horizontal gegen die Abszisse so verschiebt, daß die Ordinate ${}^1/_2$ mit ihrem Fußpunkt auf das für die betreffende Säure charakteristische p_k fällt.

4. Schließlich ist es ein Vorteil dieser Darstellung, daß die Dissoziationsrestkurve ein genaues symmetrisches Spiegelbild der Dissoziationskurve ist.

Der Dissoziationsrest ϱ ist nämlich definitionsgemäß

$$\varrho = \frac{[SH]}{[SH] + [S']} = 1 - \alpha$$

$$\varrho = \frac{h}{k + h} = \frac{1}{1 + \frac{k}{h}} \tag{3}$$

und daher

$$\varrho = \frac{10^{-p_k}}{k + 10^{-p_k}} \tag{3 b}$$

Die graphische Konstruktion ergibt sich am einfachsten aus der Beziehung $\alpha = 1 - \varrho$, und man sieht sofort (Abb. 4), daß die Kurve ein Spiegelbild der α-Kurve ist; ihr Parameter hat genau dieselbe Bedeutung.

Die mathematische Analyse dieser Funktionen ergibt:

Differenzieren wir die Funktion

$$\alpha = \frac{k}{k + h} \tag{1}$$

nach log h, so ist

$$\frac{d\alpha}{d \log h} = \frac{d\alpha}{dh} \cdot \frac{dh}{d \ln h} \cdot \frac{d \ln h}{d \log h},$$

wo log der dekadische, ln der natürliche Logarithmus ist, also

$$\frac{d\alpha}{d \log h} = -\frac{k \cdot h}{(k + h)^2} \cdot \ln 10 \tag{2}$$

und bei nochmaliger Differenzierung nach log h ist

$$\frac{d^2\alpha}{d \log h^2} = \frac{d\,\frac{d\alpha}{d \log h}}{dh} \cdot \frac{dh}{d \ln h} \cdot \frac{d \ln h}{d \log h} = -\frac{k \cdot h \cdot (k - h)}{(k + h)^3} \cdot (\ln 10)^2 \tag{3}$$

Setzen wir dies = 0, so erhalten wir die Bedingungen für den Wendepunkt der (α, log h)-Kurve. Diese Bedingung ist, wie man leicht sieht:

$$h = k$$

oder auch

$$p_h = p_k$$

Setzen wir in (1) von S. 45 h = k, so ergibt sich $\alpha = \frac{1}{2}$.

Somit ist im Wendepunkt

$$1.\quad p_h = p_k$$

$$2.\quad \alpha = \frac{1}{2}$$

was zu beweisen war.

Das gleiche gilt für ϱ-Kurve, welche ja um die Wendepunktsordinate als Achse symmetrisch mit der α-Kurve ist.

Von Interesse ist der Winkel, unter dem die Kurve in der Nähe des Wendepunktes die Ordinate schneidet. Nach den Grundsätzen der Differentialrechnung stellt der Differentialquotient die Tangente des gesuchten Winkels φ dar. Da in dem betreffenden Punkt h = k ist, so folgt durch Einsetzen in (2) von S. 45

$$\frac{d\,\alpha}{d \log h} = -\frac{\ln 10}{4} = \frac{2{,}303}{4} = 0{,}576$$

und arc tg φ = fast genau 30°. Man muß, damit dieser Neigungswinkel realisiert wird, darauf achten, daß die Ordinate graphisch in dem gleichen Maßstab gemessen wird, wie die Abszisse. Ist der Maßstab der Ordinate graphisch um das n-fache gegenüber der Abszisse vergrößert, so ist auch die Tangente des Neigungswinkels um das n-fache größer, als soeben angegeben. In den Zeichnungen, Abb. 3 und 4, ist n = 5, und daher die Tangente = 2,88, und der Neigungswinkel selbst etwa = 71°.

Alles das können wir glatt auf die Dissoziation der Basen übertragen, wenn wir oh statt h und p_{oh} statt p_h setzen.

Für eine Base ist daher

$$\alpha = \frac{1}{1 + \frac{oh}{k}} \quad \text{und} \quad \varrho = \frac{1}{1 + \frac{k}{oh}}$$

Setzen wir

$$oh = \frac{k_w}{h}$$

so wird

$$\alpha = \frac{1}{1 + \frac{k_w}{k} \cdot \frac{1}{h}} \quad \text{und} \quad \varrho = \frac{1}{1 + k \cdot \frac{h}{k_w}} \qquad (4)$$

Die α-Kurve für eine Base mit der Dissoziationskonstanten k ist daher identisch mit der ϱ-Kurve einer Säure, welche die Dissoziationskonstante $\frac{k_w}{k}$ hat, und die ϱ-Kurve einer Base mit der Konstanten k ist identisch mit der α-Kurve einer Säure mit der Konstanten $\frac{k_w}{k}$.

Eine einfache experimentelle Bestätigung des Verlaufs einer Dissoziationskurve gibt folgender Versuch. p-Nitrophenol ist eine schwache Säure, deren Ionen gelb, deren undissoziierte Moleküle farblos sind. Bringt man eine kleine, stets gleich bemessene Menge davon in verschiedene Lösungen, deren p_h durch Acetatgemische festgelegt ist, so ändert sich je nach dem p_h der Lösung der Dissoziationsgrad α des p-Nitrophenols und somit auch seine relative Farbtiefe. Auf dem Diagramm (S. 82) ist auf der Abszisse p_h, auf der Ordinate die relative Farbtiefe oder der Dissoziationsgrad α des Farbstoffes angegeben. Der Verlauf entspricht genau der theoretischen α-Kurve, und bestimmt man graphisch auf die beschriebene Weise p_k, so ergibt sich dieses = 7,18, während nach der Leitfähigkeitsmethode für die gleiche Temperatur (18^0) bezogen, nahezu der gleiche Wert, 7,25, gefunden wurde (Euler und Bolin, sowie Lundén).

16. Die Dissoziation der mehrbasischen Säuren.

Eine zweibasische Säure ist ein Molekül mit 2 ionogenen H-Ionen. Die Dissoziation jedes der beiden H-Ionen muß getrennt betrachtet werden. So ist Oxalsäure eine zweibasische Säure. Das Dissoziationsbestreben der beiden H-Ionen ist aber verschieden groß. Die Säure dissoziiert, wie man sagt, in 2 Stufen, und jeder Dissoziationsstufe kommt eine besondere Dissoziationskonstante zu. Die chemischen Gleichungen sind, wenn wir das von beiden H-Atomen entblößte Säure-Radikal als S bezeichnen, die Säure also als SH_2:

$$\text{1. Stufe: } SH_2 \rightleftharpoons SH' + H^{\cdot}$$

$$\text{2. Stufe: } SH' \rightleftharpoons S'' + H^{\cdot}$$

Für jede dieser beiden Reaktionen muß man das Massenwirkungsgesetz anwenden. Es ist also

$$\frac{[SH'] \cdot [H^{\cdot}]}{[SH_2]} = k_1$$

und

$$\frac{[S''] [H^{\cdot}]}{[SH^{\cdot}]} = k_2$$

Um zu einer klaren Vorstellung der Dissoziation zu kommen, wollen wir auch hier die Begriffe des Dissoziationsgrades und -Restes einführen. Bezeichnen wir die Konzentration der undissoziierten Säure mit [A], die der primären Ionen als [A'], die der sekundären Ionen [A''], so definieren wir als Dissoziationsgrad der ersten Stufe, α_1,

$$\alpha_1 = \frac{[A']}{[A] + [A'] + [A'']}$$

als Dissoziationsgrad der zweiten Stufe, α_2

$$\alpha_2 = \frac{[A'']}{[A] + [A'] + [A'']}$$

und als Dissoziationsrest, ϱ

$$\varrho = \frac{[A]}{[A] + [A'] + [A'']}$$

Die beiden Dissoziationskonstanten sind

$$k_1 = \frac{[A'] \cdot [H^{\cdot}]}{[A]}$$

$$k_2 = \frac{[A''] \cdot [H^{\cdot}]}{[A]}$$

wo [A'] und [A''] die Konzentration der einwertigen bzw. der zweiwertigen Ionen bedeutet.

Aus den Definitionsgleichungen folgt:

$$\frac{1}{\alpha_1} = \frac{[A]}{[A']} + 1 + \frac{[A'']}{[A']}$$

$$\frac{1}{\alpha_2} = \frac{[A]}{[A'']} + \frac{[A']}{[A'']} + 1$$

$$\frac{1}{\varrho} = 1 + \frac{[A']}{[A]} + \frac{[A'']}{[A]}$$

und durch Elimination von [A], [A'] und [A''] folgt schließlich[1]):

$$\alpha_1 = \frac{1}{1 + \frac{h}{k_1} + \frac{k_2}{h}}$$

$$\alpha_2 = \frac{1}{1 + \frac{h}{k_2} + \frac{h^2}{k_1 \cdot k_2}}$$

$$\varrho = \frac{1}{1 + \frac{k_1}{h} + \frac{k_1 \cdot k_2}{h^2}}$$

Wenn wir diese Funktionen für bestimmte Werte der beiden Parameter k_1 und k_2 graphisch darstellen, indem wir wieder wie

---

[1]) L. Michaelis, in: Handb. d. Biochem. von C. Oppenheimer, Ergänzungsband, S. 57 (1913).

früher p_h als Abszisse wählen, so ergeben sich folgende Bilder (Abb. 5, 6, 7). Die Dissoziationsrestkurve ϱ verläuft fast genau wie bei einer einbasischen Säure. Die Abweichungen hiervon sind so gering, daß sie in der graphischen Darstellung nicht bemerkbar sind. Auch α_2 hat nahezu den Verlauf einer gewöhnlichen Dissoziationskurve. Die bedeutendsten Veränderungen erfährt α_1. Sie hat denselben Verlaufstypus wie die später zu entwickelnde ϱ-Kurve eines amphoteren Elektrolyten, indem sie ein Maximum zeigt. Wie bei dieser, ist die Art dieser Maximumbildung von der Größe der beiden Dissoziationskonstanten abhängig; und zwar hängt sie von dem Verhältnis $k_1 : k_2$ ab. Ist k_1 sehr viel größer als k_2, so bildet sich ein breites unscharfes Maximum, in welchem α_1 praktisch $= 1$ ist. Ist k_1 nur wenig größer als k_2 (Abb. 6), so wird erstens das Maximum schärfer, zweitens erreicht es nicht ganz den Wert 1; und ist k_1 von k_2 nur sehr wenig verschieden (Abb. 7), so treten diese beiden Merkmale immer deutlicher hervor. Als Grenzfall können wir den betrachten, daß $k_1 = k_2$ ist, d. h. daß die Säure in beiden Stufen gleichstark ionisationsfähig ist. Dann bleibt α_1 stets $= 0$, d. h. es bilden sich immer nur undissoziierte Säuremoleküle und doppelt geladene Säureionen, niemals aber einfach geladene.

Ein solcher Fall scheint bei schwachen Elektrolyten nicht vorzukommen. Die beiden Dissoziationskonstanten sind stets bald mehr, bald weniger voneinander verschieden. Recht nahe kommen sie einander bei der Bernsteinsäure und Fumarsäure. Sehr verschieden voneinander sind sie bei der Maleinsäure und Kohlensäure. Sind die beiden Säureradikale (COOH) im Molekül räumlich sehr nahe (Maleinsäure), so wird die Säurenatur im ganzen sehr stark, die Säure ist als primäre Säure stark; für die zweite Stufe bleibt nur ein Rest von saurem Charakter übrig. Stehen die bei den COOH-Gruppen weit voneinander, so werden sie beide selbständiger, unabhängiger voneinander (Fumarsäure) und einander nahezu gleich.

Die Lage des Maximum der α_1-Kurve ist von besonderem Interesse. Um das Maximum zu bestimmen, müssen wir die Funktion $\alpha_1 = f(h)$ nach h differenzieren und den Differentialquotienten $= 0$ setzen. Rechnerisch einfacher ist es, das Minimum der inversen Funktion

$$\frac{1}{\alpha_1} = 1 + \frac{h}{k_1} + \frac{k_2}{h}$$

zu bestimmen. Es ist

$$\frac{d\frac{1}{\alpha_1}}{dh} = \frac{1}{k_1} - \frac{k_2}{h^2}$$

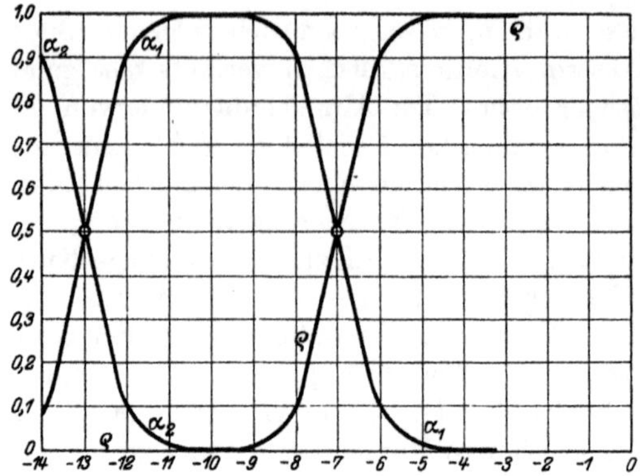

Abb. 5
gilt für $k_1 = 10^{-7}$,
$k_2 = 10^{-13}$

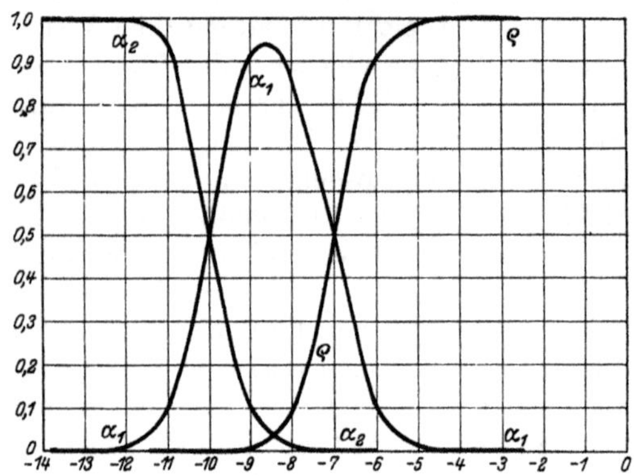

Abb. 6
gilt für $k_1 = 10^{-7}$,
$k_2 = 10^{-10}$

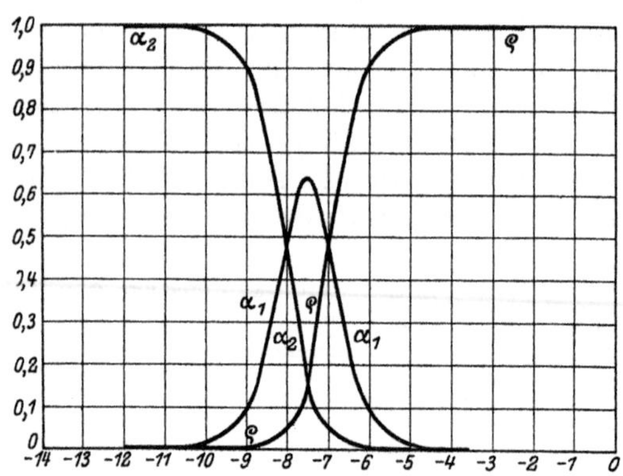

Abb. 7
gilt für $k_1 = 10^{-7}$,
$k_2 = 10^{-8}$

Abb. 5—7. ϱ Dissoziationsrestkurve. α_1 Primäre Dissoziationskurve. α_2 Sekundäre Dissoziationskurve. Abszisse: log h.

Dieses = 0 gesetzt, ergibt als Minimumbedingung für $\frac{1}{\alpha_1}$, oder als Maximumbedingung für α_1

$$h = \sqrt{k_1 \cdot k_2}$$

d. h. α_1 hat sein Maximum, wenn h gleich dem geometrischen Mittel der beiden Dissoziationskonstanten ist, oder wenn

$$p_h = \frac{p_{k_1} + p_{k_2}}{2}$$

Der Betrag dieses Maximalwertes ergibt sich, wenn wir diesen Wert in die Gleichung für α_1 einsetzen:

$$\alpha_{1\max} = \frac{1}{1 + 2\sqrt{\frac{k_2}{k_1}}}$$

Ist $2\sqrt{\frac{k_2}{k_1}}$ klein gegen 1, so wird der Maximalwert von α_1 praktisch = 1, gleichzeitig ist das Maximum breit; andernfalls entsteht ein spitzeres, aber hinter 1 zurückbleibendes Maximum.

Ist k_2 viel kleiner als k_1 (Abb. 5), so stellt der ansteigende und der absteigende Ast von α_1 je ein Stück einer Dissoziationsrest- bzw. Dissoziationskurve dar, und die Fußpunkte der beiden Ordinaten = 0,5 auf der Abszisse zeigen die Werte von p_{k_1} und p_{k_2} an. Diese beiden charakteristischen Punkte sind in Abb. 5 mit einem Kreis umzogen.

Nunmehr bietet es keinerlei Schwierigkeit, im Bedarfsfalle auch die etwas komplizierteren Funktionen für vielwertige Säuren zu berechnen. Sobald das Verhältnis zweier aufeinanderfolgender Dissoziationskonstanten $\gtreqless$ etwa 10^3 ist, kann man ohne merklichen Fehler die Kurven aus einzelnen Dissoziations- und Dissoziationsrestkurven zusammensetzen.

Für mehrsäurige Basen gilt alles ebenso, wenn man oh für h setzt.

Eine Folge der stufenweisen Dissoziation ist es, daß bei mehrwertigen Säuren die höheren Ionisationsstufen nur bei stark alkalischer Reaktion existenzfähig sind. So ist z. B. im Blut das CO_3''-Ion (Soda) und das PO_4'''-Ion (tertiäres Phosphat) praktisch nicht existenzfähig, sondern nur die Ionen HCO_3', HPO_4'', H_2PO_4'.

Folgende Tabelle gibt die Dissoziationskonstanten einiger zweibasischer Säuren (zum größten Teil aus Landolt-Börnstein, Physikochemische Tabellen. k_2 für Harnsäure nach A. Kanitz[1])).

Zweibasische Säuren.

	k_1	k_2	$k_1 : k_2$
Oxalsäure	$3{,}8 \cdot 10^{-2}$	$4{,}9 \cdot 10^{-5}$	780
Malonsäure	$1{,}5 \cdot 10^{-3}$	$2{,}1 \cdot 10^{-6}$	710
Bernsteinsäure . . .	$6{,}6 \cdot 10^{-5}$	$2{,}7 \cdot 10^{-6}$	25
Fumarsäure	$9{,}4 \cdot 10^{-4}$	$3{,}2 \cdot 10^{-5}$	29

[1]) A. Kanitz, Zeitschr. f. physiol. Chem. **116**, 96 (1921).

	k_1	k_2	$k_1 : k_2$
Maleinsäure	$1{,}4 \cdot 10^{-2}$	$2{,}6 \cdot 10^{-7}$	5400
Weinsäure	$9{,}7 \cdot 10^{-4}$	$4{,}5 \cdot 10^{-5}$	21,5
Kohlensäure	$3{,}3 \cdot 10^{-7}$	$6 \cdot 10^{-11}$	5500
o-Phthalsäure . . .	$1{,}3 \cdot 10^{-3}$	$3{,}1 \cdot 10^{-6}$	419
Schweflige Säure .	$1{,}7 \cdot 10^{-2}$	$5 \cdot 10^{-6}$	3400
Harnsäure	$2 \cdot 10^{-6}$	$2{,}6—0{,}85 \cdot 10^{-9}$	775—2350

Dreibasische Säuren.

	k_1	k_2	k_3
Phosphorsäure . . .	sehr groß ca. $9 \cdot 10^{-3}$	$8{,}8 \cdot 10^{-8}$	$3{,}6 \cdot 10^{-13}$
Zitronensäure . . .	$8{,}2 \cdot 10^{-4}$	$3{,}2 \cdot 10^{-5}$	$7{,}0 \cdot 10^{-7}$

17. Die Dissoziation der amphoteren Elektrolyte[1]).

Amphotere Elektrolyte oder Ampholyte sind solche, welche sowohl als Säuren auftreten und daher mit Basen Salze bilden, wie auch als Basen auftreten und daher mit Säuren Salze bilden. Es gibt zwei große Gruppen unter ihnen, solche, bei denen das saure und das basische Radikal räumlich getrennt ist, und solche, bei denen es identisch ist. Zu den letzteren gehören viele Metallhydroxyde. $Zn(OH)_2$ kann entweder dissoziieren $Zn^{\cdot\cdot} + 2\,(OH)'$, oder $(ZnO)'' + 2\,H^{\cdot}$ (Zinksalze und zinksaure Salze). Die wichtigsten Ampholyte des anderen Typus sind die Aminosäuren. Glykokoll ist vermöge der NH_2-Gruppe eine Base und gleichzeitig vermöge der COOH-Gruppe eine Säure. Es ist seit langem bekannt, daß es mit HCl ein Chlorhydrat, mit NaOH ein Na-Salz bildet. Um seine basische Natur zu entfalten, muß man es aber in eine stark saure Lösung bringen, um seine saure Natur zu entfalten, in eine alkalische. In reiner Lösung ist es ein sehr schwacher Elektrolyt und zeigt eine gerade eben nachweisbare saure Eigenschaft infolge des Überwiegens der sauren Eigenschaft der COOH-Gruppe über die basische Eigenschaft der NH_2-Gruppe. Ist der

[1]) Literatur: G. Bredig, Zeitschr. f. Elektrochem. **6**, 33 (1899). — K. Winkelblech, Zeitschr. f. physikal. Chem. **36**, 546 (1901). — J. Walker, Zeitschr. f. physikal. Chem. **49**, 82 (1904) u. **51**, 706 (1905). — H. Lundén, K. vetenskap. Nobelinstitut **1** (1908); Arkiv för Kemi, Mineralogi och Geologi (Vetenskaps-Akad., Stockholm) **2**, Nr. 11; Zeitschr. f. physikal. Chem. **47**, 476 (1906). — L. Michaelis, Biochem. Zeitschr. **24**, 79 u. **30**, 143 (1910); **33**, 182 (1911); **47**, 250 (1912); Nernst-Festschrift, 308 (1913); Biochem. Zeitschr. **103**, 225 u. **106**, 83 (1920). — S. P. L. Sörensen, Ergebn. d. Physiol. **12**, 303 (1912).

Ampholyt in der Gesamtkonzentration [A] vorhanden, so bildet er erstens Anionen in der Konzentration [A′], weil er eine Säure ist; als diese habe er die Dissoziationskonstante k_a. Zweitens bildet er, weil er auch eine Base mit der Dissoziationskonstante k_b ist, Kationen von der Konzentration [A˙]. k_a und k_b pflegen verschieden zu sein; es überwiegt entweder die saure oder die basische Natur. Von allen bekannten Ampholyten ist beim Hämoglobin die Verschiedenheit von k_a und k_b am geringsten.

Wenn wir die Dissoziationsverhältnisse der Ampholyte betrachten wollen, so beginnen wir am einfachsten mit dem Dissoziationsrest ϱ, den wir wieder definieren als das Verhältnis des undissoziierten Anteils zur Gesamtmenge [A] des Ampholyten:

$$\varrho = \frac{[A] - [A^{\cdot}] - [A']}{[A]}$$

Demgegenüber steht wieder der Dissoziationsgrad, der erstens in bezug auf die Kationen, zweitens in bezug auf die Anionen gegeben werden muß. Der Anionendissoziationsgrad α' ist

$$\alpha' = \frac{[A']}{[A]}$$

und der Kationendissoziationsgrad

$$\alpha^{\cdot} = \frac{[A^{\cdot}]}{[A]}$$

Das Massenwirkungsgesetz erfordert folgende Beziehungen:

$$[A'] \cdot [H^{\cdot}] = k_a \cdot [U]$$

wo U der undissoziierte Anteil des Ampholyten ist, und

$$[A^{\cdot}] \cdot [OH'] = k_b \cdot [U]$$

Also ist

$$[A'] = k_a \cdot \frac{[U]}{h} \qquad (1)$$

$$[A^{\cdot}] = k_b \cdot \frac{[U]}{oh} \qquad (2)$$

also ist

$$[A] - [A^{\cdot}] - [A'] = [U] = [A] - k_a \cdot \frac{[U]}{h} - k_b \cdot \frac{[U]}{oh}$$

Hieraus folgt

$$[U] = \frac{[A]}{1 + \frac{k_a}{h} + \frac{k_b}{oh}}$$

und der gesuchte Wert

$$\frac{[U]}{[A]} = \varrho = \frac{1}{1 + \frac{k_a}{h} + \frac{k_b}{oh}}$$

oh können wir auch durch $\frac{k_w}{h}$ ersetzen:

$$\varrho = \frac{1}{1 + \frac{k_a}{h} + \frac{k_b}{k_w} \cdot h} \tag{3}$$

Vergleichen wir diesen Ausdruck mit dem für α_1 bei einer zweibasischen Säure (S. 48), so ist er identisch, wenn wir k_2 durch k_a und k_1 durch $\frac{k_w}{k_b}$ ersetzen. Wie schon an einer früheren Stelle (S. 46) besteht die eigentümliche Vertretbarkeit einer Säurekonstante durch

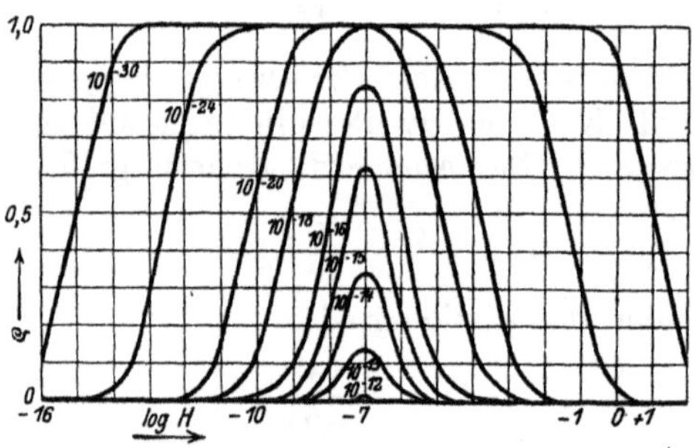

Abb. 8. Dissoziationsrestkurven für verschiedene amphotere Elektrolyte, für welche $k_a \cdot k_b$ verschiedene Werte hat. An jeder Kurve ist mit dem Wert von $k_a \cdot k_b$ bezeichnet, für den sie gilt.
Es ist überall angenommen, daß $k_a = k_b$.

den Wert k_w dividiert durch eine Basenkonstante von gleichem Betrag. Auch die Form dieser ϱ-Kurve entspricht der α_1-Kurve in bezug auf die Ausbildung des Maximums. Alle analytischen Erörterungen über die α_1-Kurve gelten auch für diese ϱ-Kurve, wenn wir nur immer statt k_2 setzen k_b, und statt k_1 setzen $\frac{k_w}{k_a}$. Die Breite des Maximums hing dort von dem Verhältnis $k_1 : k_2$ ab; folglich hängt sie hier von dem Produkt $k_a \cdot k_b$ ab. Abb. 8 zeigt den Verlauf solcher ϱ-Kurven, wenn für das Produkt $k_a \cdot k_b$ verschiedene Werte zugrunde gelegt werden. k_a ist in der Zeichnung $= 10^{-7}$ angenommen. Ist $k_a \cdot k_b$ sehr klein, also etwa $= 10^{-30}$, so erstreckt sich die Maximumerhebung der Kurve über ein sehr weites

Gebiet. Wird dieses Produkt größer, etwa 10^{-18}, so wird die Erhebungszone immer kleiner, so daß man einen Maximumpunkt deutlich erkennen kann. Er erreicht noch nahezu den Wert 1. Bei noch weiterer Vergrößerung von $k_a \cdot k_b$ erhebt sich das Maximum immer weniger, die Erhebungszone wird immer enger; für $k_a \cdot k_b = 10^{-14} = k_w$ beträgt der Maximumwert nur noch rund $^1/_3$. Solche Ampholyte, und erst recht solche mit noch größerem $k_a \cdot k_b$, scheinen aber in der Natur nicht vorzukommen.

Die ϱ-Kurven für alle Elektrolyte, für welche $k_a \cdot k_b$ gleich ist, verlaufen streng parallel; sie sind nur horizontal verschoben, wie Abb. 9 zeigt. An jeder einzelnen solchen ϱ-Kurve unterscheiden wir einen aufsteigenden und einen absteigenden Ast. Der erste ist fast genau die ϱ-Kurve für eine Säure mit der Dissoziations-

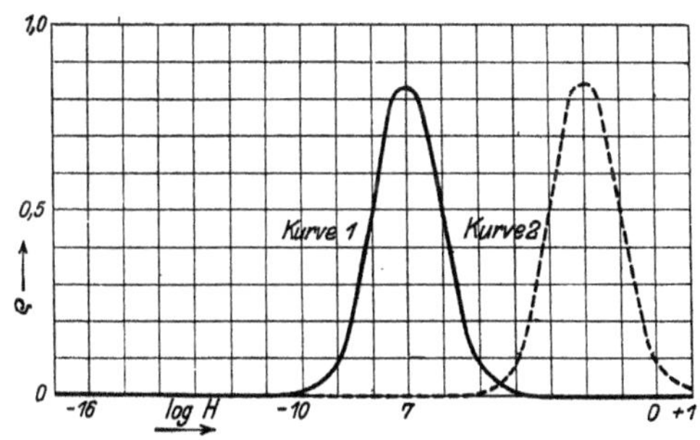

Abb. 9. Dissoziationsrestkurven von 2 amphoteren Elektrolyten, für welche $k_a \cdot k_b = 10^{-16}$ ist, und zwar Kurve 1, wenn $k_a = k_b = 10^{-8}$, Kurve 2 (die gestrichelte Kurve), wenn $k_a = 10^{-3}$ und $k_b = 10^{-13}$.

konstanten k_a, der zweite eine α-Kurve für eine Säure mit der Konstanten $\frac{k_w}{k_b}$, d.h. eine ϱ-Kurve für eine Base mit der Konstanten k_b. Ist $k_a \cdot k_b$ sehr klein, so trifft das praktisch ganz zu. Wir können also dann die ϱ-Kurve für einen Ampholyten konstruieren, wenn wir den Ampholyten einmal als Säure mit der Konstanten k_a und ein zweites Mal als Base mit der Konstanten k_b betrachten und die beiden ϱ-Kurven vereinigen. Ist $k_a \cdot k_b$ größer, so trifft diese Konstruktion nicht mehr ganz zu, wie man durch Vergleich von Abb. 9 und Abb. 10 sieht. Die Abweichung ist am größten in der Gegend des Maximums, aber der Abszissenwert, der dem Maximum entspricht, bleibt wenigstens derselbe.

Die h, welche dem Maximum der Dissoziationsrestkurve entspricht, bezeichnet man als den isoelektrischen Punkt des Ampholyten. Dieses Wort wurde anfänglich für den Umladungspunkt eines Kolloids benutzt; z. B. wird das negative Goldsol positiv, wenn man eine Lösung von $Al^{\cdot\cdot\cdot}$-Salzen hinzufügte. Bei derjenigen $Al^{\cdot\cdot\cdot}$-Konzentration, bei der diese Umladung eintrat, sprach man vom isoelektrischen Punkt. Hardy[1]) führte diesen Begriff dann für die Eiweißkörper ein, indem er zeigte, daß diese in Laugen eine negative, in Säuren eine positive Ladung haben. Obwohl nicht ausdrücklich hervorgehoben, müßte man nach Hardy den isoelektrischen Punkt für Eiweiß gleich der neutralen

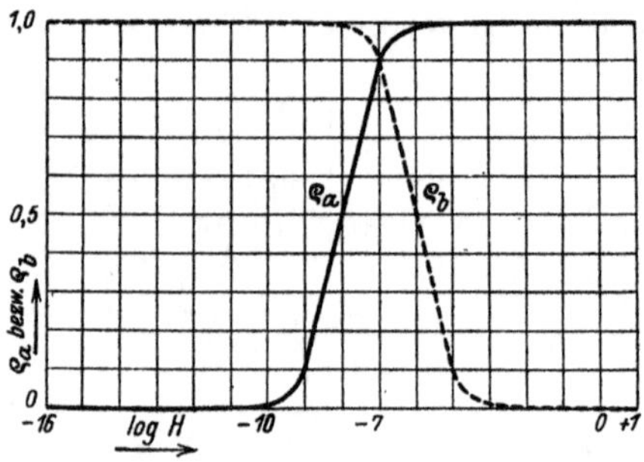

Abb. 10. Gleichzeitige Darstellung der Dissoziationsrestkurve (ϱ_a) einer Säure, deren $k_a = 10^{-6}$ ist, und einer Base, deren k_b ebenfalls $= 10^{-6}$ ist. Verfolgt man ϱ_a bis zum Schnittpunkt mit ϱ_b und verfolgt von hier ϱ_b weiter, so erhält man fast genau die Kurve 1 der Abb. 8.

Reaktion setzen. Die hier entwickelte Definition des isoelektrischen Punktes eines Ampholyten als Maximum der ϱ-Kurve wurde von mir im Jahre 1910 gegeben.

Dieses Maximum von ϱ wollen wir noch analytisch definieren. Es ist leichter, das Minimum von $1/\varrho$ zu berechnen; es ist

$$\frac{1}{\varrho} = 1 + \frac{k_a}{h} + \frac{k_b}{k_w} \cdot h$$

Also

$$\frac{d\frac{1}{\varrho}}{dh} = -\frac{k_a}{h^2} + \frac{k_b}{k_w}$$

[1]) W. B. Hardy, Journ. of Physiol. 33, 251 (1905).

Dieses = 0 gesetzt, ergibt das Minimum von $\frac{1}{\varrho}$ oder das Maximum von ϱ. Es ist

$$h_{\text{für } \varrho \text{ maxim}} = \sqrt{\frac{k_a}{k_b} k_w} \tag{1}$$

Der isoelektrische Punkt J eines Ampholyten ist also (nach dieser Definition; über eine Modifikation derselben s. später) diejenige h, welche bestimmt wird durch die Gleichung

$$J = \sqrt{\frac{k_a}{k_b} \cdot k_w} \tag{2}$$

Er ist durch folgende Eigenschaften ausgezeichnet:

1. Im isoelektrischen Punkt ist die Summe der Anionen und der Kationen des Ampholyten zusammengenommen bei gegebener Gesamtmenge des Ampholyten ein Minimum.
2. Im isoelektrischen Punkt ist die Konzentration der Anionen des Ampholyten gleich der der Kationen desselben.

Denn nach (1) und (2) von S. 53 ist

$$[A'] = \frac{k_a \cdot [U]}{[H^\cdot]} \quad \text{und} \quad [A^\cdot] = \frac{k_b \cdot [U]}{[OH']}$$

Setzen wir nun für $[H^\cdot]$ den für den isoelektrischen Punkt gültigen Wert $\sqrt{\frac{k_a}{k_b} \cdot k_w}$ ein, und für $[OH']$ dementsprechend $\frac{k_w}{[H^\cdot]} = \frac{k_w}{\sqrt{\frac{k_a}{k_b} \cdot k_w}}$ $= \sqrt{\frac{k_b}{k_a} \cdot k_w}$, so wird $[A'] = [U] \cdot \frac{k_a}{\sqrt{\frac{k_a}{k_b} \cdot k_w}}$ und $[A^\cdot] = [U] \cdot \frac{k_b}{\sqrt{\frac{k_b}{k_a} \cdot k_w}}$

Oder $[A'] = [U] \sqrt{\frac{k_a \cdot k_b}{k_w}}$ und ebenso $[A^\cdot] = [U] \sqrt{\frac{k_a \cdot k_b}{k_w}}$

Es ist also $[A'] = [A^\cdot]$.

In allen diesen Ableitungen ist vorausgesetzt, daß die unelektrische Form der Aminosäure nur in einer Modifikation vorhanden ist. Es ist aber folgender Fall denkbar: Es gebe zwei tautomere Formen des Ampholyten, A_1 und A_2 (etwa eine Laktam- und eine Laktimform); die positiven Ionen haben nur die Konfiguration, die A_1 entspricht, die negativen die, welche A_2 entspricht.

Man könnte nun auf die Idee kommen, daß man in Gleichung (1) S. 53 statt U U_1, in (2) statt U U_2 schreiben müßte, wo U_1 die Konzentration der undissoziierten A_1-Form, U_2 die A_2-Form bedeutet. Ich habe diese Idee zuerst ausgesprochen [1]), und dann haben sie Eckweiller, Noyes und Falk [2]) genauer entwickelt. Diese glaubten daher, meine Formel umändern zu müssen in

$$J = \sqrt{\frac{k_a}{k_b} \cdot k_w \cdot \frac{[A^\cdot]}{[A_1]} \cdot \frac{[A_2]}{[A_2']}}$$

wo A und A_1 die beiden tautomeren Modifikationen des Ampholyten sind. Diese Überlegung ist aber unzutreffend. Denn in unseren Experimenten bestimmen wir nie das Gleichgewicht zwischen den Ampholyt-Ionen und je einer Modifikation des unelektrischen Ampholyt-Moleküls, sondern nur zwischen den Ionen und den undissoziierten Ampholytmolekülen überhaupt, mit anderen Worten, unsere experimentell gefundenen Werte von k_a und k_b haben wie immer die Bedeutung der scheinbaren Dissoziationskonstanten. In diesem Fall aber bleibt meine Formel zu Recht bestehen, und etwaige Abweichungen des direkt bestimmten isoelektrischen Punktes nnd des aus den Dissoziationskonstanten berechneten müssen irgendwie anders aufgeklärt werden.

18. Die Bestimmung des isoelektrischen Punktes.

Um bei den gewöhnlichen Ampholyten — mit den kolloidalen werden wir uns später beschäftigen — den isoelektrischen Punkt zu bestimmen, sind mehrere Methoden denkbar.

Die erste ist anwendbar besonders bei leichtlöslichen Ampholyten und beruht auf folgendem Prinzip. Wenn man irgendeine dünne Pufferlösung, d. h. eine Lösung von genau definierter h, aber großer Nachgiebigkeit mit einer Säure versetzt, so steigt die h; versetzt man sie mit einer Base, fällt h. Bezeichnen wir nun wieder diejenige h, welche dem isoelektrischen Punkt eines Ampholyten entspricht, mit J, so muß sich der Ampholyt wie eine Säure verhalten, solange $h < J$, und wie eine Base, wenn $h > J$. Im ersteren Fall wird er, in genügender Konzentration dem Puffer zugesetzt, die h des Puffers vergrößern, im letzteren Fall verkleinern. Nur im isoelektrischen Punkt bewirkt der Ampholyt keine Veränderung des Puffers, weil er praktisch sich wie ein Nichtelektrolyt verhält, oder genauer gesagt, weil die wenigen Ionen, die er liefert, Anionen und Kationen in gleichem Betrage sind. Die Zahl der H-Ionen kann sich daher durch den Zusatz von Ampholyten nicht vermehren, da sich in der Lösung keine entsprechenden negativen Ionen finden, welche die Elektroneutralität wieder herstellen

---

[1]) Michaelis und Davidsohn, Biochem. Zeitschr. 30, 143 (1910); s. daselbst S. 149, betreffend Theobromin.

[2]) H. Eckweiller, H. M. Noyes und K. G. Falk, Journ. of gen. Physiol. 3, 291 (1921).

würden, und aus demselben Grunde kann sich die h auch nicht vermindern. Folgender Versuch[1]) bestätigt diese Theorie.

Es wird stets die gleiche Menge Phenyl-Alanin in eine wäßrige Lösung gebracht, welche eine konstante, geringe Menge Natriumacetat und steigende Mengen Essigsäure enthält. Die elektrometrische Bestimmung von p_h ergibt:

	p_h vor dem Zusatz von Phenylalanin	p_h nach dem Zusatz von Phenylalanin	Differenz
Phenylalanin als Base	3,75	4,01	+ 0,28
	4,10	4,22	+ 0,12
	4,27	4,43	+ 0,16
	isoelektr. Punkt berechnet: bei p_h = 4,48		
	4,58	4,57	— 0,01
Phenylalanin als Säure	4,66	4,55	— 0,11
	5,07	4,78	— 0,29
	5,26	4,74	— 0,52
	5,45	4,72	— 0,73
	5,73	4,77	— 0,96

Dasselbe ließ sich für Glykokoll erweisen; der isoelektrische Punkt wurde berechnet zu $p_h = 6{,}09$ und nach der beschriebenen Methode gefunden zwischen $p_h = 6{,}3$ und 5,8.

2. Bei schwerlöslichen Ampholyten kann man folgende Methode[2]) anwenden, welche darauf beruht, daß der undissoziierte Ampholyt schwerer löslich ist als seine Ionen. Man gibt in eine Reihe von Acetatpuffern zunächst in heißem Zustande überall die gleiche, reichliche Menge des Ampholyten und wartet die Krystallisation ab. Ein geeigneter Ampholyt hierzu ist z. B. m-Aminobenzoesäure. In der folgenden Tabelle ist das ursprüngliche p_h dieser Puffer in der ersten Reihe, die Stärke der Krystallisation in der zweiten Reihe verzeichnet.

p_h	5,4	5,1	4,8	4,5	4,2	3,9	3,6	3,3	3,1
Krystallisation:	0	0	+	+++	++++	+++	0	0	0

Das Maximum der Krystallisation liegt demnach in der Nähe von $p_h = 4{,}2$ oder dicht dabei, während aus den aus der Literatur bekannten Dissoziationskonstanten das p_h des isoelektrischen Punktes = 4,1 berechnet werden kann. Ebenso scharf läßt sich das Krystallisationsoptimum bei p-Aminobenzoesäure bestimmen. Ob sich ein solches Optimum schärfer oder weniger scharf heraus-

[1]) L. Michaelis, Biochem. Zeitschr. 47, 250 (1912).

[2]) L. Michaelis und H. Davidsohn, Biochem. Zeitschr. 30, 140 1910).

hebt, hängt von der Größe des Produktes $k_a \cdot k_b$ ab, ebenso wie die Schärfe des Maximums der Dissoziationsrestkurve (Abb. 8) von diesem Produkt abhängt. Die scharfen Minima bei den Aminobenzoesäuren entsprechen

p-Aminobenzoesäure	$k_a \cdot k_b$	$= 3 \cdot 10^{-17}$
m- „	„	$= 2 \cdot 10^{-16}$

Dagegen ist es längst bekannt, daß Ampholyten wie Tyrosin und arsenige Säure sehr unscharfe Maxima haben. Sie sind in starken Säuren und Laugen löslich, aber in einem ganz weiten Zwischengebiet schwer löslich. Ein in bezug auf p_h scharfes Optimum ist nicht anzugeben. Dem entspricht die Kleinheit ihres Konstantenproduktes

Tyrosin . .	$k_a \cdot k_b$	$= 1 \cdot 10^{-20}$
Arsenige Säure	„	$= 6 \cdot 10^{-24}$

Nach dieser Methode fanden Michaelis und Davidsohn:

	k_a	k_b	J_{ber}	J_{gef}
p-Aminobenzoesäure .	$1{,}21 \cdot 10^{-5}$	$2{,}33 \cdot 10^{-12}$	$1{,}7 \cdot 10^{-4}$	$1{,}6 \cdot 10^{-4}$
m-Aminobenzoesäure	$1{,}63 \cdot 10^{-5}$	$1{,}22 \cdot 10^{-11}$	$8{,}8 \cdot 10^{-5}$	$6{,}3 \cdot 10^{-5}$
Asparaginsäure . .	$1{,}5 \cdot 10^{-4}$	$1{,}2 \cdot 10^{-12}$	$8{,}7 \cdot 10^{-4}$	$9{,}3 \cdot 10^{-4}$

Tabelle der Dissoziationskonstanten von amphoteren Elektrolyten für 25°.

	k_a	k_b	Beobachter	Isoel. Punkt[1])
Arginin, 2. Stufe	—	$2{,}2 \cdot 10^{-12}$	Kanitz	
„ 1. Stufe	$<1{,}1 \cdot 10^{-14}$	$1{,}0 \cdot 10^{-7}$	„	ca. $3 \cdot 10^{-11}$
Lysin, 2. Stufe .	—	$1{,}1 \cdot 10^{-12}$	„	
„ 1. Stufe .	$1{,}0 \cdot 10^{-12}$	$<1{,}1 \cdot 10^{-7}$	„	ca. $3 \cdot 10^{-10}$
Leucin	$1{,}8 \cdot 10^{-10}$	$2{,}3 \cdot 10^{-12}$	Winkelblech	$8{,}8 \cdot 10^{-7}$
Glykokoll . . .	$1{,}8 \cdot 10^{-10}$	$2{,}7 \cdot 10^{-12}$	„	$8{,}2 \cdot 10^{-7}$
Alanin	$1{,}9 \cdot 10^{-10}$	$5{,}1 \cdot 10^{-12}$	Winkelblech	$6{,}1 \cdot 10^{-7}$
Histidin, 2. Stufe	—	$5{,}0 \cdot 10^{-13}$	Kanitz	
„ 1. Stufe	$2{,}2 \cdot 10^{-9}$	$5{,}7 \cdot 10^{-9}$	„	$6{,}2 \cdot 10^{-8}$
Phenylalanin .	$2{,}5 \cdot 10^{-9}$	$1{,}3 \cdot 10^{-12}$	„	$4{,}4 \cdot 10^{-6}$
Tyrosin	$4{,}0 \cdot 10^{-9}$	$2{,}6 \cdot 10^{-12}$	„	$3{,}9 \cdot 10^{-6}$
Leucylglycin . .	$1{,}5 \cdot 10^{-8}$	$3{,}0 \cdot 10^{-11}$	Euler	$2{,}2 \cdot 10^{-6}$
Alanylglycin . .	$1{,}8 \cdot 10^{-8}$	$2{,}0 \cdot 10^{-11}$	„	$3{,}0 \cdot 10^{-6}$
Glycylglycin . .	$1{,}8 \cdot 10^{-8}$	$2{,}0 \cdot 10^{-11}$	„	
Asparaginsäure	$1{,}5 \cdot 10^{-4}$	$1{,}2 \cdot 10^{-12}$	Winkelblech.	$1{,}1 \cdot 10^{-3}$
Arsenige Säure	$6 . 10^{-10}$	$1 . 10^{-14}$	Lundén Wood	$2{,}4 . 10^{-5}$

[1]) Berechnet unter der Annahme, daß $k_w = 10^{-14}$, nach der Gleichung

$$\text{Isoel. P.} = \sqrt{\frac{k_a \cdot k_w}{k_b}}.$$

	k_a	k_b	Beobachter	Isoel. Punkt
o-Aminobenzoesäure . . .	$1{,}06 \cdot 10^{-5}$	$1{,}37 \cdot 10^{-12}$	Lundén	$2{,}8 \cdot 10^{-4}$
p-Aminobenzoesäure . . .	$1{,}21 \cdot 10^{-5}$	$2{,}33 \cdot 10^{-11}$	Winkelblech, Walker	$7{,}2 \cdot 10^{-3}$
m-Aminobenzoesäure . . .	$1{,}6 \cdot 10^{-5}$	$1{,}20 \cdot 10^{-12}$	Winkelblech, Walker.	$1{,}1 \cdot 10^{-4}$

Für einige häufiger gebrauchte Werte ist es vielleicht von Interesse, die Ergebnisse verschiedener Autoren zu vergleichen, die allerdings teilweise verschiedenen Temperaturen entsprechen:

		Temperatur	Beobachter
Glykokoll, k_a . . .	$1{,}8 \cdot 10^{-10}$	25°	Winkelblech[1])
	$1{,}2 \cdot 10^{-10}$	17,5°	Michaelis und Rona[2])
	$1{,}05 \cdot 10^{-10}$	18°	Dernby[3])
Glykokoll, k_b . . .	$2{,}7 \cdot 10^{-12}$	25°	Winkelblech
	$1{,}93 \cdot 10^{-12}$	17,5°	Michaelis und Rona[2])
	$1{,}7 \cdot 10^{-12}$	18°	Dernby[3])
Glycylglykokoll, k_a	$1{,}8 \cdot 10^{-8}$	25°	Euler[4])
	$3{,}3 \cdot 10^{-9}$	18°	Dernby[3])
Glycylglykokoll, k_b .	$2 \cdot 10^{-11}$	25°	Euler[4])
	$0{,}95 \cdot 10^{-11}$	18°	Dernby[3])

Die Übereinstimmungen der verschiedenen Autoren sind im ganzen befriedigend, namentlich wenn man sie auf gleiche Temperaturen reduzieren würde. Die bisher bestehenden Unsicherheiten der verschiedenen Zahlen beruhen offenbar darauf, daß die später zu erörternden Einflüsse der Salzkonzentration bisher nicht richtig gedeutet und verrechnet wurden. Unter Berücksichtigung der neueren Betrachtungsweise werden die Unstimmigkeiten bei erneuten Messungen zweifellos schwinden. Dies gilt übrigens für alle Dissoziationskonstanten, nicht nur für die der Ampholyte.

Von allen diesen Ampholyten haben nur Arginin, Lysin und Histidin ein (in der ersten Dissoziationsstufe) größeres k_b als k_a; bei ihnen allein liegt der isoelektrische Punkt bei alkalischer Reaktion.

19. Die Zwitterionen.

Bredig hat darauf aufmerksam gemacht, daß eine der Ionisierungsformen eines Ampholyten vom allgemeinen Typus $NH_2 \cdot R \cdot COOH$ auch ein sowohl positiv wie negativ geladenes „Zwitter-Ion“ $^+NH_3 \cdot R \cdot COO^-$

---

1) Winkelblech, Zeitschr. f. physikal. Chem. **46**, 546 (1901).
2) Michaelis und Rona, Biochem. Zeitschr. **49**, 248 (1913).
3) Dernby, Cpt. rend. des travaux du lab. de Carlsberg. **11**, 265 (1916).
4) H. Euler, Hofmeisters Beitr. **7**, 1 (1906).

sein muß. Man könnte diese Molekülart auch als inneres Salz, entstanden zwischen der COOH-Gruppe und der NH_2-Gruppe auffassen. Wie nämlich z. B.

$$CH_3COOH + NH_3 \rightleftharpoons CH_3COO^- + NH_4$$

Essigsäure + Ammoniak das Salz Ammoniumacetat gibt, welches in Acetat-Ion und NH_4^+ dissoziiert ist, so müßte das Salz, welches durch innere Salzbildung der Aminosäure entstanden gedacht werden kann, elektrolytisch dissoziiert die Form $^+NH_3 \cdot R \cdot COO^{--}$ annehmen. Die Existenz dieser Molekülart wäre mit der Methode, mit der man sonst die Ionen erkennt — einseitige Wanderung im elektrischen Strom — nicht nachweisbar, da dieses Zwitterion in sich elektrisch neutral ist. Seine Menge ist zweifellos auch stets verschwindend klein. Denn ein Salz aus einer so schwachen Säure und einer so schwachen Base, wie es die Aminosäure ist, ist stets weitgehend hydrolytisch gespalten, und das Produkt dieser Hydrolyse ist wieder die gewöhnliche Form der Aminosäure. Denn das Hydrolyseprodukt des Ammonacetat ist NH_3 + Essigsäure:

$$\underbrace{NH_4^{\cdot} + CH_3COO'}_{\text{Ammonacetat}} \rightleftharpoons NH_3 + CH_3COOH$$

(oder in gewöhnlicher Schreibweise

$$CH_3COO \cdot NH_4 + H_2O \rightleftharpoons CH_3COOH + NH_4OH)$$

und so gibt das Zwitterion durch die sog. Hydrolyse die gewöhnliche Aminosäure:

$$^+NH_3 \cdot R \cdot COO^- \rightleftharpoons NH_2 \cdot R \cdot COOH.$$

Da 1 Molekül Aminosäure direkt 1 Zwitter-Ion liefert, muß die Konzentration der Zwitterionen für eine bestimmte Aminosäure unter allen Bedingungen der gleiche Bruchteil der Konzentration der undissoziierten Aminosäure sein. Wir haben bisher kein Mittel, die Existenz der Zwitterionen nachzuweisen. Wegen ihrer stets sehr geringen Konzentration sind diese auch nicht imstande, das Gleichgewicht zwischen den anderen, bekannten Dissoziationsformen der Aminosäure meßbar zu verschieben.

20. Die h einer reinen Ampholytlösung.

Es leuchtet ein, daß die reine wäßrige Lösung eines Ampholyten neutral reagieren muß, wenn $k_a = k_b$; daß sie sauer reagieren muß, wenn $k_a > k_b$, alkalisch, wenn $k_a < k_b$. Die genaue Berechnung von h ist nicht einfach. Sörensen[1]) hat folgenden Weg zur Berechnung von h eingeschlagen. Es sei A die gesamte Konzentration der Aminosäure, $A^{\cdot}$, A', U ihre drei Existenzformen (wie oben), dann ist

$$A^{\cdot} + A' + U = A \qquad \text{(I)}$$

Ferner

$$A' \cdot H^{\cdot} = k_a \cdot U \qquad \text{(II)}$$

$$A^{\cdot} \cdot OH' = k_b \cdot U \qquad \text{(III)}$$

$$H^{\cdot} \cdot OH' = k_w \qquad \text{(IV)}$$

Ferner nach dem Gesetz der Elektroneutralität

$$A^{\cdot} + H^{\cdot} = A' + OH' \qquad \text{(V)}$$

[1]) S. P. L. Sörensen, Ergebn. d. Physiol. **12**, 495 ff. (1912).

Ist A, k_a, k_b gegeben, so können wir aus den 5 Gleichungen die 5 Unbekannten U, A˙, A′, H˙, OH′ berechnen. Führen wir diese Rechnung für H˙ durch, so ergibt sich aus (I, II, III):

$$\frac{k_a \cdot U}{H^{\cdot}} + \frac{k_b \cdot U}{OH'} + U = A \qquad \text{(VI)}$$

und aus (II, III, V):

$$U = \frac{H^{\cdot} - OH'}{\frac{k_a}{H^{\cdot}} - \frac{k_b}{OH'}}$$

Setzen wir diesen Wert für A in (VI) ein, so ist

$$\frac{k_a}{H^{\cdot}} + \frac{k_b}{OH'} + 1 = \frac{A \cdot \left(\frac{k_a}{H^{\cdot}} - \frac{k_b}{OH'}\right)}{H^{\cdot} - OH'}$$

wo wir noch OH′ durch $k_w/H^{\cdot}$ ersetzen können. Dies gibt eine Gleichung 4. Grades für die Unbekannte H˙, für die wir der Einfachheit halber jetzt x schreiben wollen:

$$x^4 + x^3\left(\frac{k_w}{k_b} + A\right) + x^2 \frac{k_w}{k_b}(k_a - k_b) - x\,\frac{k_w}{k_b}(k_a A + k_w) - \frac{k_w}{k_b} \cdot k_a \cdot k_w = 0 \qquad \text{(VII)}$$

Die allgemeine Lösung dieser Gleichung ist schwer. Sie kann nur eine positive reelle Wurzel haben, weil nur ein Zeichenwechsel in ihr vorkommt, mag der Koeffizient von x^2 positiv oder negativ sein (Gesetz von Descartes). Die praktische Lösung beruht darauf, daß man je nach den Zahlenverhältnissen der einzelnen Konstanten das erste Glied (x^4) oder das letzte Glied (ohne x) vernachlässigen darf. Man kann aber folgende Betrachtungen an der Gleichung anstellen. Die Gleichung (VII) läßt sich folgendermaßen in Faktoren zerlegen (man überzeuge sich einfach durch Ausmultiplizieren):

$$\left(x^2 - k_w\right)\cdot\left(x^2 + x\frac{k_w}{k_b} + x \cdot A + \frac{k_a}{k_b} \cdot k_w\right) - x \cdot A \cdot k_w\left(\frac{k_a}{k_b} - 1\right) = 0 \qquad \text{(VIII)}$$

wofür wir schreiben wollen

$$Q \cdot R - S = 0$$

Setzen wir zunächst S = 0; d. h. wir setzen $k_a = k_b$, so ist die Gleichung (VIII) erfüllt, wenn entweder Q oder R = 0 ist. Aus R = 0 ergibt sich keine reelle positive Wurzel für x; aus Q = 0 ergibt sich $x = \sqrt{k_w}$, d. h: Die Lösung eines Ampholyten, bei dem $k_a = k_b$ ist, reagiert in allen Konzentrationen neutral.

Jetzt schreiben wir (VIII) in der Form:

$$Q = \frac{S}{R}$$

d. h.

$$x^2 = k_w + \frac{S}{R}$$

Da R stets positiv ist, so $x^2 > k_w$, wenn S positiv, und $x^2 < k_w$, wenn S negativ ist; S ist positiv bzw. negativ, wenn $k_a > k_b$, bzw. $k_a < k_b$ ist. Das heißt: Ist $k_a > k_b$, so ist die Lösung des Ampholyten stets sauer, ist $k_a < k_b$, so ist sie stets alkalisch.

Gleichung (VII), nach A aufgelöst, lautet

$$A = \frac{\left(x^2 - k_w\right)\left(x^2 + x\frac{k_w}{k_b} + k_w \cdot \frac{k_a}{k_b}\right)}{x\left(k_w \cdot \frac{k_a}{k_b} - x^2\right)} \qquad \text{(IX)}$$

Ist nun $k_a > k_b$, und somit nach dem Vorigen auch $x^2 > k_w$, so sind beide Faktoren des Zählers positiv, folglich muß auch der Nenner positiv sein, d. h. es muß sein

$$x < \sqrt{\frac{k_w \cdot k_a}{k_b}}$$

d. h. x ist kleiner als die h des isoelektrischen Punktes, die h der Lösung muß also zwischen der neutralen Reaktion und dem isoelektrischen Punkt liegen; und zwar: mit abnehmender Ampholytkonzentration nähert sich x der neutralen Reaktion, mit zunehmender dem isoelektrischen Punkt.

Denn schreiben wir (IX) in der Form

$$A = \frac{\left(1 - \frac{\sqrt{k_w}}{x}\right)\left(x + \sqrt{k_w}\right)\left(x^2 + x\frac{k_w}{k_b} + \frac{k_w k_a}{k_b}\right)}{\frac{k_w k_a}{k_b} - x^2}$$

so erkennen wir, daß A stetig mit x wachsen muß. Für $A = \infty$ muß x also seinen Maximalwert haben, und dies kann nach der letzten gesperrt gedruckten Regel nur der isoelektrische Punkt sein. D. h. je konzentrierter die Lösung des Ampholyten ist, um so mehr nähert sich ihre h dem isoelektrischen Punkt dieses Ampholyten. Für $A = 0$ erhält man andererseits den anderen Grenzwert $x = \sqrt{k_w}$, neutrale Reaktion.

Gehen wir nunmehr wieder zur allgemeinen Lösung der Gleichung (VII) zurück, so können wir für jeden speziellen Fall zunächst einen Überschlag über den Wert von x auf Grund der soeben gefundenen Regeln gewinnen. Setzen wir diesen Überschlagswert in die Gleichung (VII) neben den speziellen Werten für k_a, k_b, k_w ein, so können wir erkennen, ob ein oder mehrere Glieder gegenüber anderen verschwindend klein werden und vernachlässigt werden dürfen. So erhält man angenäherte Lösungen für x, die nach Einsetzen in (VII) nachkontrolliert und durch Ausprobieren, wenn erforderlich, korrigiert werden können. Auf diese Weise berechnet Sörensen für wäßrige, reine Glykokollösungen, wobei $k_a = 1{,}8 \cdot 10^{-10}$, $k_b = 2{,}7 \cdot 10^{-12}$, $k_w = 10^{-14}$

Konzentration der Lösung:

A	∞	1	10^{-1}	10^{-2}	10^{-3}	10^{-4}
p_h	6,088	6,089	6,096	6,155	6,413	6,782

Der isoelektrische Punkt liegt bei $p_h = 6{,}088$.

21. Die Abhängigkeit der Löslichkeit von schwachen Säuren von der h.

Diese Frage führt noch einmal zu den einfachen Elektrolyten zurück. Es ist eine häufige Erscheinung, daß freie Säuren schwerer löslich sind als ihre Alkalisalze und freie Basen schwerer löslich sind als ihre Chlorhydrate. Da nun die Menge der freien Säure und ihrer Ionen bzw. Salze in einer Lösung, wie wir sahen, von der Wasserstoffzahl abhängig ist, so folgt daraus, daß die Wasserstoffzahl einer Lösung von Einfluß sein muß auf die Löslichkeit dieser Elektrolyte. Wir müssen nun zunächst den Begriff der Löslichkeit definieren. Wählen wir ein Beispiel, und zwar irgendeine ziemlich schwer lösliche Säure. Wenn wir feste Benzoesäure in Wasser bis zur Sättigung lösen, so haben wir schließlich ein System von folgender Zusammensetzung vor uns: Als Bodenkörper feste Benzoesäure, welche nicht in meßbarem Grade elektrolytisch dissoziiert ist. In Lösung: Moleküle von undissoziierter Benzoesäure, H-Ionen und Benzoesäureionen. (Außer H-Ionen müssen natürlich auch stets OH-Ionen in Lösung sein, nach Maßgabe der obenentwickelten Gesetze. Da diese jedoch für unsere Betrachtungen keine gesonderte Rolle spielen, sehen wir von ihnen ab.) Unter der „Löslichkeit der festen Benzoesäure" könnte man nun von vornherein zweierlei verstehen: entweder die Konzentration derjenigen Moleküle von undissoziierter Benzoesäure, welche in der gesättigten Lösung vorhanden sind, d. h. die Konzentration der gesättigten Lösung an derjenigen Molekülart, aus welcher der Bodenkörper besteht. Zweitens kann man unter Löslichkeit diejenige Konzentration betrachten, welche die gesamten, in irgendwelcher Form gelösten Benzoesäuremoleküle in der gesättigten Lösung haben. Die erste Löslichkeit wollen wir als die „partielle Löslichkeit" λ der Benzoesäure bezeichnen, die zweite als die totale Löslichkeit Λ.

Hier müssen wir zunächst einige Definitionen festlegen. Man könnte nämlich noch von der „Löslichkeit der Benzoesäureionen" sprechen. Die Erfahrung lehrt scheinbar, daß Benzoesäureionen sehr viel leichter in Wasser löslich sind als freie Benzoesäure, was die leichtere Löslichkeit der benzoesauren Alkalisalze zu zeigen scheint. Man sagt deshalb wohl auch, daß in einer reinen Benzoesäurelösung die Sättigung nur die undissoziierte Säure betrifft, daß dagegen die Benzoesäureionen in einer gesättigten Benzoesäurelösung nicht zur Sättigung gelöst seien. In dieser Ausdrucksweise liegt aber eine Verkennung des Begriffes der Löslichkeit. Unter Löslichkeit muß man nämlich verstehen die Konzentration, bis zu welcher ein Körper in Lösung geht bei Berührung mit dem festen Bodenkörper. Zur Definition der

Löslichkeit gehören also zwei sich berührende Phasen, und die Löslichkeit stellt den Gleichgewichtszustand der beiden Phasen dar. Ohne daß eine Berührung mit einem Bodenkörper stattfindet, ist eine Löslichkeit überhaupt nicht definiert. Unter Umständen kann es sich um eine metastabile, übersättigte Lösung handeln, wenn kein Bodenkörper zugegen ist. Sobald aber etwas von der festen Phase der Lösung hinzugefügt wird, scheidet sich die vorher übersättigte Substanz so weit ab, daß die sog. Sättigung genau erreicht wird. Deshalb kann man nicht sagen, daß in einer gesättigten Benzoesäurelösung die Ionen in der Lösung nicht gesättigt seien. Nur die Löslichkeit der undissoziierten Säure ist hier definiert, aus welcher der Bodenkörper besteht, und die Menge der Säureionen ist derart, daß die geforderte Massenbeziehung zwischen der Konzentration der undissoziierten Säure, der Säureionen und der Wasserstoffionen gewahrt wird, derart, daß

$$\frac{[\text{Säureanionen}] \times [\text{H}^{\cdot}]}{[\text{undissoz. Säure}]} = \text{k}$$

Hier ist k die Dissoziationskonstante der Säure. Die Konzentration der undissoziierten Säure ist nun gleich der „partiellen Löslichkeit" der Säure, λ, und daher

$$[\text{Säureanionen}] = \frac{\text{k} \cdot \lambda}{[\text{H}^{\cdot}]}.$$

Die „totale Löslichkeit" der Säure Λ ist also

$$\Lambda = \lambda + \frac{\text{k}\lambda}{[\text{H}^{\cdot}]} = \lambda \cdot \frac{[\text{H}^{\cdot}] + \text{k}}{[\text{H}^{\cdot}]}$$

oder mit Benutzung von (3), S. 45

$$\Lambda = \frac{\lambda}{\varrho}$$

Die totale Löslichkeit Λ ist daher von der $[\text{H}^{\cdot}]$ der Lösung abhängig, während die partielle Löslichkeit λ (für eine gegebene Temperatur) konstant ist. Dieser Rechnung ist die nur annähernd zutreffende Annahme zugrunde gelegt, daß undissoziiertes Salz der Säure nicht zugegen ist. In Fällen, wo es auch hierauf genau ankommt, kann man eine Korrektur anbringen. Für unsere allgemeinen Betrachtungen kommt es nicht darauf an.

Man kann diese Verhältnisse auch noch anders auffassen. Die Erfahrung an geeigneten, festen Salzen (z. B. Silbersalzen) hat gezeigt, daß diese auch in festem Zustand in einem sehr kleinen, bei höherer Temperatur schon merklicheren Grade den elektrischen Strom leiten, und zwar nicht wie Metalle, sondern wie Lösungen, also auf elektrolytische Weise und verbunden mit materiellen Transporten von Ionen. Man darf daher annehmen, daß auch ein fester Elektrolyt zu einem äußerst kleinen Teil elektrolytisch dissoziiert ist, d. h. aus einzeln transportierbaren Ionen besteht[1]). Haben wir eine gesättigte Lösung von Benzoesäure in Wasser, so besteht demnach die feste und die flüssige Phase je sowohl aus undissoziierter Säure wie aus H˙- und Säureionen. Nach dem Henry-Nernstschen Verteilungsgesetz kommt jeder dieser drei Molekülgattungen ein besonderer Teilungskoeffizient zwischen den beiden Phasen zu, und eigentlich müßte die gesättigte Lösung diese drei Molekülgattungen in der durch die drei verschiedenen Teilungskoeffizienten vorgeschriebenen Menge enthalten. Das würde aber im allgemeinen dazu führen müssen, daß die Lösung verschiedene Mengen von positiven H˙-Ionen und negativen Säureionen enthält, was wegen der entstehenden elektrostatischen Kräfte unmöglich ist. So stellt sich ein Gleichgewicht her, indem gleiche Mengen positiver und negativer Ionen gelöst werden und dafür eine elektrische Potentialdifferenz an der Grenze der festen und flüssigen Phase entsteht (s. später). Diese Auffassung führt also den Zustand der Sättigung nur auf den Teilungskoeffizienten der einen Molekülgattung (der undissoziierten Säure) zurück, welcher ja die „partielle Löslichkeit" der Benzoesäure bestimmt, und auf das Massenwirkungsgesetz, welches vorschreibt, wieviel von den anderen Molekülgattungen in Lösung sein müssen, damit Gleichgewicht herrscht.

Ein biologisch wichtiges Beispiel für die Abhängigkeit der Löslichkeit einer Säure von der h ist die Löslichkeit der Harnsäure[2]). Leider ist das Problem noch nicht restlos gelöst. In nicht

[1]) Daß nach der heutigen Auffassung ein Elektrolyt in krystallisiertem Zustand überhaupt immer nur aus Ionen besteht, die zu einem Raumgitter angeordnet sind, hat hiermit nichts zu tun; denn die im Raumgitter geordneten Ionen sind nicht frei beweglich; sie sind Ionen nur insofern, als sie die gleiche intraatomare Struktur haben wie die Ionen eines gelösten Elektrolyten im Sinne von Faraday, aber sie sind doch im Sinne des Urhebers des Ionenbegriffes insofern nicht eigentlich Ionen, weil sie nicht frei beweglich sind.

[2]) Literatur: His und Paul, Pharmazeut. Zeit. 1900. — Paul, Zeitschr. f. physiol. Chem. **31**, 1 u. 64 (1900). — Gudzent, Zeitschr. f. physiol. Chem. **56**, 150 (1908); **60**, 25 u. 38; **63**, 253 u. 455 (1909). — Bechhold und Ziegler, Biochem. Zeitschr. **20**, 189 (1909); **24**, 146 (1910). — Ringer, Zeitschr. f. physiol. Chem. **67**, 332 (1910). — Kohler, Zeitschr. f. physiol. Chem. **70**, 360; **72**, 169; Zeitschr. f. klin. Med. **78**, 1. — Lichtwitz, Zeitschr. f. physiol. Chem. **84**, 416 (1913). — Schade und Boden, Zeitschr. f. physiol. Chem. **83**, 347; **86**, 416 (1913). — A. Kanitz, Zeitschr. f. physiol. Chem. **116**, 96 (1921).

ganz klarer Erkenntnis und etwas mühsamer Darstellung der soeben entwickelten Abhängigkeit der Löslichkeit von der h hat die Forschung einen etwas komplizierten Weg genommen. Wir wollen aus den vorliegenden Daten die Verhältnisse gemäß der obigen Theorie darzulegen versuchen. Zunächst muß λ, die partielle Löslichkeit der Harnsäure, bestimmt werden. Zu diesem Zweck wird man durch Zusatz von HCl ihre Ionisation ganz unterdrücken. His und Paul fanden in 1 n · HCl eine Löslichkeit bei 18° von 1 Mol in 7137 Litern; $\lambda = 1{,}401 \cdot 10^{-4}$. Die Dissoziationskonstante der ersten Stufe, k_1, beträgt nach denselben Autoren $1{,}5 \cdot 10^{-6}$ (nach Gudzent bei 37° $2{,}3 \cdot 10^{-6}$). Hiernach wäre bei einer beliebigen h (so weit diese nicht so klein ist, daß die Harnsäure, welche eine zweibasische Säure ist, in zweiter Stufe zu dissoziieren beginnt)

$$\text{bei } 18^0 \quad \Lambda = 1{,}40 \cdot 10^{-4} \frac{(h + 1{,}5 \cdot 10^{-6})}{h}$$

Also z. B. bei Blutreaktion, $h = 4{,}5 \cdot 10^{-8}$:

$$\Lambda = 4{,}77 \cdot 10^{-4}$$

d. h. über dreimal größer als in n HCl.

Eine reine gesättigte Harnsäurelösung müßte nach (1a), S. 35 haben bei 18°:

$$h = \sqrt{1{,}5 \cdot 10^{-6} \cdot 1{,}4 \cdot 10^{-4}} = 1{,}45 \cdot 10^{-5}$$

Der Dissoziationsgrad einer solchen Lösung, α, müßte sein nach (2), S. 42

$$\alpha = \frac{1{,}5 \cdot 10^{-6}}{1{,}5 \cdot 10^{-6} + 1{,}45 \cdot 10^{-5}} = 0{,}094$$

In der Tat fanden Paul und His in gesättigter wäßriger Lösung bei 18° den Dissoziationsgrad 0,095; oder vielmehr umgekehrt, sie leiteten aus dem gefundenen α die Dissoziationskonstante ab. Eine Bestätigung der Theorie liegt nun darin, daß λ und Λ in der angegebenen Weise auseinander berechenbar waren. Die auf diese Weise berechnete Löslichkeit hat nun für die Physiologie und Pathologie nicht die erhoffte Wichtigkeit. Zwei Komplikationen treten auf:

Die vorigen Betrachtungen gelten nach unseren Ableitungen nur für den Fall, daß Harnsäure als Bodenkörper zugegen ist. Die Gegenwart des Alkalisalzes der schwachen Säure als Bodenkörper kam in der allgemeinen Ableitung nicht in Betracht, weil diese Alkalisalze bei fast allen Säuren viel löslicher sind als die

Säuren selbst. Hier macht nun die Harnsäure eine Ausnahme. Das primäre Natriumurat ist schon an sich nicht sehr löslich, besonders aber bei Gegenwart von NaCl ein ungewöhnlich schwer lösliches Salz; noch dazu existiert es nach der Meinung von Gudzent in zwei tautomeren Modifikationen, der Laktam- und der Laktimform, welche noch dazu eine verschiedene Löslichkeit haben sollen. Ist also eine dieser Formen als Bodenkörper vorhanden, so wird die Löslichkeit der Harnsäure sehr kompliziert; besonders durch Gegenwart von NaCl wird die Löslichkeit des Natriumurat gewaltig herabgedrückt, und wir haben den merkwürdigen Fall, daß wenigstens in NaCl-reichen Lösungen die Anwendung des Alkalisalzes als Bodenkörper die Löslichkeit der schwachen Säure, der Harnsäure, vermindert statt erhöht. Neuerdings hat Kanitz die zweite Dissoziationskonstante der Harnsäure aus vorhandenen Daten berechnet und kommt zu dem Schluß, daß eine reine Lösung von primärem Natriumurat schon merklich in freie Harnsäure und sekundäres Natriumurat hydrolysiert ist. Eine solche Lösung enthält daher freie Harnsäure, welche auf die Löslichkeit des Urats von großem Einfluß sein muß. Andererseits neigt das Natriumurat in abnorm hoher Weise zur Bildung sehr haltbarer übersättigter Lösungen, selbst bei Gegenwart des festen Urats als Bodenkörper. Schade betrachtete diese übersättigten Lösungen als kolloidale, jedoch haben Kohler und Gudzent durch verschiedene Methoden (Ultrafiltration, Kompensationsdialyse, Leitfähigkeit) diese Annahme höchst unwahrscheinlich gemacht.

Schade und Boden zeigten, daß man leicht Gallerten aus Harnsäurelösungen erhalten kann, die allerdings allmählich krystallisieren. Andererseits zeigte Gudzent mit der Kompensationsdialyse, daß im Blute die Harnsäure in echter Lösung ist. Jedenfalls konnten Bechhold und Ziegler große Mengen freier Harnsäure in Blutserum auflösen; sie nennen diesen Zustand die „Überfüllung“ des Blutes mit Harnsäure. Die Harnsäure befindet sich in diesem Fall offenbar in Form von übersättigtem Natriumurat in Lösung. Die Frage bedürfte einer erneuten Untersuchung, denn eine völlige Klarheit ist noch nicht erreicht.

22. Die Abhängigkeit der Löslichkeit schwerlöslicher Salze von der h.

Echte Neutralsalze (NaCl, KNO_3 usw.) hängen in ihrer Löslichkeit nicht von der h ab; wohl aber Salze starker Basen mit schwachen Säuren und umgekehrt. Das biologisch wichtigste Beispiel ist die Löslichkeit des $CaCO_3$, welches von Rona und Takahashi[1]) untersucht worden ist.

Wir wollen diese Untersuchungen etwas anders als diese Autoren, mehr im Anschluß an unsere obigen Ableitungen, darstellen.

Die partielle Löslichkeit der Molekülgattung $CaCO_3$ ist, unabhängig von h, $= \lambda$. Die totale Löslichkeit ist daher

$$\Lambda = \lambda + [Ca^{\cdot\cdot}]$$

wo $[Ca^{\cdot\cdot}]$ diejenige Konzentration von $Ca^{\cdot\cdot}$-Ionen ist, welche mit der $CaCO_3$-Konzentration λ in Gleichgewicht ist. Diese hängt nun von h ab, und zwar in folgender Weise.

In Lösung besteht Gleichgewicht zwischen Calciummonocarbonat und Calciumbicarbonat

$$CaCO_3 + H_2CO_3 \rightleftharpoons Ca\,(HCO_3)_2$$

oder auch

$$CaCO_3 + H_2CO_3 \rightleftharpoons Ca^{\cdot\cdot} + 2\,(HCO_3)'$$

Daher ist

$$\frac{[CaCO_3] \cdot [H_2CO_3]}{[Ca^{\cdot\cdot}]\,[HCO_3']^2} = k_1 \qquad (1)$$

In der Lösung ist nun $[CaCO_3]$ stets $= \lambda$.

Ferner ist

$$H_2CO_3 \rightleftharpoons H^{\cdot} + HCO_3'$$

daher

$$\frac{[H_2CO_3]}{[HCO_3']} = k_2 \cdot [H^{\cdot}] \qquad (2)$$

Setzen wir das in (1) ein, so wird

$$\frac{\lambda \cdot k_2 \cdot [H^{\cdot}]}{[Ca^{\cdot\cdot}] \cdot [HCO_3']} = k_1$$

oder

$$[Ca^{\cdot\cdot}] = \frac{\lambda\, k_2}{k_1} \cdot \frac{[H^{\cdot}]}{[HCO_3']}$$

und

$$\Lambda = \lambda + \frac{\lambda \cdot k_2}{k_1} \cdot \frac{h}{[HCO_3']}$$

Man sieht, daß die Löslichkeit des $CaCO_3$ nicht nur von h, sondern auch von der Menge der in Lösung befindlichen Bicarbonationen abhängt, mögen diese dem Bodenkörper entstammen oder

[1]) P. Rona und D. Takahashi, Biochem. Zeitschr. **49**, 370 (1913).

künstlich als $NaHCO_3$ der Lösung zugefügt worden sein. Wir können, analog den Näherungsannahmen, die wir in diesem ersten Teil des Buches zunächst stets machen, die Menge der Bicarbonationen einfach gleich der des gelösten Bicarbonats überhaupt setzen. Ferner wurde durch eine Löslichkeitsbestimmung bei stark alkalischer Reaktion nachgewiesen, daß λ analytisch nicht mehr bestimmbar, praktisch $= 0$ ist. Die Gleichung vereinfacht sich daher zu:

$$\Lambda = K \cdot \frac{h}{[\text{Bicarbonat}]}$$

Es fanden sich z. B. folgende Werte für Λ bei 18°

Konz. des Bicarbonats × 0,9 [1])	h	Λ (Mol pro Liter)	K
0,017	$2{,}4 \cdot 10^{-7}$	$4{,}93 \cdot 10^{-3}$	349
0,0425	$9{,}0 \cdot 10^{-8}$	$7{,}3 \cdot 10^{-4}$	345
0,0152	$9{,}3 \cdot 10^{-8}$	$2{,}03 \cdot 10^{-3}$	332
		Mittel	340

Es ist also bei 18°

$$\Lambda = 340 \cdot \frac{h}{[\text{Bicarbonat}]} \text{ Mol pro Liter}$$

Für die Verhältnisse des Blutplasmas, wo $h = 3 \cdot 10^{-4}$, $[HCO'_3] = 0{,}02$ n ist, ergibt das eine Löslichkeit von 0,022 g $Ca^{\cdot\cdot}$ oder 0,0294 g CaO im Liter. Man findet nun im Liter Plasma mehr CaO; jedenfalls mehr als 0,1, wohl sogar 0,17 g CaO. Im Vollblut findet man etwa 0,1 g CaO im Liter. Es scheint also im Plasma mehr Ca zu sein, als der Löslichkeit der $CaCO_3$ entspricht und es scheint eine übersättigte Lösung zu bestehen. Diese Annahme schien den Autoren dadurch noch plausibler zu werden, daß es sehr leicht gelingt, selbst bei Abwesenheit von Eiweiß solche übersättigten Kalklösungen herzustellen. Wenn man nämlich nicht von festem $CaCO_3$ ausgeht, sondern eine $CaCl_2$-Lösung mit $NaHCO_3$ schwach alkalisch macht, so erhält man leicht übersättigte, sehr haltbare klare Kalklösungen. Dialysierversuche zeigten, daß die größte Menge des Ca im Serum im diffusionsfähigen Zustand vorhanden ist. Hierdurch wird die Deutung ausgeschlossen, daß der Ca-Überschuß im Serum etwa in Form von kolloidal gelöstem Carbonat oder Phosphat vorhanden sei. Derjenige Teil des

[1]) Durch diese Multiplikation soll angenähert dem Umstand Rechnung getragen werden, daß die aktive Masse der Bicarbonat-Ionen etwas kleiner als die Konzentration des Calciumbicarbonat ist.

Ca, welcher nach den Ergebnissen der Kompensationsdialyse nicht diffusionsfähig ist, ist nur ein kleiner Bruchteil des zu viel vorhandenen Ca, und nur dieser Teil dürfte als undissoziierte Ca-Eiweißverbindung zu deuten sein.

Brinkman und van Dam[1]) bestätigten nach einer anderen Methode die Löslichkeitszahlen von Rona und Takahashi (22 mg $Ca^{\cdot\cdot}$ im Liter für $h = 3 \cdot 10^{-7}$ bei 20° C), ja sie fanden sogar im Ultrafiltrat des Serum bei $h = 3{,}10^{-7}$ auch nur 22 mg $Ca^{\cdot\cdot}$-Ionen, und selbst im Blutserum fanden sie in den wenigen Fällen, bei denen ihre Methode sich durchführen ließ, dieselbe Menge $Ca^{\cdot\cdot}$-Ionen. Ihre Methode mißt nur die $Ca^{\cdot\cdot}$-Ionen. Wenn wir das Ronasche Kompensationsdialysat und das Brinkmansche Ultrafiltrat als einigermaßen gleichwertig betrachten, so lassen alle diese Befunde sich nur unter der Annahme deuten, daß das $Ca^{\cdot\cdot}$ in Ionenform im Serum nur bis zur Grenze seiner wirklichen Löslichkeit und nicht übersättigt vorhanden ist, und daß das überschüssige Ca nur zum kleinen Teil als Eiweißverbindung, zum größeren in echt gelöster, aber nicht dissoziierter Form, über deren Natur wir noch nichts wissen, vorhanden ist.

Zu diesen Untersuchungen wäre noch folgendes zu bemerken. Erstens beziehen sich die Löslichkeitsbestimmungen sowohl von Rona wie von Brinkman auf eine Temperatur von 20°; zweitens nehmen sie h im Blut $= 3 \cdot 10^{-8}$ an, während wir für 38° wohl $4{,}5 \cdot 10^{-8}$ annehmen dürfen. Drittens sei schon hier darauf hingewiesen, daß die im nächsten Kapitel erörterte Aktivitätstheorie in diesen Untersuchungen noch nicht berücksichtigt werden konnte; wahrscheinlich ist der Faktor 0,9 (s. die Fußnote S. 71) zu klein gewählt. Diese drei Umstände wirken alle in gleichem Sinne: daß nämlich die Löslichkeit des Ca aus den Modellversuchen zu klein gefunden werden mußte. Vielleicht ist also die Diskrepanz zwischen der theoretisch zu erwartenden Löslichkeit des Ca im Plasma und

---

[1]) R. Brinkman und Miß E. van Dam, Kon. Akademie van Wetenschappen te Amsterdam; Proceedings **22**, 762 (1920). Ihre Methode der Bestimmung der $Ca^{\cdot\cdot}$-Ionen beruht darauf, daß sie feststellen, wieviel Oxalat man zu der Ca-haltigen Lösung zugeben muß, damit soeben die Löslichkeitsgrenze des entstehenden Ca-Oxalates überschritten wird. Da das „Löslichkeitsprodukt" $[Ca^{\cdot\cdot}] \cdot [Oxalat'']$ konstant (= 0,055 Millimole in Liter bei 20° C) ist, so kann man aus derjenigen Menge von Alkalioxalat, welche soeben eine Trübung hervorruft, die Menge der $Ca^{\cdot\cdot}$-Ionen berechnen, während alle anderen Methoden der Ca-Bestimmung das gesamte Ca ergeben.

dem wirklichen Ca-Gehalt desselben viel kleiner, als die vorliegenden Untersuchungen zu lehren scheinen.

An diesem Beispiel sieht man, wie zur klaren Erkenntnis physiologischer Dinge oft die exakte Kenntnis von Naturkonstanten wichtiger ist als Hypothesen. Es ist zu verwundern, daß derartige physiologisch wichtige Naturkonstanten noch nicht sicher ermittelt sind; es wäre wichtiger als manche andere Arbeit. Die Theorie der Steinbildung, der Kalkablagerung in den Gefäßen u. a. ist eine Phantasie, bevor nicht sicher ermittelt ist, ob der Kalk im Blut überhaupt übersättigt ist.

Wie kompliziert das im vorigen Abschnitt erwähnte Problem der Harnsäure ist, erkennt man jetzt, wenn man bedenkt, daß hierbei die Schwerlöslichkeit der freien Säure mit Schwerlöslichkeit ihres Na-Salzes kombiniert ist. Die Ableitungen des vorigen Kapitels haben zum Gegenstand eine schwerlösliche Säure, deren Salze leicht löslich sind (Benzoesäure). Die Ableitungen dieses Kapitels beziehen sich auf schwerlösliche Salze, deren Komponenten (CO_2, $Ca(OH)_2$), leichter löslicher sind als das Salz. Bei der Harnsäure liegt der noch nicht theoretisch untersuchte Fall vor, daß die freie Säure und ihr Salz beide schwerlöslich sind.

23. Die Abhängigkeit der Löslichkeit eines schwerlöslichen Ampholyten von der h.

Ist die partielle Löslichkeit des schwerlöslichen Ampholyten $= \lambda$, so ist die totale Löslichkeit

$$\Lambda = \lambda + [A^{\cdot}] + [A'].$$

Experimentelle Untersuchungen liegen hierüber nur insofern vor, als das Löslichkeitsminimum untersucht worden ist. Dies liegt dann vor, wenn $[A^{\cdot}] + [A']$ ein Minimum ist, also im isoelektrischen Punkt, und damit kommen wir auf das zurück, was S. 59 schon abgehandelt ist.

Zum Schluß sei daran erinnert, daß alle diese Erörterungen über die Löslichkeit nur unter der Näherungsannahme gemacht sind, daß die Salze der schwerlöslichen Säuren oder Basen total dissoziiert sind. Sobald wir das Vorhandensein merklicher Mengen undissoziierter Salze mit in Betracht ziehen, müssen wir Korrekturen anbringen, die erst in dem Kapitel über die „starken Elektrolyte“ und die „Ionenaktivitätstheorie“ erörtert werden müssen. Die bisherigen Ableitungen gelten zunächst nur für den

Fall, daß die Gesamtelektrolytkonzentration der betrachteten Lösung sehr gering bleibt.

24. Die Hydrolyse der Salze [1]).

Die Voraussetzung für alle Betrachtungen war, wie wir nochmals wiederholen müssen, bisher, daß wir alle Salze als total elektrolytisch dissoziiert annehmen. Aber es gibt bei den Salzen noch eine andere Form der Dissoziation. Da ein Salz im allgemeinen durch die Reaktion entsteht

$$\text{Säure} + \text{Base} \rightleftharpoons \text{Salz} + H_2O$$

so muß man nach den Grundsätzen der chemischen Gleichgewichtslehre annehmen, daß dieselbe Reaktion auch in umgekehrter Richtung verläuft, d. h. daß das Salz zum Teil in Säure und Base „hydrolytisch dissoziiert" oder „hydrolysiert" ist. Es ist nun erforderlich, den Grad dieser Hydrolyse kennen zu lernen.

1. Fall. Das Salz bestehe aus einer starken Säure und starken Base. Ist die Säure SH, die Base BOH, das Salz C, so existieren nach unserer bisherigen Grundannahme, die wir zunächst festhalten wollen, über die starken Elektrolyte, in der Lösung nur die Ionen S', $B^{\cdot}$, $H^{\cdot}$ und OH'. Da nun S' und $B^{\cdot}$ bei einer starken Säure und Base keine Affinität zu $H^{\cdot}$ oder OH' haben, so haben sie auch keinen Einfluß auf $[H^{\cdot}]$ und $[OH']$, d. h. in dem Wasser wird durch ein solches Salz h nicht geändert. Die Salze sind gar nicht hydrolysiert. Die Lösung eines solchen Salzes reagiert neutral. Man nennt diese Salze deshalb auch Neutralsalze.

2. Fall. Das Salz bestehe aus einer starken Säure und einer schwachen Base mit der Dissoziationskonstanten k_b. Dann ist das Salz ein wenig hydrolysiert, es bildet sich etwas freie Säure und freie Base. Da aber die Base schwächer dissoziiert ist als die Säure, so reagiert die Lösung etwas sauer. Wir haben nun zu untersuchen den Hydrolysegrad γ, definiert durch

$$\gamma = \frac{[H^{\cdot}]}{[C]}$$

wo [C] die Gesamtkonzentration des Salzes bedeutet.

Zur allgemeinen Lösung dieses Problemes betrachten wir die Koexistenz folgender Gesetze:

[1]) Im wesentlichen bearbeitet nach N. Bjerrum, Die acidimetrische und alkalimetrische Titration. Sammlung chemischer und chemisch-technischer Vorträge, Stuttgart 1914.

$$[H^{\cdot}] \cdot [OH'] = k_w \qquad (1)$$

das ist die Dissoziationsgleichung des Wassers.

Da wir die durch Hydrolyse entstandene Säure als eine starke annehmen, ist ihre Konzentration = $[H^{\cdot}]$. Da nun bei der Hydrolyse ebensoviel Säure wie Base entsteht, ist

$$[H^{\cdot}] = [OH'] + [BOH] \qquad (2)$$

Ferner haben wir die Dissoziationsgleichung der Base

$$\frac{[B^{\cdot}][OH']}{[BOH]} = k_b \qquad (3)$$

Und schließlich ist

$$[B^{\cdot}] + [BOH] = [C] \qquad (4)$$

Aus diesen vier Gleichungen für die vier Unbekannten $[H^{\cdot}]$, $[OH']$, $[B^{\cdot}]$, $[BOH]$ könnten wir jede derselbe berechnen, so auch $[H^{\cdot}]$ und damit γ. Diese Rechnung, allgemein ausgeführt, ist aber sehr kompliziert. Es genügt, sie unter einigen vereinfachenden Annahmen, für gewisse Grenzfälle auszuführen, und zwar:

a) Wir nehmen an, daß die Hydrolyse sehr klein ist ($\gamma < 0{,}01$; $h < 10^{-3}$). Dann ist in Gleichung (4) $[BOH]$ als Summand gegen $[B^{\cdot}]$ zu vernachlässigen und es ergibt sich

$$[B^{\cdot}] = [C] \qquad (4a)$$

und die Lösung nach $[H^{\cdot}]$ ist

$$[H^{\cdot}]^2 = [C] \cdot \frac{k_w}{k_b} + k_b. \qquad (5a)$$

$$\gamma = \sqrt{\frac{1}{[C]} \cdot \frac{k_w}{k_b}\left(1 + \frac{k_b}{[C]}\right)}$$

b) Es besteht mittlere Hydrolyse ($\alpha > 0{,}01$, $[H^{\cdot}] > 10^{-6}$). Dann können wir in (2) $[OH']$ gegen den anderen Summanden $[BOH]$ vernachlässigen und rechnen mit

$$[H^{\cdot}] = [BOH] \qquad (2a)$$

ferner bleibt mit genügender Annäherung die Bedingung bestehen:

$$[B^{\cdot}] = [C] \qquad (4a)$$

und wir erhalten:

$$[H^{\cdot 2}] = \frac{[C] \cdot k_w}{k_b} \qquad (7)$$

und

$$\gamma = \sqrt{\frac{1}{[C]} \cdot \frac{k_w}{k_b}} \qquad (8)$$

c) Für sehr starke Hydrolyse können wir statt (2) schreiben:

$$[H^{\cdot}] = [BOH] \tag{2a}$$

und wir erhalten

$$[H]^2 = [C] \cdot \frac{k_w}{k_b} - [H^{\cdot}] \cdot \frac{k_w}{k_b} \tag{9}$$

und

$$\gamma = \frac{\sqrt{\frac{1}{[C]} \cdot \frac{k_w}{k_b}}}{\sqrt{1 + \frac{k_w}{4\,[C] \cdot k_b}} + \sqrt{\frac{k_w}{4\,[C] \cdot k_b}}} \tag{10}$$

Besteht das Salz aus einer schwachen Säure und einer starken Base mit der Dissoziationskonstante k_a, so gelten dieselben Gleichungen, wenn wir statt $[H^{\cdot}]$ schreiben $[OH']$, und als Hydrolysengrad γ definieren:

$$\gamma = \frac{[OH']}{[C]}$$

In der folgenden Tabelle von Bjerrum sind für abgerundete Werte der Dissoziationskonstanten die Hydrolysengrade berechnet.

Tabelle über die Hydrolysengrade bei Zimmertemperatur.

$k_w = 10^{-14}$

k	1 n	0,1 n	0,01 n	0,001 n
∞	10^{-7}	10^{-6}	10^{-5}	10^{-4}
10^{-2}	10^{-6}	$3{,}3 \cdot 10^{-6}$	$1{,}4 \cdot 10^{-5}$	$1{,}05 \cdot 10^{-4}$
10^{-4}	10^{-5}	$3{,}2 \cdot 10^{-5}$	10^{-4}	$3{,}3 \cdot 10^{-4}$
10^{-6}	10^{-4}	$3{,}2 \cdot 10^{-4}$	10^{-3}	$3{,}2 \cdot 10^{-3}$
10^{-8}	10^{-3}	$3{,}2 \cdot 10^{-3}$	10^{-2}	0,032
10^{-10}	10^{-2}	0,032	0,095	0,27
10^{-12}	0,095	0,27	0,62	0,92

Die Werte über der ersten Treppenlinie sind nach Gleichung (6), die zwischen den Treppenlinien nach (8), die unterhalb nach (10) berechnet. Praktisch fast noch wichtiger erscheint mir, p_h in solchen Lösungen tabellarisch zusammenzustellen. Dies habe ich in der folgenden Tabelle umgerechnet. Die Tabelle gibt für ein Salz aus einer schwachen Base mit einer starken Säure p_h, für ein Salz aus einer starken Base und einer schwachen Säure p_{oh}.

Tabelle über die p_h-Werte.

p_h in der Lösung eines Salzes aus einer schwachen Base und starken Säure; oder p_{oh} in der Lösung eines Salzes aus einer starken Base mit einer schwachen Säure. k ist die Dissoziationskonstante des schwächeren Bestandteils:

k	1 n	0,1 n	0,01 n	0,001 n
∞	7	7	7	7
10^{-2}	6	6,5	6,9	7,0
10^{-4}	5	5,5	6	7,0
10^{-6}	4	4,5	5	6,0
10^{-8}	3	3,5	4	4,5
10^{-10}	2	2,5	3	3,6
10^{-12}	1,02	1,6	2,2	3,0

Es ist also in einer Lösung von

	NH_4Cl (k_b abgerundet $= 10^{-5}$)			
	1/1 molar	0,1 molar	0,01 molar	0,001 molar
p_h = etwa	4,5	5	5,5	6,5
	Natriumacetat (k_a rund $= 10^{-5}$)			
p_h = etwa	9,5	9	8,5	7,5

25. Einiges über die Methoden zur Bestimmung von Dissoziationskonstanten und des isoelektrischen Punktes.

1. Die älteste Methode zur Bestimmung der Dissoziationskonstanten eines einfachen Elektrolyten ist die Messung seiner Leitfähigkeit in verschiedenen Verdünnungen. Schon empirisch hatte Wilh. Ostwald die Regel gefunden

$$\frac{\alpha^2}{(1-\alpha)\,v} = k \qquad (1)$$

wo α der Dissoziationsgrad bei der Konzentration $\frac{1}{v}$ bedeutet[1]). α selbst wird bestimmt nach

$$\frac{\Lambda_c}{\Lambda_\infty} = \alpha \qquad (2)$$

wo Λ_c die molare Leitfähigkeit bei der Konzentration c, Λ_∞ den Grenzwert derselben für unendliche Verdünnung bedeutet. Das

[1]) v ist dasjenige Volumen der Lösung, in welchem 1 Mol der Säure enthalten ist.

Ostwaldsche Gesetz (1) ist aber nichts weiter als der Ausdruck des Massenwirkungsgesetzes, angewendet auf die Dissoziation. Es ist ja definitionsgemäß z. B. für eine Säure

$$\alpha = \frac{S'}{S} \qquad \begin{array}{l} S' \text{ Säure-Anionen-Konzentration} \\ S \text{ Gesamt-Säure-Konzentration} \end{array}$$

Das Massenwirkungsgesetz aber fordert

$$\frac{[S'] \cdot [H^{\cdot}]}{[S] - [S]'} = k$$

Schreiben wir die Konzentration $[S'] = \frac{S'}{v}$, wo v das Volumen, S' die absolute molare Menge der Säureionen bedeutet usw., und vergegenwärtigen wir uns, daß in einer reinen Säurelösung $[H^{\cdot}] = [S']$, so wird in der Tat

$$\frac{\left(\frac{S'}{v}\right)^2}{\frac{S - S'}{v}} = \frac{S'^2}{(S - S')v} = \frac{\alpha^2}{(1 - \alpha)v} = k$$

2. Die zweite Methode beruht auf der Feststellung des Hydrolysegrades des Na-Salzes der zu untersuchenden schwachen Säure bzw. des Chlorides der zu untersuchenden schwachen Base. Der Zusammenhang desselben mit k ergibt sich aus dem vorigen Kapitel ohne weiteres. Der Grad der Hydrolyse kann auf zwei Methoden bestimmt werden.

1. Durch die Bestimmung der h aus der katalytischen Wirkung auf Saccharose, Methylacetat u. a.
2. Durch die Bestimmung der h durch Gasketten; diese Methode ist noch wenig verwendet worden.

3. Die dritte Methode beruht darauf, daß in einem bekannten Gemisch der Säure mit ihrem Natriumsalz die h bestimmt wird, wobei wieder verschiedene Methoden zur Anwendung kommen können; die theoretische Verknüpfung gibt Formel (1) S. 38.

Jede dieser Methoden hat ein Anwendungsbereich, bei dem sie gut brauchbar ist, aber auch Bedingungen, wo entweder die experimentellen Daten unsicher werden oder die Formeln, die ja alle nur Näherungsformeln für gewisse Grenzbedingungen darstellen, nicht mehr streng zutreffen. Es übersteigt den Rahmen dieses Buches, hierauf näher einzugehen. Auch sind die möglichen Methoden mit den obigen, bisher angewandten, nicht erschöpft. Eine sehr gute Methode für Säuren mittlerer Stärke ist es, die h in einer Lösung der reinen Säure zu messen und unter Anwendung von (1a), S. 35, k zu berechnen. Die unter 2) genannte Methode ist von Lundén dadurch erweitert worden, daß er den Hydrolysegrad des Salzes der zu messenden Säure und einer schwachen Base von bekannter Dissoziationskonstante bestimmte.

B. Die Theorie der quantitativen Bestimmung der Acidität und Alkalität.

Inhaltsübersicht.

Zur Charakterisierung der sauren Natur einer Lösung sind erforderlich: 1. Die Titrationsacidität, welche man noch trennen kann in Neutralkapazität und Äquivalentkapazität, 2. die Wasserstoffzahl bzw. p_h, *3. die Nachgiebigkeit bzw. Pufferung.*

Zum Verständnis der Titrationsacidität wird die Theorie der Indikatoren und der Titrationskurve entwickelt, dann kurz die wichtigsten Methoden der Bestimmung von p_h *im Prinzip erörtert, schließlich der Begriff der Nachgiebigkeit festgesetzt.*

26. Definitionen und Problemstellung.

Die Acidität einer Lösung wird durch mehrere Größen definiert, deren scharfe Auseinanderhaltung erst durch die physikalische Chemie ermöglicht worden ist. In der älteren analytischen Chemie unterschied man diese verschiedenen Größen nicht oder nicht scharf. Der Umstand, daß auch schon in früheren Jahrzehnten ausgezeichnete Methoden für die Bestimmung der Acidität und Alkalität in Form der Titrationen erfunden werden konnten, beruht darauf, daß für starke Säuren und Basen die verschiedenen Größen, welche die Acidität definieren, praktisch zusammenfallen. Für gewisse schwächere Säuren und Basen hatte man empirisch außerdem einige Indikatoren wie Phenolphthalein und Methylorange gefunden, welche gestatteten, den Äquivalentgehalt an diesen Säuren oder Basen zu ermitteln. So hatte die Erfahrung gezeigt, daß man den Äquivalentgehalt einer Essigsäurelösung durch Titrieren gegen NaOH mit Phenolphthalein als Indikator richtig, mit Methylorange aber falsch erhält. Beim Titrieren von Ammoniak gegen Schwefelsäure war es umgekehrt. Jedenfalls verstand man unter der Acidität einer Lösung ihren Gehalt an Säureäquivalenten. Nach dieser Definition hätte also eine normale HCl und eine normale Essigsäure die gleiche Acidität. Auf der anderen Seite konnte nicht verborgen bleiben, daß diese beiden Lösungen sich in irgend etwas unterschieden, und gefühlsmäßig mußte man der HCl eine stärkere saure Eigenschaft zuschreiben als der Essigsäure. Es waren offenbar zwei ganz verschiedene Eigenschaften, die man als Acidität bezeichnete. Nur die eine von ihnen konnte man mit Hilfe der Titration zahlenmäßig angeben. Für die andere waren nur qualitative Unterschiede vorhanden: man stellte fest, daß normale HCl z. B. Zink besser auflöst als normale Essigsäure, rotes Kongopapier viel stärker bläut, auf der Zunge einen stärker ätzend sauren Geschmack hat, Rohrzucker viel schneller invertiert usw.

Wir können nunmehr unter Anwendung der Ionenlehre die Acidität auf zwei, ja sogar drei verschiedene Weisen quantitativ definieren, welche diese Unklarheiten beseitigen, und werden dann sogar noch eine vierte Größe kennen lernen, die zur vollständigen Charakterisierung der Säureeigenschaften einer Lösung erforderlich ist.

Die eine Definition, die „Titrationsacidität" entspricht etwa der älteren Definition. Sie ist der Gehalt der Lösung an Äquivalenten freier Säure. Sobald man aber die Methode definieren will, mit der man diese Äquivalente feststellt, versagt die ältere Darstellung. Denn wenn man in früheren Jahrzehnten einen Chemiker gefragt hätte, bis zu welchem Endpunkt man eine Säurelösung zu titrieren habe, so hätte er geantwortet: bis zur Erreichung der neutralen Reaktion, und als Erkennungsmittel für diesen Punkt hätte er z. B. den Umschlag von Phenolphthalein angegeben. Diese Antwort enthält zwei Fehler. Erstens reagiert eine Lösung von äquivalenten Teilen Essigsäure und NaOH, also Natriumacetat, nicht neutral, sondern infolge der Hydrolyse etwas alkalisch (siehe Tabellen S. 77). Zweitens liegt der Umschlagspunkt des Phenolphthalein nicht bei neutraler, sondern bei alkalischer Reaktion. Infolgedessen würde dieser Analytiker zum Schluß mit seiner Methode praktisch Recht behalten, trotz der falschen Erklärung. Er würde aber nicht erklären können, warum er nicht ebensogut mit Methylorange titrieren darf. Er würde höchstens sagen: „Methylorange ist gegen Essigsäure zu unempfindlich", ohne erklären zu können, warum es denn gegen HCl empfindlicher ist.

In Wirklichkeit liegt der Endpunkt der Titration der Essigsäure nicht bei der neutralen Reaktion, sondern bei derjenigen Wasserstoffzahl, welche eine reine Lösung von Natriumacetat hat, und diese entspricht dem Umschlag des Phenolphthalein, nicht aber dem des Methylorange. Wenn wir dem wirklichen Neutralpunkt überhaupt eine Bedeutung beimessen wollen, so müssen wir bei der Titration zwei verschiedene Endpunkte unterscheiden. Erstens die Erreichung des Neutralpunktes, zweitens die Erreichung des Äquivalenzpunktes. Die Anzahl von Basenäquivalenten, die bis zur Erreichung des Neutralpunktes verbraucht werden, könnte man als Neutralkapazität bezeichnen, die andere als Äquivalentkapazität oder eigentliche Titrationskapazität. Nur wenn eine starke Säure gegen eine starke Lauge titriert wird, fallen beide Begriffe zusammen. Wir müssen nun die Methoden kennen lernen, mit denen man diese beiden Größen bestimmt.

1. Die Bestimmung der Neutralkapazität. Zur Bestimmung dieses Punktes braucht man einen Indikator, der bei der neutralen Reaktion einen geeigneten Farbenübergang zeigt, z. B. Lackmuslösung, Neutralrot oder Phenolrot. Man färbt genau neutrales Wasser mit Lackmus und titriert die zu untersuchende Säurelösung so weit, bis sie die gleiche blauviolette Nuance hat, wie die Vergleichslösung.

Da es praktisch fast unmöglich ist, wirklich reines Wasser zu erhalten, wird man in Wirklichkeit als Vergleichslösung nicht reines Wasser benutzen, sondern z. B. ein Gemisch von 6,9 Teilen $m/_{15}$ sek. Natriumphosphat + 3,1 Teil $m/_{15}$ prim. Kaliumphosphat. Das p_h dieses Gemisches entspricht nach der Eichung von Sörensen der neutralen Reaktion bei 18°.

Die Bestimmung der Neutralkapazität hat wenig praktische Bedeutung.

2. Die Bestimmung der Äquivalentkapazität. Hier bedarf es zunächst einer eingehenderen Erörterung der Theorie der Indikatoren.

27. Theorie der Indikatoren.

Die Indikatoren sind Säuren oder Basen, deren Farbnuance durch die h der Lösung verändert wird. Wilhelm Ostwald hat die in allen wesentlichen Punkten auch noch heute gültige Theorie aufgestellt, daß der Umschlag der Indikatoren darauf beruht, daß die Ionen des Farbstoffes eine andere Färbung haben als das undissoziierte Molekül. Dieser Theorie schien eine Schwierigkeit dadurch zu entstehen, daß Hantzsch die Indikatoren als Pseudosäuren bzw. Pseudobasen erkannte (siehe S. 32). Nach ihm erfolgt die Farbänderung nicht infolge der Ionisierung, sondern infolge der tautomeren Umlagerung. Da aber diese beiden Vorgänge untrennbar miteinander verbunden sind, kann man in ihnen eigentlich keinen Gegensatz erblicken. Die Theorie von Hantzsch erklärt vielmehr nur den Mechanismus, durch welchen die für die Indikatoren charakteristische Umfärbung zustande kommt. Ja, man kann sogar noch weiter gehen. Nach der Vorstellung vom Atommodell wird die Konfiguration der Atome im Molekül durch elektrostatische Kräfte mitbestimmt. Es ist daher nicht verwunderlich, daß die Entstehung einer freien Ladung, wie sie bei der Ionenbildung eintritt, die Konfiguration der Atome im Molekül umgestalten kann. Und so können wir an der alten Anschauung festhalten, daß ein Indikator ein Körper ist, der im unelektrischen und im ionisierten Zustand eine verschiedene Farbe hat.

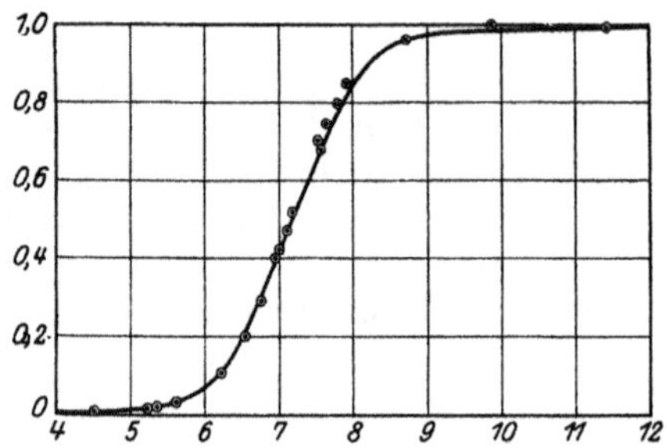

Abb. 11. Abszisse: p_h. Ordinate die relative Farbtiefe von p-Nitrophenol. Die ausgezogene Kurve ist eine theoretisch berechnete Dissoziations-(α-)Kurve, die eingezeichneten Kreise entsprechen den Beobachtungen des Versuchs.

Für die Praxis unterscheiden wir zwei Gruppen von Indikatoren. Einfarbige, wie Phenolphthalein, die von farblos in eine Farbe umschlagen und zweifarbige, wie Lackmus, die von einer Farbe in eine andere umschlagen. Es ist bequemer, die Theorie mit den einfarbigen Indikatoren zu beginnen. Wir wollen sie an dem Beispiel des p-Nitrophenol darstellen. Dies ist eine Säure von der Dissoziationskonstanten $k_a = 6{,}5 \cdot 10^{-8}$ oder $p_k = 7{,}19$. Die freie Säure ist farblos, die Ionen gelb. Bei beliebiger h ist daher ein Teil des Farbstoffs als freie ungefärbte Säure und ein anderer Teil als gelbes Ion vorhanden. Das Verhältnis der Ionen zur Gesamtmenge des Indikators in einer Lösung ist sein Dissoziationsgrad α. Wir können diesen experimentell sehr leicht ermitteln. Wenn wir nämlich in einem zweiten Röhrchen die gleiche Menge des Indikators durch Zusatz von Lauge auf extrem alkalische Reaktion bringen, so ist der Indikator hier vollständig dissoziiert und hat seine maximale Farbtiefe. Wenn wir nun kolorimetrisch die Farbtiefe der ersten Lösung mit der der zweiten, stark alkalischen vergleichen und das gefundene Zahlenverhältnis der Konzentration des färbenden Stoffes als den Farbgrad, F, bezeichnen, so ist $F = \alpha$.

Nun ist α, und somit auch F eine Funktion von p_h, eine Dissoziationskurve.

Abb. 11 zeigt uns diese Funktion; wir wiederholen hiermit, was schon S. 47 gezeigt wurde. Wie man sieht, ist dieser Indikator von $p_h = 0$ bis etwa 5 praktisch völlig farblos. Von welchem p_h an er eine Färbung zeigt, das hängt von der Gesamtmenge des Indikators ab. Bei den beim Titrieren gewöhnlich angewendeten Indikatormengen wird man im allgemeinen sagen können, daß man die Farbe des Indikators zu bemerken beginnt, wenn er zu etwa zu 5% dissoziiert ist, d. h. also in unserem Fall bei $p_h =$ etwa 5,2 bis höchstens 6. Dieser sog. Umschlagspunkt des Indikators ist also keineswegs mit der neutralen Reaktion $p_h = 7{,}1$ übereinstimmend.

Überlegen wir uns nun, welche Bedeutung dieses p_h von 5,2—6 für eine Titration hat. Wir müssen drei Fälle unterscheiden.

Erster Fall: Starke Säure und starke Base. Nehmen wir an, wir versetzen 10 ccm n · HCl mit steigenden Mengen n · NaOH. Die Salzsäure sei durch Verdünnen mit Wasser auf ein Volumen von 100 ccm gebracht. Dieses Volumen wird dann im Laufe der Titration so wenig verändert, daß wir es als konstant annehmen können. Diese Annahme erleichtert die Rechnung und verursacht keinen bemerkbaren Fehler. Wir tragen nun auf der Abszisse Abb. 12 die Kubikzentimeter zugegebener Lauge auf, auf der Ordinate p_h. Dieses berechnen wir wieder unter der Voraussetzung, daß die Säure, die Lauge und das gebildete Salz stets total dissoziiert ist, und daß die Menge des hinzugefügten Indikators so gering ist, daß er den Gleichgewichtszustand zwischen Säure und Lauge nicht verschiebt.

Zu Beginn des Versuchs haben wir eine 0,1 n HCl, also $p_h = 1$. Nach Zusatz von 1 ccm Lauge haben wir nur noch eine 0,09 n HCl, also $p_h = 1{,}05$. So können wir weiter rechnen, bis wir in die Nähe des Neutralitätspunktes kommen. Bei 9,5 cm Lauge haben wir nur noch eine 0,005 n HCl, also $p_h = 2{,}3$. Bei 10 ccm Lauge ist Neutralität, also $p_h = 7$. Bei weiterem Zusatz von Lauge haben wir eine Lösung von freier Lauge und belanglosem NaCl. Hier können wir in derselben Weise wie vorher p_{oh} und somit p_h berechnen. So erhalten wir die Abb. 12, die unterste Kurve.

Die Kurve ist dadurch ausgezeichnet, daß sie zunächst sehr flach verläuft und dann plötzlich im „Endpunkt der Titration" senkrecht in die Höhe schnellt. In dieser Gegend bewirkt der Zusatz von einigen Tropfen Lauge ein steiles Anwachsen des p_h von etwa 3 bis 11. Wenn wir nun fragen, welche Beziehungen der Umschlagspunkt des Nitrophenols ($p_h = 5$—6) zu dieser Kurve hat, so sehen wir, daß dieser Punkt in den Sprung der Kurve fällt. Nitrophenol gibt uns also den richtigen Endpunkt der Titration an. Wir sehen aber ferner, daß es gar nicht darauf angekommen wäre, daß der Indikator den Punkt $p_h = 5$—6 markiert hätte. Mit einem Indikator von dem Umschlagspunkt $p_h = 7$ (Lackmus) oder 8 (Phenolphthalein) hätte man dasselbe Resultat erhalten.

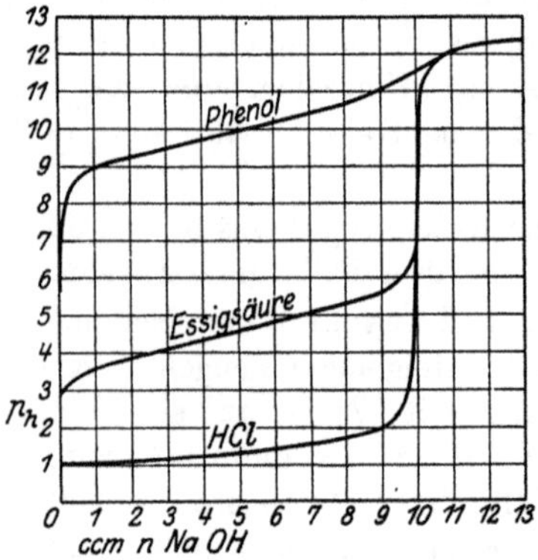

Abb. 12. Titrationskurven. Je 10 ccm HCl, Essigsäure oder Phenol werden mit steigenden Mengen n NaOH versetzt.

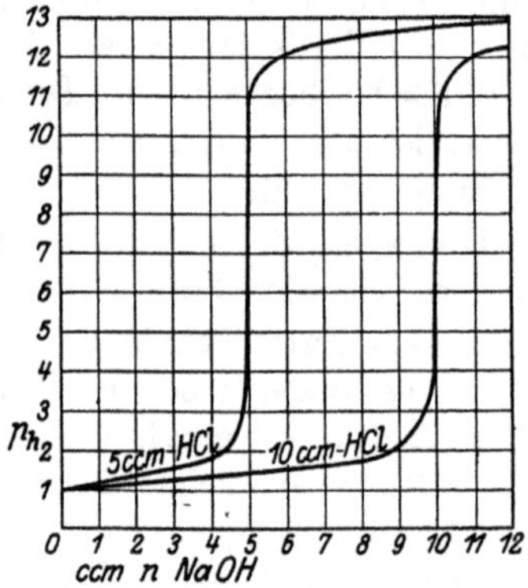

Abb. 13. Titrationskurve von 5 ccm und von 10 ccm n · HCl.

Die Menge Lauge, welche p_h von 5 bis 9 bringt, ist noch nicht einmal ein Tropfen. Hieraus folgt die Regel: *Um eine starke Säure gegen eine starke Lauge zu titrieren, kann man irgendeinen Indikator wählen, dessen Umschlagspunkt zwischen $p_h = 5$ und $p_h = 9$ liegt.*

Zweiter Fall: Schwache Säure und starke Base. Es sollen 10 ccm n Essigsäure, mit Wasser auf 100 ccm verdünnt, mit n NaOH titriert werden. Wir konstruieren wieder ein Diagramm, welche p_h für jede zugesetzte Menge Lauge darstellt.

Zur Berechnung von p_h wenden wir folgende Regeln an:

1. In der reinen Essigsäure wird p_h nach Formel (1a) S. 35 berechnet.

2. Weiterhin haben wir Gemische von freier Essigsäure + Natriumacetat vor uns; wir wenden Formel (1) S. 38 an.

3. Sobald wir den Äquivalenzpunkt erreicht haben, haben wir eine 0,1 n Lösung von reinem Natriumacetat. Hier berechnen wir p_h nach den Hydrolyseformeln (Tabelle S. 77).

4. Bei Überschreitung des Äquivalenzpunktes haben wir verdünnte NaOH; in ihr wird unter Annahme totaler Dissoziation p_{oh} und somit auch p_h gefunden.

So erhalten wir die mittlere Kurve in Abb. 12.

Auch hier ist der Endpunkt der Titration durch einen Sprung im p_h charakterisiert, wenn er auch nicht so hoch ist. Aber der Umschlagspunkt des Nitrophenols (5—6) hat gar keine Beziehung zu diesem Sprung. Der Sprung umfaßt etwa $p_h = 8$—9,5. Zur Markierung dieses Endpunkts können also weder Nitrophenol (5—6), auch kaum Lackmus (7), sondern nur Phenolphthalein (8—8,5) brauchen. Dieses hat eine Dissoziationskonstante $p_k = 9{,}7$ und demnach einen Umschlagspunkt von etwa 8—8,5.

Die Essigsäure ($k = 2 \cdot 10^{-5}$) ist unter den schwachen Säuren noch ziemlich stark. Titrieren wir eine noch schwächere Säure, etwa Borsäure oder Phenol (p_k sei $= 10$), so ergibt sich folgendes Bild (obere Kurve in Abb. 12).

Zur Berechnung von p_h benutzen wir in der reinen Säure Formel (1 a) S. 35, dann (1) S. 38, im Äquivalenzpunkt die Hydrolyseformeln usw.

Es ergibt sich folgendes Bild:

Es entsteht überhaupt kein deutlicher Sprung. Der Äquivalenzpunkt liegt etwa bei $p_h = 11{,}5$. Wollten wir eine Säure wie Borsäure überhaupt titrieren, so könnten wir es nur folgendermaßen machen: Wir versetzen eine Lösung von reinem primärem Natriumborat mit einem geeigneten Indikator (z. B. etwa m-Nitrobenzolazosalicylsäure), versetzen die zu titrierende Borsäurelösung mit der gleichen Menge des Indikators und titrieren bis zur Erreichung der Farbengleichheit mit der Vergleichslösung. Da der p_h-Sprung im Äquivalenzpunkt nur klein ist, ist auch der Farbenübergang in demselben viel allmählicher und die Titration aus freier Hand, ohne Vergleichslösung, kaum zu machen.

Die Fehlergrenzen der Titration sind so je nach den Bedingungen verschieden. Eine Theorie der Titrationsfehler ist von N. Bjerrum gegeben worden. Wir können sie etwa folgendermaßen dahin zusammenfassen, daß der „Titrationsfehler“ um so kleiner ist, je steiler die p_h-Kurve durch den Äquivalenzpunkt läuft.

Im Anschluß hieran wollen wir untersuchen, wie die Mischung einer starken und einer schwachen Säure sich beim Titrieren verhält. Nehmen wir eine Mischung von 10 ccm n HCl und 10 ccm n Essigsäure, füllen auf 100 ccm Volumen auf und titrieren mit n NaOH, so ändert sich p_h in der in Abb. 14 gezeigten Weise.

Die Berechnung von p_h geschieht nach folgenden Regeln:

1. Solange noch freie HCl vorhanden ist, ist die Dissoziation der Essigsäure so gut wie völlig durch die HCl unterdrückt; p_h ist allein aus der freien HCl zu berechnen.

2. Sobald die HCl abgesättigt ist, ist die Berechnung wie in dem Fall Essigsäure + NaOH.

Die Kurve zeigt eine deutlich bemerkbare Aufbiegung, welche dem Ende der freien HCl entspricht und bei p_h = etwa 3 liegt. Ein Indikator, der diesen Punkt anzeigte, würde daher

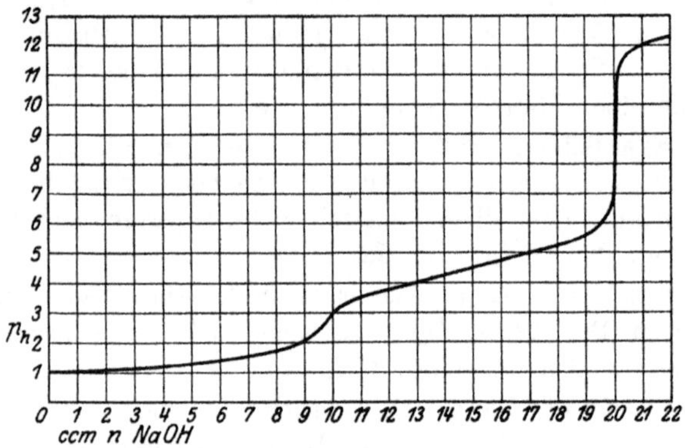

Abb. 14. Titrationskurve eines Gemisches von 10 ccm n-HCl + 10 ccm n-Essigsäure.

gestatten, HCl zu bestimmen. Man könnte z. B. α-Dinitrophenol nehmen, welches sich in seiner Farbe ähnlich wie p-Nitrophenol verhält, aber bei p_h etwa = 3 seine erste Farbe zeigt. Titriert man dann mit Phenolphthalein weiter, so kann man die Essigsäure in demselben Gemisch auch noch bestimmen.

Ein wesentlicher Unterschied besteht zwischen einem einfarbigen und einem zweifarbigen Indikator nicht; aus der optischen Mischung der beiden einzelnen, verschieden gefärbten Komponenten entsteht die Mischfarbe. Betrachtet man eine stark saure, rote und eine stark alkalische, blaue Lackmuslösung, die hintereinander aufgestellt sind, so daß man durch beide hindurchblickt, so erhält man den Eindruck desselben Violett, als wenn man eine Lackmuslösung auf eine geeignete h bringt. Hierauf wird im methodologischen Teil näher einzugehen sein.

28. Die Bestimmung der Wasserstoffzahl oder die Feststellung der aktuellen Acidität.

Die Bestimmung der h kann überhaupt nicht durch irgendeine Titrationsmethode geschehen. Die Standardmethode für diese ist die Messung der elektromotorischen Kraft einer Wasserstoffkonzentrationskette, welche schematisch folgende Zusammensetzung hat. Sie besteht aus zwei Elektroden oder Halbelementen, deren jede aus einem mit Wasserstoffgas beladenen Platinstück, tauchend in eine Flüssigkeit, besteht. Diese Flüssigkeit ist auf der einen Seite eine Lösung von bekannter h, auf der anderen Seite die zu untersuchende Lösung. Auf welche Weise die Flüssigkeitsverbindung zwischen den beiden Lösungen am zweckmäßigsten hergestellt wird, wird im experimentellen Teil besprochen werden. Als bekannte Lösung für die linke Elektrode wollen wir uns zunächst eine Lösung denken, welche einfach normal an H˙-Ionen ist, also $h = 1$ oder $p_h = 0$. Die elektromotorische Kraft π einer solchen Konzentrationskette ist nach der Theorie von Nernst (die wir später begründen werden)

$$\pi = RT \ln \frac{c_1}{c_2}$$

wenn c_1 und c_2 die Konzentrationen der stromliefernden Ionen in den beiden Lösungen sind. Alle anderen Ionenarten außer denen, die die Elektrode zu liefern vermag (d. h. in unserem Falle alle Ionen, außer den H-Ionen) sind belanglos. R ist die Gaskonstante, T die absolute Temperatur, ln der natürliche Logarithmus. Wollen wir π in Volt erhalten und verwandeln die natürlichen Logarithmen gleichzeitig in dekadische, so ist $R = 0{,}0001983$ zu setzen. T ist die Temperatur vom absoluten Nullpunkt gerechnet. Ist t die gewöhnliche Temperatur, so gestaltet sich demnach die Formel für unsere Kette

$$\pi = -0{,}0001983\,(t + 273) \cdot \log h$$

da $h_1 = 1$ ist, oder für 18^0 C

$$\pi = -0{,}0577 \cdot \log h$$

und somit

$$\log h = -\frac{\pi}{0{,}0577}$$

und

$$p_h = \frac{\pi}{0{,}0577}$$

Die Messung der elektromotorischen Kraft ergibt also durch bloße Division mit einem (für eine gegebene Temperatur) konstanten Zahlenfaktor sofort p_h.

Die Ausführung dieser Methode wird im experimentellen Teil beschrieben werden.

Eine zweite Methode zur Messung der Wasserstoffzahl ist die sog. Indikatorenmethode. Wir haben hier eine ganz andere Anwendung der Indikatoren vor uns als beim Titrieren. Man fügt zu der zu untersuchenden Lösung einfach den Indikator und beurteilt p_h aus der Farbnuance. Dies kann auf zweierlei Weise geschehen. Die eine Methode, welche von Sörensen[1]) genau ausgearbeitet worden ist, beruht darauf, daß man eine derartige Pufferlösung ausprobiert, welche dem Indikator die gleiche Nuance erteilt wie der unbekannten Lösung. Die Pufferlösung wird aus gewissen bekannten gut reproduzierbaren Stammlösungen durch Mischung hergestellt und das p_h dieser Mischung ist durch eine Eichung mit Konzentrationsketten ein für alle Male festgestellt. Die andere Methode, die vom Verfasser[2]) ausgearbeitet worden ist, beruht auf der kolorimetrischen Feststellung des Farbgrades bei einfarbigen Indikatoren, indem man ausprobiert, welche relativen Indikatormengen man braucht, um einer Laugenlösung und der unbekannten Lösung die gleiche Farbtiefe zu erteilen. Da die Farbtiefe nur von dem Farbgrad und der Dissoziationskonstante des Indikators abhängt (s. S. 82), ergibt sich hieraus p_h ohne weiteres. Diese Methode bedarf also nicht der Pufferlösungen. Sie ist im Prinzip auch mit zweifarbigen Indikatoren durchführbar und in dieser Form im Prinzip schon von Bjerrum[3]) und schon kurz vor der Arbeit des Verfassers von Gillespie[4]) ausgearbeitet worden; mit einfarbigen Indikatoren ist sie jedoch einfacher; die erforderlichen einfarbigen Indikatoren wurden in genügender, alle p_h umspannender Auswahl erst vom Verfasser angegeben. Beide Indikatorenmethoden sind von der Methode der Konzentrationsketten abhängig; die Methode mit Puffern insofern, als die Eichung der Puffer vermittels der Konzentrationsketten vorgenommen wird, die Methode ohne Puffer insofern,

---

[1]) S. P. L. Sörensen, Biochem. Zeitschr. **21**, 131 (1909).

[2]) L. Michaelis und A. Gyemant, Biochem. Zeitschr. **109**, 166 (1920). — L. Michaelis und R. Krüger, Biochem. Zeitschr. **119**, 307 (1921).

[3]) N. Bjerrum, Die acidimetrische und alkalimetrische Titration. Stuttgart.

[4]) L. J. Gillespie, Journ. of the Americ. chem. soc. **42**, 742 (1920).

als die Bestimmung der Dissoziationskonstante der Indikatoren ebenfalls am besten mit Konzentrationsketten geeicht wird; wenn dies allerdings auch auf anderem Wege, z. B. durch Leitfähigkeitsmessungen möglich ist. Die Ausführung der Indikatormethoden wird im experimentellen methodischen Teil beschrieben.

Eine dritte, historisch die älteste Methode zur Messung der Wasserstoffzahl beruht darauf, daß der katalytische Einfluß einer Lösung auf die Geschwindigkeiten vieler chemischer. Reaktionen, wie die Hydrolyse des Rohrzuckers, der Ester u. a. der h proportional ist; oder der oh proportional ist, wie die Verseifung der Ester. Auch diese Methode soll im methodischen Teil etwas genauer besprochen werden.

29. Die Nachgiebigkeit und die Pufferung[1]).

Mit den Größen: Äquivalentsäuregehalt, Neutralkapazität und Wasserstoffzahl sind die Eigenschaften einer sauren oder alkalischen Lösung noch nicht erschöpft. Es gibt noch eine Größe, welche die Eigenschaften einer sauren oder alkalischen Lösung bestimmt, wie wir an einem Beispiel zunächst erklären wollen. Denken wir uns einen Liter n Essigsäure; in dieser Lösung ist nach S. 35 $h = 3,4 \cdot 10^{-3}$; und zweitens einen Liter einer $3,4 \cdot 10^{-3}$ n HCl. Die beiden Lösungen haben gleiche h, aber eine sehr verschiedene Äquivalentkonzentration an Säure. Sie unterscheiden sich aber noch in einer Eigenschaft. Versetzen wir sie beide mit einem Kubikzentimeter einer $3,4 \cdot 10^{-3}$ normalen NaOH, so ist die relative Änderung von h in beiden Fällen ganz verschieden. Die HCl-Lösung ist neutral geworden, die Essigsäure noch sauer geblieben. Die Essigsäurelösung ist trotz ihrer gleichen h ein größeres Reservoir an Säure, sie enthält sozusagen latente oder potentielle $H^{\cdot}$-Ionen. Die HCl-Lösung ist gegenüber dem Zusatz an Lauge in bezug auf die Änderung an h nachgiebiger. Diese Nachgiebigkeit kann nun keineswegs ohne weiteres als ein Ausdruck des verschiedenen Äquivalentgehaltes betrachtet werden. Das zeigt folgendes Beispiel. Eine Essigsäurelösung einerseits in reinem Wasser, andererseits in n Na-Acetatlösung haben den gleichen Äquivalentgehalt an freier Säure. Versetzt man sie aber beide mit etwas NaOH, so ändert sich in der reinen Essigsäure h viel stärker, als in dem Gemisch. Die reine Säure ist nachgiebiger,

---

[1]) Vgl. hierzu besonders Koppel und K. Spiro, Biochem. Zeitschr. **65**, 409 (1914).

das Gemisch ändert seine h relativ weniger. Diese Nachgiebigkeit ist nun eine Eigenschaft von größter physiologischer Bedeutung. Die im Stoffwechsel auftretenden Säuren (Kohlensäure, Milchsäure) ändern die h der Gewebsflüssigkeit. Die Zweckmäßigkeit des Organismus verlangt nun, daß die Gewebsflüssigkeiten eine derartig geringe Nachgiebigkeit haben, daß die h nicht bis zu einer schädlichen Höhe ansteigt, andererseits aber doch sich so weit vermehrt, um die automatischen Vorrichtungen des Organismus zur Fortschaffung dieser Säuren in Betrieb zu setzen. Der Begriff der Nachgiebigkeit erfordert deshalb eine genaue Definition. Diese läßt sich folgendermaßen geben.

Versetzen wir einen Liter der fraglichen, sauer reagierenden Lösung mit steigenden Mengen n NaOH, so wird wenigstens für eine sehr kleine Strecke die Änderung von p_h der zugesetzten Laugenmenge proportional sein. Zum mindesten gilt dies für unendlich kleine Mengen Lauge. Auf größere Strecken wird die strenge Proportionalität verloren gehen. Bezeichnen wir nun eine sehr kleine zugefügte Laugenmenge mit dL, so ist $\frac{dL}{dp_h}$ ein unmittelbares Maß für die „Pufferung" der Lösung. Wir wollen nun diese Größe für einige Fälle zunächst ausrechnen. Wir können dies graphisch unter Benutzung der Titrationskurven (Abb. 12 und 13, S. 84) tun. Da in diesen p_h auf der Ordinate, L auf der Abszisse dargestellt ist, so ist $\frac{dL}{dp_h}$ in jedem Punkte gleich der Kotangente des Neigungswinkels der Kurve. Wie man sieht, ist für eine gegebene Laugenmenge bei allen Säuren die Pufferung um so größer, je größer die Äquivalentkonzentration an freier Säure ist. Nähert sich diese Konzentration der 0, so nähert sich auch die Pufferung der 0. D. h. in sehr dünnen Säurelösungen bewirken kleine Mengen von Lauge sehr große Änderungen von p_h. Aber nicht nur die Konzentration der freien Säure, sondern auch ihre Natur hat einen Einfluß auf die Pufferung. Vergleichen wir die Kurven für HCl und für eine schwache Säure, wie Essigsäure, so bemerken wir nur bei der letzteren die Ausbildung eines Maximums der Pufferung im Diagramm erkennbar durch einen Flachwendepunkt, neben dem immer vorhandenen Minimum in Gestalt eines Steilwendepunktes. Der Flachwendepunkt liegt bei halber Äquivalentabsättigung, d. h. bei Gegenwart von gleichen Mengen freier Essigsäure und Natriumacetat.

Analytisch kann man das folgendermaßen beweisen: Bezeichnet man die gesamte Essigsäuremenge der Lösung mit S, die zugegebene Laugenmenge mit L, so ist S — L die freie Essigsäure, und L gleich dem Natriumacetat. Nun ist in einer Mischung von Essigsäure und Natriumacetat

$$h = k \cdot \frac{[\text{freie Säure}]}{[\text{Natriumacetat}]} = k \cdot \frac{S - L}{L}$$

also

$$p_h = -\log k - \log\left(\frac{S}{L} - 1\right)$$

und die Pufferung ν

$$\nu = \frac{dL}{dp_h} = -\frac{dL}{d\log\left(\frac{S}{L} - 1\right)} = \frac{L}{S} \cdot \frac{(S - L)}{\log e} \qquad \text{(I)}$$

Das Maximum der Pufferung ist dadurch bestimmt, daß

$$\frac{d\nu}{dL} = \frac{(S - 2L)}{S \cdot \log e} = 0$$

d. h. daß

$$L = \frac{S}{2} \qquad \text{(II)}$$

Es liegt also bei einem Gemisch von gleichen Mengen Essigsäure und Natriumacetat.

Der zahlenmäßige Betrag der Pufferung ν in einem Gemisch aus einer schwachen Säure und ihrem Salz ergibt sich aus (I)

$$\nu \cdot \log e = N = \frac{\text{gebundene Säure}}{\text{gesamte Säure}} \times \text{freie Säure} \qquad \text{(III)}$$

Wenn wir der Einfachheit halber, um den konstanten Zahlenfaktor log e nicht immer mitrechnen zu müssen, eine kleine Änderung der Definition eintreten lassen, und unter „Pufferung" N die Größe $\nu \log e$ verstehen, wo ν seine frühere Bedeutung $\frac{dL}{dp_h}$ hat, so kommen wir zu dem sehr einfachen Ausdruck (III) für die Pufferung. Die Formel gilt nur für eine Mischung von Säure mit ihrem Salz und nur in demselben Bereich, in dem die Näherungsformel

$$h = k \cdot \frac{\text{freie Säure}}{\text{Salz}}$$

gültig ist. Man kann dieses Bereich etwa einschätzen zwischen $p_h = p_k + 2$ und $p_h = p_k - 2$. Den reziproken Wert $\frac{1}{N}$ können wir die Nachgiebigkeit nennen.

In der Formel (III) kommt die Dissoziationskonstante der Säure nicht vor. Daraus folgt:

Die Nachgiebigkeit und somit auch die Pufferwirkung eines Säure-Salzgemisches ist von der Natur der Säure unabhängig. Die ziemlich starke Essigsäure und die sehr schwache Borsäure haben im Gemisch mit ihren Na-Salzen die gleiche Pufferwirkung; nur liegt das Maximum der Pufferwirkung bei einem anderen p_h. Dieses Maximum ergibt sich folgendermaßen: Aus (II) folgt, daß es bei einer Mischung von gleichen Teilen Säure und Salz liegt; in dieser Mischung ist aber $h = k$, wo k die Dissoziationskonstante der Säure ist. Die Stärke der Säure beeinflußt also nur das h-Bereich, in welchem die Säure im Gemisch mit ihrem Salz als guter Puffer wirkt.

Es wird jetzt ohne weiteres klar sein, was man unter einer gut oder schlecht gepufferten Lösung versteht; die Größe der soeben definierten Pufferung ist der Maßstab hierfür. Schlecht gepuffert sind: destilliertes Wasser, ClNa-Lösungen; auch noch relativ gering gepuffert ist Fluß- und Meerwasser; viel besser Blut, und noch besser eine der eigentlichen Pufferlösungen des Laboratoriums.

Die erste zielbewußte und erschöpfende Darlegung dieser Verhältnisse wurde von Koppel und Spiro (l. c.) gegeben. Ihre Ableitung ist formal anders als die hier gegebene, welche sich enger an die in den früheren Kapiteln gegebenen Entwicklungen anschließt. Koppel und Spiro gehen natürlich auch von der Überlegung aus, daß von zwei Lösungen von gleichem p_h, von denen die eine nur eine starke Säure, die andere ein Puffergemisch enthält, die erstere gegen Zusatz von Lauge in bezug auf die Änderung des p_h empfindlicher ist als die zweite. Sie nennen die Wirkung des Puffers eine „moderierende", die Puffer selbst in diesem Sinne „Moderatoren".

Unter „Nachgiebigkeit" einer Lösung schlechtweg verstanden wir soeben diejenige gegen den Zusatz einer kleinen Menge einer starken Säure bzw. Lauge (HCl, NaOH). Ein praktisch noch größeres Interesse aber hat die Nachgiebigkeit einer Pufferlösung gegen Zusatz einer kleinen Menge der Puffersäure selbst. Der gewöhnlichste physiologisch vorkommende Puffer ist das System $CO_2 + NaHCO_3$. Im Stoffwechsel entsteht nun dauernd CO_2, und es fragt sich, welches die „spezielle Pufferung" eines solchen Carbonatpuffers gegen den Zusatz von freier CO_2 ist. In einem Gemisch einer freien schwachen Säure in der Konzentration A und ihres Alkalisalzes in der Konzentration S ist

$$h = k \cdot \frac{A}{S}$$

also

$$p_h = -\log k - \log A + \log S$$

Fügen wir die CO_2-Menge dA hinzu, so ist also

$$\frac{dA}{dp_h} = -\frac{A}{\log e}$$

Wir können nun, in Anlehung an die obigen Definitionen, $-\frac{dA}{dp_h} \cdot \log e = N'$ als die „spezielle Pufferung" des Puffers bezeichnen, und finden diese:

$$N' = \frac{1}{A}$$

Die spezielle Pufferung einer Puffermischung von $CO_2 + NaHCO_3$ ist daher von der Bicarbonatmenge des Puffers unabhängig, und der freien CO_2-Menge umgekehrt proportional.

Dieses beachtenswerte Gesetz bewirkt einen Selbstschutz des Organismus gegen die durch die CO_2-Vermehrung hervorgerufene p_h-Änderung im Blut. Eine CO_2-Zugabe zum Blut bewirkt eine gewisse Änderung des p_h, welche die Automatismen zur Ausscheidung von CO_2 in Gang setzt. Versagen diese Automatismen wegen übermäßiger Inanspruchnahme einmal vorübergehend, so bewirkt eine wachsende Anhäufung von CO_2 zum Blut eine relativ immer geringer werdende p_H Änderung. Wir werden ferner sehen, daß das Blut bei der Acidose eine kleinere Menge freier CO_2 enthält als normalerweise. Die spezielle Nachgiebigkeit eines solchen Blutes ist gegen die Norm vermindert, das acidotische Blut ist schlechter gepuffert als das normale.

C. Die Dissoziation der starken Elektrolyte.

Inhaltsübersicht.

Die starken Elektrolyte scheinen in ihrem Dissoziationsgleichgewicht vom Massenwirkungsgesetz abzuweichen. Das beruht aber nur auf einer falschen Deutung, welche man früher den Leitfähigkeitsmessungen gab; aus ihnen berechnete man den Dissoziationszustand der starken Elektrolyte in einer Weise, welche der Kritik nicht mehr Stand hält. Die Verbesserungen dieser früher gemachten Ungenauigkeiten bemüht sich die Aktivitätstheorie zu geben, welche nach Darlegung der in der Literatur vorhandenen Gesichtspunkte in eine dem Physiologen genügende, einfache Form gebracht wird. Die starken Elektrolyte sind praktisch stets total dissoziiert und sie bewirken, daß die Dissoziationskonstanten der etwa neben ihnen in Lösung befindlichen schwachen Elektrolyte scheinbar erhöht werden. Für physiologische Verhältnisse haben nicht die absoluten, sondern nur die auf den physiologischen Salzgehalt reduzierten Dissoziationskonstanten der schwachen Elektrolyte — z. B. der Kohlensäure — Bedeutung.

30. Die Abweichungen vom Massenwirkungsgesetz und ihre Deutung.

Bisher legten wir allen Betrachtungen die Annahme zugrunde, daß die „starken" Elektrolyte unter allen Umständen total dissoziiert seien und auf das Gleichgewicht der Ionen keinen anderen außer dem durch das Massenwirkungsgesetz vorgeschriebenen Einfluß haben. Diese Annahmen sind um so besser gültig, je geringer die Konzentration der starken Elektrolyte ist. Es ist nun unsere Aufgabe, die für höhere Konzentrationen erforderlichen Korrekturen einzuführen. Der große Reiz dieses Problems liegt aber nicht allein in der immerhin nicht sehr bedeutenden Korrektur unserer früheren Berechnungen, sondern auch besonders in den theoretischen Erörterungen über das Wesen dieser Abweichungen. Rätselhafte Abweichungen von sonst gesicherten Gesetzen der physikalischen Chemie beginnen durch diese Untersuchungen erst allmählich sich aufzuklären; unsere Darstellung der ganzen Sache ist ein vorläufiger Versuch, und vieles ist noch bis zu einer endgültigen Lösung zu leisten [1]) und die Lektüre dieses Abschnittes wird noch nicht den Grad von Befriedigung erzeugen können wie ein schon abgeklärtes Kapitel einer exakten Naturwissenschaft.

Die Besonderheit der starken Elektrolyte zeigte sich zunächst in den scheinbaren Abweichungen vom Massenwirkungsgesetz, die bei ihrer Dissoziation zutage treten. Zur Einführung in dieses Problem stellen wir uns die Aufgabe, z. B. die Dissoziationskonstante des KCl zu bestimmen, welche nach dem Massenwirkungsgesetz definiert werden müßte als die Größe k

$$k = \frac{[KCl]}{[K^{\cdot}] \cdot [Cl']}$$

Die Methode, dieses k zu bestimmen, erscheint auf den ersten Blick einfach. Man braucht nur in KCl-Lösungen wechselnder Konzentration den Dissoziationsgrad zu bestimmen. Ist dieser $= \alpha$, so ist

$$k = \frac{\alpha^2}{1 - \alpha} \cdot c$$

wenn c die Gesamtkonzentration des KCl ist: das Ostwaldsche Verdünnungsgesetz, welches zur Ermittlung der Dissoziationskonstante schwacher Elektrolyte so gute Dienste geleistet hat. Als

---

[1]) Über die älteren Anschauungen s. K. Drucker, Anomalie der starken Elektrolyte, Stuttgart 1905.

vorzüglichste Methode zur Bestimmung des Dissoziationsgrades betrachtete man stets die Leitfähigkeitsmethode. Ihr liegen folgende Annahmen zugrunde: 1. Die Leitfähigkeit der Lösung eines Elektrolyten setzt sich rein additiv aus der Leitfähigkeit der einzelnen Ionen zusammen. 2. Jede einzelne Ionenart besitzt eine innerhalb weiter Grenzen der Konzentration konstante molare Leitfähigkeit. Diese ist proportional der (konstant angenommenen) Beweglichkeit der Ionenart, d. h. der Geschwindigkeit, welcher einem Ion unter der Wirkung eines homogenen elektrischen Feldes von der Einheitsgröße erteilt wird. Aus diesen Annahmen ergibt sich als Maß für den Dissoziationsgrad α eines Elektrolyten

$$\alpha = \frac{\Lambda}{\Lambda_\infty}$$

Hier bedeutet Λ die molare Leitfähigkeit der Elektrolyten bei der Konzentration c. (d. h. die spezifische Leitfähigkeit bei dieser Konzentration c, dividiert durch c), und Λ_∞ den Grenzwert dieser molaren Leitfähigkeit für unendliche Verdünnung. Bei unendlicher Verdünnung kann auf alle Fälle die Dissoziation jedes Elektrolyten vollständig, $\alpha = 1$, gesetzt werden. Wendet man diese Regel für einen schwachen Elektrolyten an, so erhält man, wie tausendfältige Erfahrungen gezeigt haben, ein von der Konzentration unabhängiges k, z. B. für Essigsäure

$\frac{1}{c}$	Λ	100 α beob.	berechnet für $p_k = 4{,}75$
0,994	1,27	0,402	0,42
2,02	1,94	0,614	0,60
15,9	5,26	1,66	1,67
18,1	5,63	1,78	1,78
1500	46,6	14,7	15,0
3010	64,8	20,5	20,2
7480	95,1	30,1	30,5
15000	129	40,8	40,1

Versuchen wir jetzt, dieses Gesetz für KCl anzuwenden, so erhalten wir überhaupt keinen konstanten Wert für k, sondern dieser hat einen Gang. Es steigt mit der Konzentration bedeutend. Dieses gilt für alle ganz starken Elektrolyte wie HCl, HBr, HJ, NaOH, KOH, sowie sämtliche Salze, selbst Salze wie Ammonacetat u. dgl. Deutliche Andeutungen dieses Verhaltens finden sich schon bei den allerstärksten unter den schwächeren Elektrolyten, wie Pikrinsäure, Weinsäure. Die

Tabellen zeigen das Verhalten für KCl, KOH und HCl, Natriumacetat, berechnet aus den Leitfähigkeitsmessungen von Kohlrausch und seinen Mitarbeitern:

c (in Molarität)	KCl		HCl[1]		KOH[2]		Natriumacetat[3]	
	α	k	α	k	α	k	α	k
0,001	0,973	0,043	(0,993)	(0,14)	(0,981)	(0,06)	(0,958)	0,022
0,01	0,941	0,16	0,972	0,34	0,917	0,10	0,894	0,077
0,1	0,861	0,56	0,920	1,06	0,894	0,75	0,778	0,273
1,0	0,755	2,3	0,791	3,0	0,771	2,6	0,525	0,58
3,0	0,679	4,3	0,565	7,2	0,590	2,6	0,278	0,32

Rein empirisch ist versucht worden, das k anders zu definieren, es gibt eine Formel von van't Hoff[4]), sowie eine solche von Rudolphi[5]); die erstere ist:

$$\frac{\alpha^3 \cdot c}{(1-\alpha)^2} = k$$

die letztere ist:

$$\frac{\alpha^2 \sqrt{c}}{(1-\alpha)} = k$$

Es sind beides praktisch brauchbare Interpolationsformeln.

Eine Deutung dieser Erscheinungen hat schon Arrhenius[6]) versucht. Er nimmt an, daß durch die erfahrungsgemäß beim Lösen von Salzen auftretende Volumkontraktion des Wassers („Elektrostriktion“) die Dielektrizitätskonstante, der osmotische Druck und die Beweglichkeit der Ionen geändert werde. Infolgedessen wird durch die Auflösung eines starken Elektrolyten mit steigender Konzentration die Dielektrizitätskonstante und somit das dissoziierende Vermögen des Lösungsmittels für den Elektrolyten immer mehr erhöht. Um diesen Gedanken zu beweisen, stellte er auch fest, daß die Dissoziationskonstante eines schwachen Elektrolyten (Essigsäure) erhöht wird, wenn man der Lösung einen starken Elektrolyten (wie NaCl) hinzufügt. So wurde das Inversionsvermögen von Essigsäurelösungen auf Rohrzucker durch Salzzusatz erhöht. Nach Abzug desjenigen Teilbetrages, den Arrhenius dem rein „katalytischen“ Einfluß des Salzes zuschrieb, fand er noch eine weitere Beschleunigung der Katalyse durch die

[1]) $\Lambda_\infty = 380{,}5$ gesetzt.

[2]) $\Lambda_\infty = 238{,}6$ gesetzt.

[3]) $\Lambda_\infty = 78{,}5$ gesetzt.

[4]) van't Hoff, Zeitschr. f. physikal. Chem. 18, 300. 1895.

[5]) C. Rudolphi, Zeitschr. f. physikal. Chem. 17, 385. 1895.

[6]) Sv. Arrhenius, Zeitschr. f. physikal. Chem. 31, 198 (1899).

Salze, welche er der erhöhten Dissoziation der Essigsäure in Gegenwart von Salzen zuschrieb.

Aber auch ohne solche speziellen Vorstellungen zu machen, haben weitblickende theoretische Chemiker schon lange erkannt, daß der Widerspruch zum Massenwirkungsgesetz nur scheinbar ist. Im Lehrbuch von Nernst heißt es: „höchst wahrscheinlich ist hier aus noch unbekannten Gründen weder das elektrische Leitungsvermögen noch der osmotische Druck (Gefrierpunktserniedrigung) ein genaues Maß für den Dissoziationsgrad".

Eine zweite Methode zur Bestimmung des Dissoziationsgrades ist nämlich die Bestimmung der Gefrierpunktserniedrigung. Man kann aus dieser die molare Konzentration der Lösung berechnen und in Beziehung setzen zu der molaren Konzentration, wie sie bei Annahme des Fehlens der Dissoziation erwartet werden müßte. Ist die letztere c, die erstere $c \cdot i$ (i = der „van't Hoffsche Koeffizient"), so ist bei einem binären Elektrolyten $i - 1 = \alpha$. Es ist nun auffällig, daß die nach dieser Methode berechneten α-Werte sich mit denen nach der Leitfähigkeitsmethode nicht genau decken.

Es gibt aber noch eine Methode zur Bestimmung von α, die Konzentrationsketten. Sie ist für eine ganze Reihe von Elektrolyten anwendbar. Man kann die Konzentration der $H^{\cdot}$-, OH'-, Cl'-Ionen und einiger anderer mit Konzentrationsketten messen und so den Dissoziationsgrad vieler Säuren wie HCl, HNO_3, und Salze wie KCl, NaCl u. a. bestimmen. Genaue Untersuchungen hierüber stammen erst aus letzter Zeit [1]), welche die Methodik der Konzentrationsketten sehr verbessert hat. Nun hat N. Bjerrum darauf aufmerksam gemacht, daß die mit den drei Methoden erhaltenen Werte von α nicht übereinstimmen. Folgende Tabelle von Bjerrum gibt darüber Auskunft. Der scheinbare Dissoziationsgrad nach der Gefrierpunktsmethode, f_0, wird der osmotische Faktor genannt; analog der Leitfähigkeitsfaktor f_μ, und der aus Konzentrationsketten bestimmte „Aktivitätsfaktor" f_a

[1]) Zu erwähnen ist, daß schon O. Jahn (Zeitschr. f. physikal. Chem. **33**, 545 und **35**, 1 (1900) eine Unstimmigkeit zwischen den Dissoziationsgraden der starken Elektrolyte fand, je nachdem er sie aus Messungen von Leitvermögen oder von Konzentrationsketten berechnete. Auch er erkannte, daß die Leitfähigkeitsdaten irreführen, während er der Berechnung aus den Konzentrationsketten vollen Wert beilegte.

Scheinbarer Dissoziationsgrad von KCl

Mol. Konzentration	f_0	f_μ	f_a
0,001	0,985	0,979	0,943
0,01	0,969	0,941	0,882
0,1	0,932	0,861	0,762
1,0	0,854	0,755	0,558

Bei den niedersten Konzentrationen übersteigen die Abweichungen die Fehler der Methoden nicht wesentlich, wohl aber über jeden Zweifel bei den höheren Konzentrationen. Da also drei verschiedene Methoden drei verschiedene Resultate geben, hat man Recht, an der Verläßlichkeit aller dreier zu zweifeln, d. h. daran zu zweifeln, ob diese drei Methoden denn wirklich den Dissoziationsgrad ergeben.

Den Schlüssel zur Lösung dieses Rätsels geben offenbar folgende Betrachtungen, die auf den Untersuchungen von Bjerrum, Milner und Ghoch beruhen.

In der Formel des Massenwirkungsgesetzes wenden wir überall die Konzentrationen der reagierenden Molekül- oder Ionenarten an. Das ist nur berechtigt, solange die Konzentration der aktiven Masse proportional ist. Bei Reaktionen in gasförmigen Systemen oder bei Reaktionen zwischen elektroneutralen Molekülen in Lösungen läßt sich der Begriff der aktiven Masse genau definieren. Er ist nämlich eine Größe, welche dem osmotischen Partialdruck der betreffenden Molekülart proportional ist. Das wirkliche Massenwirkungsgesetz, wie es sich thermodynamisch beweisen läßt, macht gar keine Aussage über das Verhältnis von irgendwelchen Konzentrationen, sondern von Drucken[1]). Da nun im idealen Gaszustand und im Zustand äußerst verdünnter Lösung der osmotische Druck einer Molekülart ihrer Konzentration proportional ist, so kann man für elektroneutrale Moleküle im verdünnten Zustand statt des Verhältnisses der Drucke das Verhältnis der Konzentrationen setzen. Für höhere Konzentrationen trifft dies bekanntlich nicht mehr zu. Nun kann man bei unelektrischen Molekülen (Saccharose) Konzentrationen bis etwa zu einfach normal herauf mit sehr guter Annäherung wie unendlich verdünnte behandeln. In konzentrierterem Zustande wird der osmotische Druck durch die zwischen den Molekülen herrschenden Attraktionskräfte beeinflußt und ist daher der Konzentration nicht

[1]) Arrhenius hatte deshalb schon von dem „Druckwirkungsgesetz“ im Gegensatz zum „Massenwirkungsgesetz“ gesprochen.

mehr proportional, sondern wächst langsamer als diese. Man nahm nun stillschweigend an, daß man bei Ionen den Zustand „unendlicher Verdünnung“ etwa bis zu denselben Konzentrationen ansetzen dürfe, wie bei den elektroneutralen Molekülen. Die Unmöglichkeit, die Konzentration einer einzelnen Ionenart experimentell zu bestimmen, war dieser stillschweigenden Annahme förderlich. In ihr steckt aber der Fehler der Betrachtung. Machen sich bei elektroneutralen Molekülen Attraktionskräfte erst in mehr als einfach molaren Konzentrationen bemerkbar, so muß dies bei Ionen mit ihren freien Ladungen schon bei viel größerer Verdünnung der Fall sein. Es kann aber auch nicht richtig sein, daß die Leitfähigkeit einer Elektrolytlösung in konzentriertem Zustand sich einfach additiv zusammensetzt aus den Leitfähigkeiten der Ionen, wie man sie in sehr verdünnten Lösungen findet, denn Ionen in konzentriertem Zustand können sich unmöglich kräftefrei gegeneinander verschieben lassen. Hieraus folgt aber, daß uns die Leitfähigkeitsmessungen in ionenreichen Lösungen kein richtiges Bild von dem Dissoziationsgrad geben; sie müssen wenigstens bei starken Elektrolyten immer einen zu geringen Dissoziationsgrad vortäuschen. Da nun dieser scheinbare Dissoziationsgrad in starken Elektrolyten immer sehr groß, d. h. nicht viel kleiner als 1 ist, so stellten die genannten Autoren die Hypothese auf, daß die sog. starken Elektrolyten immer total dissoziiert sind.

Diese Hypothese läßt sich vorläufig nicht als exakt gültig beweisen. Wahrscheinlich ist sie immerhin, in Analogie mit der gesicherten Erkenntnis, daß im festen, krystallisierten Zustand z. B. undissoziierte KCl-Moleküle nicht existieren, sondern nur in einem Raumgitter angeordnete $K^{\cdot}$- und Cl'-Ionen. Sagen wir aber statt „total“ „fast total“ oder „praktisch total“ dissoziiert, so dürften wir hier auf alle Fälle der Wahrheit viel näher kommen als mit der älteren Annahme. Wir nehmen also mit Bjerrum an, daß z. B. in einer 1 n KCl die Molekülart KCl praktisch überhaupt nicht vorhanden ist, die Ionen $K^{\cdot}$ und Cl' aber je in einfach molarer Konzentration. Die aktive Masse der $K^{\cdot}$- oder Cl'-Ionen ist aber in 1n KCl-Lösung aus den erörterten Gründen weniger als 1000mal so groß anzunehmen als in einer 0,001 n Lösung.

Die Veranlassung für Bjerrum zur Aufstellung der Hypothese der totalen Dissoziation der starken Elektrolyte war seine Beobachtung, daß die Lichtabsorption in Lösung farbiger starker Elektrolyte ganz unabhängig von ihrer Konzentration und anderen Stoffen ist, sofern nur keine

Komplex-Ionen gebildet werden. Ein geeignetes Versuchsbeispiel waren die Chromsalze, weil bei diesen die Bildung etwaiger komplexer Ionen sehr langsam vor sich geht und man komplexfreie Lösungen beobachten kann, was bei anderen Metallsalzen, wie Fe, nicht so leicht ist. Es fand sich, daß die Farbenabsorption von 1 Gramm-Molekül Chromsalzen ganz unabhängig von der Konzentration ihrer Lösung und von der Art der Säure war, aus dem das Chromsalz bestand. Da nun bei allen schwachen gefärbten Elektrolyten (Indikatoren) eine Änderung des Ionisationszustandes mit einer Änderung der Farbe verbunden ist, schloß Bjerrum daraus, daß bei den Chromsalzen der Dissoziationszustand sich mit der Verdünnung nicht änderte, im Gegensatz zu dem, was die molekulare Gefrierpunktserniedrigung anzuzeigen schien. Von den beiden Möglichkeiten, die Chromsalze entweder als stets undissoziiert oder als stets total dissoziiert anzunehmen, entschied er sich für die letztere. Sie ist die naheliegendere, weil die andere Annahme auf Grund unserer heutigen Vorstellung mit dem Leitvermögen der Salze nicht vereinbar ist, und weil sie mit den Schlüssen, die aus der Gefrierpunktserniedrigung gezogen wurden, immerhin in sehr viel besserer Übereinstimmung steht.

Durch diese Hypothese sind wir über die Konzentration der Ionen in Lösungen starker Elektrolyte vorläufig orientiert. Das Problem besteht nun darin, auch über die Leitfähigkeit, den osmotischen Druck und die aktive Masse quantitative Vorstellungen zu erhalten.

31. Einfluß der Ionenladung auf die Leitfähigkeit.

Hertz[1]) untersuchte schon 1912 die Beeinflussung des Leitvermögens der Ionen durch die elektrischen Kräfte, die zwischen ihnen wirksam sind, und kam zu dem Resultat, daß das Leitvermögen der Ionen mit zunehmender Konzentration abnehmen muß, auch wenn keine Änderung des Dissoziationsgrades eintritt. Da in seinen Berechnungen quantitativ nicht genau bekannte Größen eine Rolle spielen, wie die freie Weglänge der Ionen, so muß es der künftigen Forschung überlassen bleiben, seine Rechnung quantitativ nachzuprüfen. Qualitativ ist die Behauptung von Hertz jedenfalls unbestreitbar, daß in einer Mischung von positiven und negativen Ionen in höheren Konzentrationen die Leitfähigkeit nicht einfach additiv die Summe der Leitfähigkeiten der einzelnen Ionenarten ist, wie man dieselbe in verdünntesten Lösungen bestimmt. Folglich ist es auch zweifellos unrichtig, $\Lambda : \Lambda_\infty$ einfach als den „Dissoziationsgrad" zu deuten.

[1]) J. Hertz, Ann. d. Physik (4) 37, 1 (1912).

Einen aussichtsvollen Weg zur Berechnung der Leitfähigkeit starker Elektrolyte hat neuerdings J. Chandra Ghoch[1]) beschritten. Er geht davon aus, daß in einer elektrolythaltigen Lösung das Potential, welche die einzelnen Ionen aufeinander haben, nicht verschwindet (s. den nächsten Abschnitt). Bezeichnet man das „Selbstpotential" der elektrostatischen Wechselwirkung in einer Ionenlösung pro Mol eines n-wertigen total dissoziierten Elektrolyten mit A, so verhält sich die elektrische Leitfähigkeit dieser Lösung so, als ob nur der Bruchteil $n \cdot e^{-\frac{A}{nRT}}$ des Moles frei beweglich wäre, während der Rest an der Stromleitung nicht teilnähme.

Dieser zweite Anteil ist derjenige, welcher nach der älteren Anschauung als nicht-dissoziierte Moleküle betrachtet wurde. Nach Ghoch ist aber der Elektrolyt in Lösung völlig in seine Ionen gespalten, wie ja auch nach der modernen Theorie der Krystallstruktur ein Salz im krystallisierten, festen Zustand ganz in seine Ionen gespalten ist. Nun hat sich hier eine Verschiebung des Begriffes „Ion" eingeschlichen, welche zwar berechtigt ist, aber nicht stillschweigend übergangen werden kann. Seitdem die Theorie der elektrolytischen Dissoziation besteht, verstand man unter Ionen geladene Moleküle (oder „Halbmoleküle"), welche unter der Wirkung des Stromes sich bewegen, aber nicht erst durch den Strom aus den ungeladenen Salzmolekülen abgespalten werden. Zwei Eigenschaften mußten also verbunden sein, um das Ion zu charakterisieren, die freie Ladung und die freie Beweglichkeit. Nachdem man erkannt hatte, daß auch im Krystall nur diese geladenen „Halbmoleküle", aber überhaupt keine eigentlichen Salzmoleküle vorhanden sind, nannte man diese ebenfalls Ionen, obwohl ihnen das zweite Merkmal, die freie Beweglichkeit, fehlt. Je nach der Definition des Ions wird man also entweder sagen: ein gelöster Elektrolyt ist stets total in Ionen dissoziiert, aber nur ein Bruchteil davon ist frei beweglich; oder: ein gelöster Elektrolyt ist stets nur zu einem Bruchteil in Ionen dissoziiert. Es scheint, daß die erstgenannte, neuere Auffassung von Ghoch in der Zukunft die herrschende werden wird. Es ist sogar durchaus möglich, daß diese Anschauung nicht nur für die starken Elektrolyten, sondern überhaupt für alle Elektrolyte zutrifft. Eine schwache Säure wäre dann unter allen Umständen eine Pseudosäure (s. S. 32), welche in zwei tautomeren Formen existiert, von denen die eine überhaupt nicht dissoziiert und die andere stets total dissoziiert ist.

Die Größe $\alpha = \frac{\Lambda}{\Lambda_\infty}$ berechnet sich, wenn sie nicht als Dissoziationsgrad, sondern im Sinne von Ghoch als Wirkung des Selbstpotentials A gedeutet wird, $= e^{-\frac{A}{nRT}}$, oder es ist

$$A = -n \cdot RT \ln \alpha$$

Verdünnt man die Lösung des Elektrolyten, so ändert sich der mittlere Ionenabstand, folglich auch das Selbstpotential, es wird also bei unendlicher Dilatation der Lösung eine elektrische Arbeit geleistet im Betrage $\frac{e^2}{D \cdot r}$, wo

---

[1]) J. Chandra Ghoch, Transact. Chem. Soc. London, **118**, 449, 627, 707, 790 (1918); Zeitschr. f. physikal. Chem. **28**, 211 (1921); s. dazu auch: H. Kallmann, Zeitschr. f. physikal. Chem. **98**, 433 (1921).

e das elektrische Elementarquantum (die Ladung eines Ions), D die Dielektrizitätskonstante und r den anfänglichen mittleren Ionenabstand bedeutet. Nun ist

$$r = \sqrt[3]{\frac{V}{2 N_0}}, \quad (N_0 \text{ Zahl der Moleküle pro Mol, V Volumen der Lösung})$$

und somit

$$A = \frac{N_0 e^2 \sqrt[3]{2 N_0}}{D \sqrt[3]{V}},$$

und daher

$$\frac{N_0 e^2 \sqrt[3]{2 N_0}}{D \sqrt[3]{V}} = 2 RT \ln \alpha.$$

Hieraus läßt sich α berechnen, und es findet sich, daß die gefundenen und berechneten Werte für α bei zahlreichen starken Elektrolyten gut übereinstimmen, wenn man gleichzeitig annimmt, daß ihre Dissoziation bei jeder Konzentration vollkommen ist.

32. Einfluß der Ionenladung auf die Gefrierpunktserniedrigung.

In zwei ausgezeichneten Arbeiten weist Milner[1]) nach, daß in einer Mischung von gleichviel positiven und negativen Ionen die elektrostatischen Kräfte einen eigentümlichen Einfluß haben auf die durchschnittliche räumliche Verteilung der Ionen. Er wendet hierzu ein von Boltzman aufgestelltes Theorem an. Wenn eine große Zahl von Molekülen auf einen bestimmten Raum verteilt ist, so haben je zwei benachbarte Moleküle voneinander zu einer gegebenen Zeit verschiedene Entfernungen, für die man einen ganz bestimmten statistischen Mittelwert angeben kann. Sind diese Moleküle nun Ionen, und zwar gleichviel positive und negative Ionen, so ergibt sich, daß die Entfernung je zweier benachbarter elektrisch gleichnamiger Ionen, welche sich ja abstoßen, im Durchschnitt etwas größer ist, als die durchschnittliche Entfernung zweier ungleichnamiger Ionen, welche sich anziehen. Zwischen zwei einwertigen Ionen besteht ein Potential im Betrage von $\frac{e^2}{r}$, wenn e die Ladung eines Ions und r die Entfernung ist. Dieses Potential hat zwischen gleichnamigen Ionen das umgekehrte Zeichen wie zwischen ungleichnamigen (Abstoßung und Anziehung). Wäre nun die durchschnittliche Entfernung je zweier benachbarter gleichnamiger Ionen und ungleichnamiger Ionen einander gleich, so wäre die algebraische Summe sämtlicher Einzelpotentiale = 0. Da diese indessen nicht gleich ist, so ist das Gesamtpotential von 0 verschieden und es resultiert ein durchschnittliches Potential in dem Sinne, daß die Anziehung die Abstoßung überwiegt. In einer solchen Lösung ist also eine gewisse Summe potentieller Energie aufgespeichert.

---

[1]) S. R. Milner, The Virial of a Mixture of Tons. Phil. Mag. **23**, II, 551 (1912); The Effect of Interionic Forces on the Osmotic Pressure of Electrolytes. Ibid **25**, II, 742 (1913).

Dieses Ergebnis benutzt Milner in der zweiten Abhandlung dazu, um den Einfluß der Ionenladung auf die Gefrierpunktserniedrigung der Lösung zu berechnen. Als Ergebnis der sehr komplizierten Rechnungen kommt heraus, was Abb. 15 zeigt. Diese Abbildung zeigt, wie für einen Elektrolyten aus zwei einwertigen Ionen die molare Gefrierpunkterniedrigung sich mit der Konzentration ändern müßte unter Annahme des gewöhnlichen Massenwirkungsgesetzes (gestrichelte Kurve) und zweitens nach der Berechnung von Milner (ausgezogene Kurve). Die Kreuze zeigen die für KCl aus Gefrierpunktsbestimmungen gefundenen Werte an. Mit Ausnahme der niedersten Konzentrationen, bei denen die Experimente unsicher sind, und der höchsten Konzentration, bei der die Genauigkeit der Rechnung unsicher wird, stimmen die beobachteten und die berechneten Punkte gut überein. Bjerrum nennt den Einfluß der Ionen aufeinander bezüglich ihres osmotischen Druckes den Milnereffekt. Es ist daher nicht nötig, eine irgendwie meßbar unvollkommene Dissoziation der KCl anzunehmen, um den Gang der Gefrierpunktserniedrigung zu erklären.

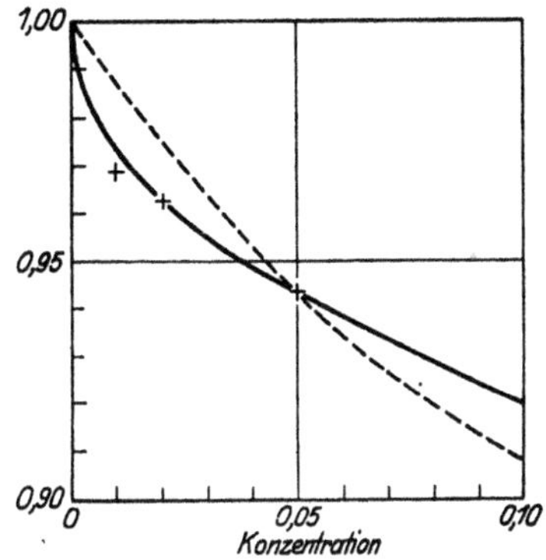

Abb. 15. (Nach Bjerrum.)

33. Die drei Abweichungskoeffizienten f_0, f_μ, f_a nach Bjerrum.

Um also aus der Konzentration eines Ions, c, seinen relativen osmotischen Druck zu berechnen (wobei der osmotische Druck einer Lösung, welche den Charakter eines idealen Gases hätte, gleich 1 gesetzt wird), muß man diese Konzentration mit einem Faktor, f_0, dem osmotischen Koeffizienten multiplizieren, welcher stets $<$ als 1 ist. Ebenso erhält man die relative Leitfähigkeit (wobei die Leitfähigkeit, wenn sie durch elektrostatische Kräfte nicht beeinflußt würde, gleich 1 gesetzt wird) durch Multiplikation mit dem Faktor f_μ, dem Leitfähigkeitskoeffizienten, und die aktive Masse erhält man aus der Konzentration durch Multiplikation mit einem Faktor f_a, dem Aktivitätskoeffizienten.

Die vorigen Abschnitte versuchten, den Koeffizienten f_μ und f_0 einen inneren Sinn beizulegen, und wir kommen nunmehr zu dem Aktivitätskoeffizienten f_a, der für unsere Zwecke der wichtigste ist. Wir erörtern kurz den Versuch, den Bjerrum gemacht hat, um f_a theoretisch aus f_0 abzuleiten, und sodann die praktische Bestimmung von f_a.

1. Nach einer thermodynamischen Ableitung von Bjerrum soll folgende Beziehung bestehen zwischen dem durch Gefrierpunktsbestimmungen bestimmten osmotischen Faktor f_0 und f_a, und der Konzentration c

$$f_0 + \frac{c \cdot df_0}{dc} = 1 + \frac{d \ln f_a}{dc} \qquad (1)$$

eine Beziehung, die allerdings nur eine Näherungsformel für verdünnte Lösungen darstellen soll. Hiernach kann man als f_a aus f_0 berechnen, wenigstens unter gewissen einfachen Bedingungen, und für den Fall, daß der osmotische Koeffizient aus der Gefrierpunktsmethode genau genug bekannt ist.

Statt dieser komplizierten Funktion hat Bjerrum nun eine Näherungsmethode angegeben, um in der Lösung eines starken Elektrolyten den Aktivitätskoeffizienten zu berechnen. Befindet sich in einer Lösung ein starker Elektrolyt in der molaren Konzentration c, welcher aus zwei gleichwertigen (also zwei einwertigen oder zwei zweiwertigen usw.) Ionen besteht (KCl; $MgSO_4$ usw.; aber nicht z. B. Na_2SO_4), so gilt die Beziehung

$$-\log f_a = \frac{26}{D} n^2 \sqrt[3]{c} \qquad (1\,a)$$

D ist die Dielektrizitätskonstante des Lösungsmittels, also für Wasser = 81; n ist die Wertigkeit der Ionen, c die Konzentration des Elektrolyten, also für wäßrige Lösungen

$$-\log f_a = 0{,}32 \cdot n^2 \sqrt[3]{c} \qquad (2)$$

Diese Formel ist unter gewissen Näherungsannahmen aus der vorigen (1a) abgeleitet. Sie ist aber nur als eine Annäherung zur Überschlagsrechnung zu benutzen. Der Faktor 0,32 ist in Wahrheit erfahrungsgemäß für verschiedene Elektrolyte nicht genau gleich; für KCl scheint, wie Bjerrum meint, am besten der Faktor 0,25, für HCl 0,2 zu passen. Als Beispiel berechnen wir f_a für KCl-Lösungen nach: $-\log f_a = 0{,}25 \cdot \sqrt[3]{c}$;

z. B. für c = 0,1 n. Dann ist

$$-\log f_a = 0{,}25 \sqrt[3]{0{,}1} = 0{,}25 \cdot 0{,}464 = 0{,}116$$
$$\log f_a = 0{,}884 - 1$$
$$f_a = 0{,}766$$

Für verdünnte Lösungen, bis herauf zu höchstens 0,1 n, leistet die Formel ganz brauchbare Dienste. Im übrigen muß, wie gesagt, der Faktor zu $\sqrt[3]{c}$ je nach der Art des Elektrolyten etwas verschieden gewählt werden, und wir sehen von der Anwendung der Formel in der Praxis vorläufig ab.

2. Die sicherste Methode zur praktischen Bestimmung von f_a ist folgende: Es steht fest, daß in äußerst verdünnter Lösung $f_a = 1$ ist, d. h. daß Konzentration und Aktivität hier identisch werden. Ohne diese Annahme hätte ja der Begriff der Aktivität keinen Sinn. Wenn man nun eine Konzentrationskette z. B. mit Wasserstoffelektroden und zwei HCl-Lösungen ansetzt, von denen die eine extrem verdünnt ist (c_1) und die andere eine beliebige Konzentration c_2 hat, so ist nach dem, was wir soeben entwickelt haben, die elektromotorische Kraft nicht

$$E = \frac{RT}{F} \ln \frac{c_1}{c_2}$$

sondern

$$E = \frac{RT}{F} \ln \frac{c_1}{c_2 \cdot f_a}$$

Bei c_1 können wir den Aktivitätsfaktor fortlassen, weil er $= 1$ ist. Da c_1, c_2 bekannt und E meßbar ist, kann man f_a berechnen. Es ist nur notwendig, die Konzentration c_1 so klein zu wählen, daß ihr Aktivitätsfaktor praktisch $= 1$ gesetzt werden kann. Solche Bestimmungen kann man also für alle Ionen machen, für die man reversible Elektroden hat, besonders als $H^{\cdot}$, Cl', OH'; und es eignen sich als Elektrolyte daher z. B. HCl, KOH, KCl, NaCl u. a.

Auf solche Weise haben z. B. Noyes und Mac Innes[1]) folgende Aktivitätskoeffizienten gefunden:

Konzentrat. (molar) c	— log c	Nach Noyes und Mac Innes f_α KCl	LiCl	HCl	KOH	f_α KCl nach Bjerrum
0,001	3,000	0,979	0,976			0,943
0,003	2,523	0,943	0,945	0,990	0,982	
0,005	2,301	0,924	0,930	0,965	0,975	
0,010	2,000	0,890	0,905	0,932	0,961	0,882
0,030	1,523	0,823	0,848	0,880	0,920	
0,050	1,301	0,790	0,817	0,855	0,891	
0,100	1,000	0,745	0,779	0,823	0,846	
0,200	0,699	0,700	0,750	0,796	0,793	0,762
0,300	0,523	0,673	0,738	0,783	0,769	
0,500	0,301	0,638	0,731	0,773	0,765	
0,700	0,155	0,618	0,734	0,798	0,772	
1,0	0,000	0,593	0,752	0,829	0,786	0,558
2,0	—0,301	—	—	1,040	—	
3,0	—0,477	—	1,164	1,402	—	

34. Die Hydratation der Ionen und ihre Bedeutung für die Aktivität.

Die Bjerrumsche Näherungsformel zur Berechnung des Aktivitätsfaktors läßt sich für Salzlösungen bis zu etwa 0,2 molarer Konzentration mit ziemlich befriedigender Genauigkeit verwenden, also etwa innerhalb desjenigen Gebietes, welches für physiologische Zwecke am häufigsten in Betracht kommt. Bei höheren Konzentrationen versagt sie leider so vollkommen, daß z. B. in 3fach normalen Lösungen von HCl der Aktivitätsfaktor experimentell > 1 gefunden wird (s. die Tabelle), während er doch nach der

[1]) Journ. Amer. Chem. Soc. 42, 239 (1920).

Theorie mit steigender Konzentration immer kleiner werden sollte. Die Ursache hierfür liegt nach Bjerrum darin, daß die Aktivität der Ionen nicht nur durch die zwischen den Ionen herrschenden elektrostatischen Kräfte beeinflußt wird, sondern auch durch den mit der Konzentration wechselnden Hydratationsgrad der Ionen[1]). Wir wollen an dieser Stelle hiervon nur das zum Verständnis Notwendigste erwähnen.

Viele Gründe sprechen dafür, daß zwischen den Molekülen eines gelösten Körpers und des Lösungsmittels eine Affinität besteht und das Lösungsmittel nicht einfach der „Raum" ist, in dem sich die gelösten Moleküle frei bewegen. Diese Affinität zum Lösungsmittel tritt nun gerade bei Ionen in besonders hohem Maße in Erscheinung. Von der Art dieser Affinität kann man sich zwei verschiedene Vorstellungen machen. Entweder nimmt man an, daß jedes Ion mit einer ganz bestimmten Zahl von Wassermolekülen ein stöchiometrisch definiertes Hydrat bilden, analog dem Krystallwasser. In konzentrierten Lösungen bei ungenügendem Wasserüberschuß stellt man sich vor, daß die Hydratisierung nicht ihren Maximalwert erreicht. Verschieden stark hydratisierte Ionen sind aber nicht als gleichwertig im Sinne des Massenwirkungsgesetzes zu betrachten. Man könnte sich etwa vorstellen, daß bei der elektromotorischen Wirksamkeit oder bei chemischen Reaktionen nur die wenigen vorhandenen nicht hydratisierten Ionen direkt zur Wirkung kommen, oder was dasselbe bedeuten würde, daß die Ionen bei ihrer Wirkung zunächst dehydratisiert werden. Man kann sich also vorstellen, daß eine sehr kleine Menge von wasserfreien Ionen mit den hydratisierten Ionen in Gleichgewicht steht. Dann müßte die aktive Masse der Ionen der Konzentration der wasserfreien Ionen proportional sein. Solange das Wasser in großem Überschuß ist, wird das Verhältnis von wasserfreien zu wasserhaltigen Ionen konstant sein und die aktiven Massen der Ionen werden proportional sein mit ihren Konzentrationen[2]). In konzentrierteren Lösungen dagegen wird dieses Verhältnis zugunsten der wasserfreien Ionen verschoben und die Aktivität der Ionen relativ zu groß. Bjerrum hat sogar versucht, aus den Abweichungen des wirklichen von dem berechneten Aktivitätsgrad, den Hydratationsgrad der Ionen zu berechnen. In der Tat sieht man auch in Tabelle S. 105, wie bei sehr hohen Konzentrationen f_a weit über 1 hinausgeht, was ohne diese Vorstellungen unerklärlich wäre.

Es ist zweitens aber auch die Vorstellung möglich, daß es keine Hydrate von bestimmter stöchiometrischer Zusammensetzung gibt. Man könnte im allgemeinen eine Molekularattraktion zwischen jedem einzelnen Ion zu sämtlichen H_2O-Molekülen annehmen, welche mit der Entfernung von dem H_2O-Molekül schnell abnimmt. Man würde dann zu der Vorstellung kommen, daß jedes Ion von einer Schicht sehr festhaftender Wassermoleküle umgeben ist, und diese wiederum von Schichten immer lockerer haftender Wassermoleküle. Bei dieser Vorstellung würde man annehmen, daß die freie

---

[1]) Schon O. Sackur (Zeitschr. f. physikal. Chem. 70, 493 [1910]) hatte diese Hydratationstheorie zur Erklärung der Unstimmigkeit bei den starken Elektrolyten herangezogen.

[2]) Das heißt nach Anbringung derjenigen Korrektur, welche die Bjerrumsche Aktivitätstheorie erfordert.

Reaktionsfähigkeit der Ionen, oder ihre Aktivität durch ihre Bindung an das Wasser beeinträchtigt wird, und daß diese Beeinträchtigung bei Gegenwart von sehr wenig Wasser abnehmen muß.

Versuche, auf verschiedene Methoden [1]) die Hydratationsfähigkeit der verschiedenen Ionenarten im Sinne der ersten Vorstellung festzustellen, haben zu widersprechenden Resultaten geführt. So gibt für unendlich verdünnte Lösungen Nernst folgende Zusammenstellung (nach Riesenfeld):

H(0) K(20) Ag(35) $^1/_2$ Cd, Cu(55) Na(70) Li(150)
OH(10) $^1/_2$ SO_4, J, Br, Cl(20) NO_3(25) ClO_3(35)

Die eingeklammerten Zahlen geben die Anzahl der gebundenen H_2O-Moleküle. Bjerrum dagegen findet:

H(8) Cl(2) K(0)

Die Unsicherheiten der Zahlen sind also sehr groß; jede der vielen Methoden, die zu ihrer Bestimmung ausgedacht wurden, gibt andere Werte. Das scheint doch dafür zu sprechen, daß man eher die im vorigen Abschnitt dargestellte Anschauungsweise vorziehen soll, überhaupt keine stöchiometrisch definierten Hydrate, sondern eine allgemeine Attraktion der umgebenden Wassermoleküle für die Ionen anzunehmen [2]).

Dagegen wird von fast allen Autoren die Reihenfolge der Hydratationsstärke übereinstimmend angegeben. So ergibt sich durchweg, daß die Hydratation des H-Ions von allen die geringste ist. Bei den Alkaliionen nimmt die Hydratation mit steigendem Atomgewicht ab, also

$$Li > K > Na > Rb > Cs.$$

Bei den Halogen-Ionen nimmt sie mit steigendem Atomgewicht zu, jedoch nicht in so hohem Maße.

Eine naheliegende Deutung dieser Erscheinung ist folgende: Die Anziehung auf das Wasser wird offenbar von der freien Ladung des Ions ausgeübt. Bei den Kationen steckt nun die freie Ladung im Atomkern. Je größer der Atomradius, um so größer ist die Entfernung der freien Ladung von den umgebenden Wassermolekülen und um so geringer die Anziehung. Bei den Anionen dagegen sitzt die freie Ladung in der Peripherie in Form des Valenzelektrons und seine Wasseranziehung wird daher durch die Größe des Atomradius nur dadurch ein wenig beeinflußt, daß die mehr oder minder große Entfernung des positiven Atomkerns das elektrische Feld des Elektrons minder oder mehr schwächt. Die Anziehung zwischen den Ionen und dem Wasser hat man sich nämlich als eine elektrostatische vorzustellen. Ein Wassermolekül ist nur aus großer Entfernung betrachtet als elektroneutral anzusehen. Von sehr nahe gelegenen Punkten aus betrachtet, enthält das Wasser sowohl elektropositive als auch elektronegative Stellen. Positive Ionen werden einen Zug auf die negativen Stellen des Wassers ausüben und umgekehrt. So wird man sich also vorstellen, daß jedes Ion zunächst mit einem Kranz oder besser einer Kugelschale von Wassermolekeln umgeben ist, und dann in weiterer Entfernung noch mit einem zweiten und vielleicht dritten viel lockerer gefestigtem Kranz. Die Anzahl der Wasser-

[1]) S. Nernst, Theoret. Chem. 7. Aufl. 1913, S. 413.
[2]) S. hierüber K. Fajans, Naturwissenschaften 9, 729 (1921).

moleküle, welche in dem festesten inneren Kranz festgehalten werden kann, hängt von räumlichen Möglichkeiten ab, etwa wie die Wernersche Koordinationszahl. Das Wasserstoffion kann deshalb trotz seiner freien positiven Ladung wegen seines kleinen Atomradius am wenigsten Wasser von allen binden.

Mit diesen Andeutungen über die Abweichungen der Bjerrumschen Theorie bei konzentrierteren Lösungen müssen wir uns bei dem noch unvollkommenem Stande der Kenntnisse mit Rücksicht auf die Zwecke dieses Buches beschränken.

Die theoretische Grundlage der Aktivitätstheorie bietet also recht große Schwierigkeiten. Nichtsdestoweniger führt sie zu einem für uns sehr wichtigen und in der Grundlage ziemlich gesicherten Resultat. Nur diesem zuliebe wurden diese theoretischen Vorbemerkungen gegeben. Das ist folgendes.

35. Die Bedeutung der Aktivitätstheorie für die h der Puffer.

In einem Gemisch einer freien schwachen Säure und ihrem Natriumsalz ist nach S. 38

$$h = k \cdot \frac{[\text{freie Säure}]}{[\text{Salz dieser Säure}]} \tag{1}$$

wo k die Dissoziationskonstante der Säure ist, unter der Voraussetzung, daß 1. das Salz total dissoziiert ist, 2. wie wir nunmehr hinzufügen müssen, daß die Gesamtkonzentration der Lösung an Elektrolyten (d. h. Ionen) so gering ist, daß man Konzentration und Aktivität einander gleichsetzen kann.

Wir haben in den letzten Kapiteln gesehen, daß die erste Voraussetzung wohl stets praktisch einigermaßen zutreffen dürfte; der Grund, weshalb wir früher die unvollständige Dissoziation der Na-Salze annahmen, hat sich als nicht stichhaltig erwiesen, und zum mindesten sind alle Na-Salze viel stärker dissoziiert, als wir es früher annahmen; und selbst früher nahmen wir doch schon z. B. in 0,1 n Lösungen von Na-Salzen eine Dissoziation von etwa 90% an! Wir dürfen sie jetzt vorläufig besser = 100% setzen.

Aber die zweite Voraussetzung trifft nur für ganz verdünnte und im übrigen von Neutralsalzen freie Pufferlösungen zu; und diese haben physiologisch kein Interesse. In physiologisch interessierenden Flüssigkeiten haben wir vielmehr stets Pufferlösungen von folgendem Typus vor uns:

Wenig freie schwache Säure + wenig Na-Salz derselben + viel Neutralsalz (NaCl); z. B. im Blut:

CO_2	von der Größenordnung	0,002	molar
$NaHCO_3$	„ „ „	0,02	„
NaCl	„ „ „	0,12	„

oder im Meerwasser:

CO_2	von der Größenordnung	0,0002	molar
Bicarbonate	„ „	0,002	„
NaCl	von „ „	0,6	„

oder im Harn:

primäre Phosphate sekundäre „	etwa 0,01 molar
NaCl	zwischen 0,1 und 0,2 molar

Nach der Darstellung des ersten Abschnittes dieses Buches hat das NaCl gar keinen Einfluß auf die h, die Formel (1) bleibt bestehen. Das müssen wir jetzt korrigieren. Denn unter dem Ausdruck unterhalb des Bruchstrichs in (1) können wir nun nicht mehr die Konzentration des Salzes der schwachen Säure, oder, was dasselbe ist, die Konzentration der Anionen dieser Säure verstehen, sondern ihre Aktivität. Die Formel (1) muß also korrigiert werden in

$$a_h = k \cdot \frac{[\text{freie Säure}]}{\text{Aktivität der Säure-Ionen}} \tag{2}$$

a_h ist die Aktivität der H-Ionen. Die wahre Konzentration der Säureionen ist uns aus der Zusammensetzung des Puffers, aus der chemischen Analyse bekannt; sie sei S, um das frühere Symbol zu behalten. Dann ist Aktivität der Säure-Ionen $= f_a \times$ (Konzentration des Na-Salzes dieser Säure) oder $= f_a \times S'$.

Die wahre Konzentration der H-Ionen ist uns aber gar nicht bekannt, wir haben keine direkte Methode, sie zu messen, sie interessiert wahrscheinlich auch nicht, da die Wirksamkeit der H-Ionen doch nur von der als „H-Ionen-Aktivität" bezeichneten Größe abzuhängen scheint. Wir wollen uns also entschließen, hier eine Umdeutung der Symbole vorzunehmen. Wir verstehen von nun an unter h nicht mehr die Konzentration, sondern die Aktivität der H-Ionen, unter p_h deren negativen Logarithmus. Dann lautet die Gleichung (1):

$$h = \frac{k \cdot [\text{freie Säure}]}{f_a \cdot [\text{Salz dieser Säure}]} \tag{3}$$

wo die Klammern in gewohnter Weise wieder die Konzentrationen bedeuten.

Wovon hängt nun der Wert f_a ab? Da das Na-Salz der schwachen Säure im Vergleich zur Menge des Neutralsalzes NaCl nur in sehr kleiner Menge vorhanden ist, hat offenbar auf die Aktivität der Ionen der Puffersäure das im Überschuß vorhandene NaCl den fast alleinigen Einfluß. Die elektrostatischen Wirkungen, denen jedes Ion der Puffersäure unterliegt, bestimmen ja den Aktivitätskoeffizienten; und da die Ionen des NaCl im Überschuß vorhanden, bestimmen sie allein den Aktivitätsfaktor der Puffersäure-Ionen. Wenn daher in einer Serie solcher Lösungen die Menge des NaCl konstant gehalten wird, die der Puffersäure aber variiert — wobei allerdings das NaCl stets im Überschuß bleiben muß — so bleibt f_a für diese Puffersäure eine konstante Größe; f_a hängt somit nur ab

1. von der Natur, besonders der Wertigkeit der Puffersäure, aber nicht ihrer Konzentration, solange diese nur überhaupt klein bleibt;

2. von der Art (besonders der Ionen-Wertigkeit) und Konzentration des überschüssigen Neutralsalzes.

In der Formel (3) S. 109 können wir

$$\frac{k}{f_a} = k'$$

bezeichnen und haben dann statt (3) als korrigierte Pufferformel die wichtige Gleichung

$$h = k' \cdot \frac{[\text{freie Säure}]}{[\text{Na-Salz der Säure}]} \qquad (4)$$

und dieses k′, welches an Stelle des früheren k steht, können wir die reduzierte Dissoziationskonstante der Säure bezeichnen; sie ist für jede NaCl-Konzentration der Lösung eine ganz bestimmte Größe. Wir können mit k′ so operieren wie mit k. Da nun $k' > k$ ist, so ist der ganze Effekt der Neutralsalzwirkung derart, als ob einfach die Dissoziationskonstante der Säure durch das Neutralsalz vergrößert worden sei, d. h. als ob die Säure etwas stärker geworden sei.

36. Die reduzierten Konstanten physiologisch wichtiger Säuren.

Wenn wir unsere Puffergleichung auf physiologische Probleme anwenden wollen, werden wir also nicht nur die k-Werte der CO_2, Phosphorsäure usw., sondern ihre auf den physiologischen Kochsalzgehalt u. dgl. reduzierten k′-Werte kennen müssen.

Es bestätigt sich experimentell auf das Vollkommenste, daß in einem verdünnten Puffer bei einem Überschuß einer konstanten NaCl-Menge k′ eine Konstante ist; und so können wir uns schließlich für die Praxis der Physiologie von der ganzen Aktivitätstheorie vorläufig unabhängig machen, und haben nur die Aufgabe, für jede physiologisch wichtige Säure für jeden Neutralsalzgehalt die reduzierte Konstante k′ experimentell zu bestimmen.

Von exakten Daten hierüber liegt erst wenig vor. Es ist die dringende Aufgabe der nächsten Zukunft, ein zuverlässiges Zahlenmaterial zu schaffen. Michaelis und Krüger[1]) bestimmten für die Essigsäure folgende Werte von k′.

In einem Gemisch, welches an Essigsäure 0,02 n, an Natriumacetat ebenfalls 0,02 n ist, und außerdem noch an einem Neutralsalz 0,5 n ist, ergaben sich aus den elektrometrischen Messungen folgende Werte für p_k' der Essigsäure:

Art des Neutralsalzes:	RbCl	$^1/_2\,K_2SO_4$	KCl	KBr	NH_4Cl	NaCl	LiCl	$^1/_2\,BaCl_2$	$^1/_2\,CaCl_2$
p_k' von Essigsäure	4,587	4,587	4,569	4,569	4,512	4,482	4,452	4,382	4,268

Aus einem Gemisch von 0,1 n Na-Acetat, welches eine beliebige Menge Essigsäure enthält, ergibt sich $p_k' = 4{,}616$.

Ohne Neutralsalzzusatz (also bei Gegenwart von keinem anderen Salz als 0,02 n Na-Acetat) $p_k' = 4{,}665$.

Für ganz salzfreie Lösungen ist $p_k = 4{,}733$ (s. Tabelle S 28).

Diese Zahlen zeigen erstens, daß p_k' der Essigsäure in 0,5 mol. NaCl-Lösungen 4,482, statt 4,733 in salzfreien Lösungen ist und zweitens, daß die verschiedenen Neutralsalze einen verschiedenen Einfluß zeigen.

Für die zweite Dissoziationskonstante der Phosphorsäure erhielten Michaelis und Krüger die in Abb. 16 dargestellten Werte von p_k'. Die Abszisse gibt den Gehalt der Lösung an Neutralsalz in Normalität an, die Ordinate p_k'. Der asymptotisch von allen Kurven angestrebte Grenzwert von p_k für unendlich geringen Salzgehalt ist 7,10.

Man sieht aus diesen Versuchen mit Phosphorsäure, daß die Größe von p_k' nicht nur von der Konzentration der Salze (welche ja allein in der Bjerrumschen Annäherungsformel für den Aktivitätsfaktor vorkommt), sondern auch von ihrer spezifischen Natur stark abhängig ist. So wächst der Einfluß der Alkali-Kationen in der Reihe Rb K Na Li; bei den Anionen wächst er von $^1/_2\,SO_4$ nach Cl; Br scheint nicht anders zu wirken als Cl.

Das Wichtigste für die Physiologie ist die reduzierte Konstante der Kohlensäure. Sie stellt eine der bedeutsamsten Naturkonstanten

[1]) L. Michaelis u. R. Krüger, Biochem. Zeitschr. 119, 307 (1921).

für den Physiologen dar. Über sie werden wir an späterer Stelle noch genauer zu sprechen haben.

Mit der Änderung von p_k' bei geändertem Salzgehalt wird die ganze Dissoziationskurve (α- oder ϱ-Kurve) durch die Gegenwart

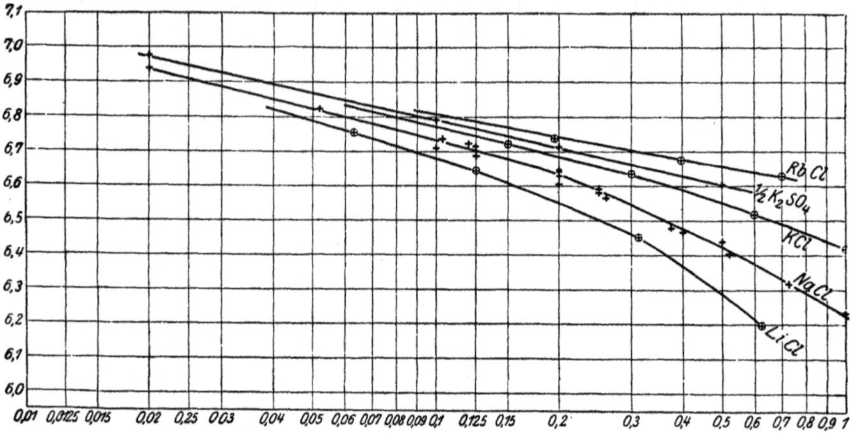

Abb. 16.

des Neutralsalzes also einfach horizontal verschoben, und mit dieser Erkenntnis scheint mir die Lehre vom Ionengleichgewicht für den Physiologen um ein tüchtiges Stück gefördert.

37. Eine andere Darstellungsweise der Wirkung der starken Elektrolyte [1]).

Es schien unerläßlich, sich bei der Darstellung dieses ganzen Kapitels einigermaßen an die historische Entwicklung zu halten, zumal diese noch im Fluß ist. Nunmehr aber möchte ich versuchen, eine ganz andere Darstellungsweise zu wählen, welche, wie mir scheint, die den Physiologen interessierenden Probleme ebensogut umfaßt und viele schwierige Begriffe vermeidet.

Wir messen die Konzentration der H-Ionen mit der Konzentrationskette. Die eine Lösung mit der unbekannten $h = h_1$ berührt eine H_2-Pt-Elektrode; ihr Potential ist dann $\pi_1 = 0{,}058 \log \frac{h_1}{h_0}$, wo h_0 diejenige h bedeutet, welche die Lösung haben müßte.

[1]) Dieser Abschnitt setzt die erst später gegebene genauere Theorie der Konzentrationsketten voraus.

damit $\pi = 0$ würde. Die andere Lösung mit der H$^{\cdot}$-Konzentration h_2 berührt eine zweite H_2-Pt-Elektrode; hier herrscht das Potential $\pi_2 = 0{,}058 \frac{h_2}{h_0}$. Nun nehmen wir gewöhnlich an, daß das h_0 der ersten und der zweiten Formel identisch sei, und es ergibt sich als elektromotorische Kraft E der Kette

$$E = \pi_1 - \pi_2 = 0{,}058 \left(\log \frac{h_1}{h_0} - \log \frac{h_2}{h_0}\right)$$

oder

$$E = 0{,}058 \log \frac{h_1}{h_2}$$

Ist E und h_1 bekannt, so ergibt sich hieraus h_2.

Unsere Kritik setzt nun ein, indem wir die Frage aufwerfen, ob wir stets berechtigt sind, die beiden h_0 einander gleichzusetzen. Wäre die eine Lösung eine wäßrige, die andere z. B. eine Lösung in Anilin, so würde es niemandem einfallen, die beiden h_0 gleichzusetzen. Aber auch, wenn die eine Lösung eine wäßrige, aber elektrolytarme, die andere eine wäßrige, aber elektrolytreiche Lösung ist, haben wir nicht das Recht, die beiden h_0 gleichzusetzen. Denn die Erfahrung lehrt folgendes: Eine Gaskette aus 0,001 nHCl einerseits und 0,001 nHCl + 1 nKCl andererseits zeigt auch nach Ausschaltung des Diffusionspotentials eine elektromotorische Kraft von einigen (2,5) Millivolt. Früher, als man annahm, daß der Dissoziationsgrad der HCl in diesen beiden Lösungen verschieden sei, erklärte man diese EMK aus der Verschiedenheit der Konzentration der H$^{\cdot}$-Ionen in beiden Lösungen. Da wir aber erkannt zu haben glauben, daß diese Annahme auf einer falschen Deutung beruht, und da wir jetzt HCl immer als total dissoziiert annehmen, haben wir zu dieser Erklärung kein Recht mehr. Wenn wir wirklich annehmen wollen, daß h_1 genau $= h_2$ ist, so ist die EMK dieser Kette nur zu erklären, wenn wir annehmen, daß die beiden h_0 nicht einander gleich sind; nennen wir diese Größe in der elektrolytarmen Lösung h_0, in der anderen h_0', so ist vielmehr die elektromotorische Kraft dieser Kette

$$E = \pi_1 - \pi_2 = 0{,}058 \left(\log \frac{h_1}{h_0} - \log \frac{h_2}{h_0'}\right)$$

oder, da $h_1 = h_2$,

$$E = 0{,}058 \cdot \log \frac{h_0'}{h_0}$$

Wir können dafür auch sagen: Die elektrolytische Lösungstension des H_2 ist gegenüber einer elektrolytreichen wäßrigen Lösung etwas anders als gegenüber einer elektrolytarmen. Wenn wir dennoch, wie wir es immer tun, die frühere, unzutreffende Formel zur Berechnung von h_2 aus der elektromotorischen Kraft von Konzentrationsketten anwenden, so erhalten wir eine reine Rechengröße, die nicht genau die Konzentration der $H^{\cdot}$-Ionen sein kann. Diese Rechengröße aber ist es, welche wir als das Messungsergebnis bezeichnen und h (bzw. p_h) zu nennen pflegen. Wir machten also einfach einen Fehler, indem wir eine falsche Formel zur Berechnung der Konzentration der $H^{\cdot}$-Ionen anwandten, und diese fehlerhaft berechnete Konzentration nennen wir dann die $H^{\cdot}$-Ionen-Aktivität.

Und doch scheint diese Rechengröße auch physikalisch von Bedeutung zu sein. In vielen Fällen, in denen die $H^{\cdot}$-Ionen irgend eine Wirkung ausüben, ist diese nicht der wahren Konzentration der $H^{\cdot}$-Ionen, sondern wahrscheinlich ihrer Aktivität proportional. Mit anderen Worten heißt das: zwei Lösungen, welche gegen eine H_2-Elektrode das gleiche Potential haben, zeigen oft auch die gleiche chemische Wirksamkeit der H-Ionen. In welchem Umfang diese vorläufige Behauptung zutrifft, wird die künftige Forschung untersuchen müssen, nachdem die grundlegenden Vorstellungen jetzt einigermaßen geklärt sind. Jedenfalls folgt für uns daraus die Berechtigung, die in der alten Weise aus der EMK der Konzentrationskette berechnete Größe h bzw. p_h an Stelle der wahren Konzentration der H-Ionen vorläufig als Maßstab der aktuellen Acidität noch beizubehalten.

Beispiel für die verschiedenen Darstellungsweisen der Wirkung der starken Elektrolyse.

Es ist vielleicht nützlich, sich den Unterschied dieser verschiedenen Darstellungsweisen an einem Beispiel klar zu machen. Gegeben sei die Konzentrationskette[1])

$$H_2 \left| \; 0{,}001\,\text{n HCl} \; \right| \begin{array}{c} 0{,}001\,\text{n Essigsäure} \\ +\,0{,}001\,\text{n Na-Acetat} \end{array} \left| \; H_2 \right. \qquad (1)$$

Hier sind alle Lösungen so stark verdünnt, daß wir nach jeder der möglichen Darstellungsarten die HCl und das Na-Acetat als praktisch vollständig dissoziiert annehmen können und den Einfluß

[1]) Die beiden Lösungen berührten sich im Versuch nicht direkt, sondern waren vermittels gesättigter KCl-Lösung verbunden, um das Diffusionspotential zu vernichten.

des Ionengehalts auf die Eigenschaften des Lösungsmittels vernachlässigen können. Wir können also in der 0,001 n HCl setzen $h_1 = 0{,}001$ n und können zur Berechnung der h in der Acetatmischung, h_2, die Nernstsche Formel anwenden (für 19⁰).

$$E = 0{,}0579 \log \frac{h_1}{h_2}$$

E wurde gefunden bei 19^0 C = 0,0997 Volt. Daraus berechnet sich $p_h = 4{,}722$, und $h = 1{,}90 \cdot 10^{-5}$.

Nun ist die Dissoziationskonstante der Essigsäure, aus Leitfähigkeitsmessungen bestimmt, $= 1{,}86 \cdot 10^{-5}$. Nach der Puffergleichung war in dem Acetatgemisch zu erwarten

$$h = k \cdot \frac{\text{Essigsäure}}{\text{Na-Acetat}} = 1{,}86 \cdot 10^{-5},$$

also in guter Übereinstimmung mit dem gefundenen Wert $1{,}90 \cdot 10^{-5}$. Solange also der Gehalt unserer Lösungen 0,001 n nicht übersteigt, gibt die Theorie unter Zugrundelegung der einfachen Puffergleichung eine lückenlose Vorstellung über den Zusammenhang der Dinge.

Nun messen wir aber die Konzentrationskette[1])

$$H_2 \left| \; 0{,}001 \text{ n HCl} \; \right| \begin{array}{c} 0{,}1 \text{ n Essigsäure} \\ + \; 0{,}1 \text{ n Na-Acetat} \end{array} \left| \; H_2 \right. \qquad (2)$$

und finden bei 19^0 C E = 0,0930 Volt. Unter Anwendung der Nernstschen Formel ergibt sich daraus für die Acetatmischung $p_h = 4{,}606$, und $h = 2{,}48 \cdot 10^{-5}$. Wie deuten wir nun, daß wir in einem Gemisch von äquimolekularen Mengen Essigsäure und Natriumacetat h einmal $= 1{,}90 \cdot 10^{-5}$ finden und das andere Mal $2{,}48 \cdot 10^{-5}$, je nachdem die Konzentration 0,001 n oder 0,1 war?

1. Die erste, ältere Darstellung sagt: in einer 0,1 n-Lösung von Na-Acetat ist dieses Salz nicht vollständig dissoziiert; infolgedessen ist h nicht $= k \cdot \frac{[\text{Essigsäure}]}{[\text{Na-Acetat}]}$, sondern $= \frac{k \cdot [\text{Essigsäure}]}{\gamma \, [\text{Na-Acetat}]}$, wo γ den Dissoziationsgrad des Na-Acetat in 0,1 n-Lösung bedeutet. Nehmen wir den aus der ersten Konzentrationskette gefundenen Wert von k als richtig an, so müssen wir $\gamma = \frac{1{,}90}{2{,}48} = 0{,}766$ setzen. Wie wir jetzt zu wissen glauben, ist aber in Wahrheit γ praktisch $= 1$ zu setzen, und somit ist diese Deutung unrichtig.

2. Die Aktivitätstheorie sagt: Durch den Gehalt der Lösung an Natrium-Acetat wird die Aktivität der Ionen von ihrer wahren

[1]) Siehe Fußnote S. 114.

Konzentration verschieden. Das Natriumacetat ist total dissoziiert, also die Konzentration der Acetat-Ionen, $C_{Acetat} = 0{,}1$ n. Die Aktivität der Acetat-Ionen $= a_{Acetat}$ ist $= f_a \cdot C_{Acetat}$, wo f_a, der Aktivitätsfaktor, < 1 ist. Ferner: was wir mit der Konzentrationskette messen, ist nicht die Konzentration der H-Ionen, $C_{H^{\cdot}}$, sondern ihre Aktivität, $a_{H^{\cdot}}$, welche zu jener in der Beziehung steht

$$a_{H^{\cdot}} = f_a' \cdot C_{H^{\cdot}},$$

wo f_a' wiederum < 1 ist, aber nicht notwendigerweise $= f_a$ zu sein braucht. Die Puffergleichung muß also lauten:

$$a_{H^{\cdot}} = \frac{k \cdot [\text{Essigsäure}]}{f_a' \cdot [\text{Na-Acetat}]}$$

Setzen wir $f_a' = 0{,}766$, so erhalten wir den verlangten Wert $a_{H^{\cdot}} = 2{,}48 \cdot 10^{-5}$. Von $C_{H^{\cdot}}$ erfahren wir aus der Konzentrationskette direkt überhaupt nichts, so lange wir nicht auf irgend eine Weise den Wert von f_a' ermitteln können.

3. Die dritte Darstellung sagt: Die salzreichere Lösung verhält sich als Lösungsmittel nicht wie reines Wasser, infolgedessen ist der elektrolytische Lösungsdruck der Pt-Wasserstoff-Elektrode gegen sie nicht völlig gleich dem gegen Wasser, und daher stellt die zweite der obigen Ketten nicht eine Konzentrationskette in strengem Sinn vor; denn auch zwei Lösungen mit gleicher h, die eine in reinem salzarmen Wasser, die andere in Salzlösung, würden eine elektromotorische Kraft von einigen Millivolt ergeben. Diese müßten wir von der gemessenen EMK der Kette 2) abziehen, um sie wie eine reine Konzentrationskette für die Berechnung von p_h zu benutzen. Die ohne diese Korrektur ausgeführte Rechnung ergibt einen Wert von p_h, der um einen gewissen Betrag zu klein ist; die berechnete h ist daher um ein bestimmtes Vielfaches zu groß.

Außerdem ist möglicherweise in dem salzreicheren Lösungsmittel die Dissoziationskonstante der Essigsäure etwas größer als in der salzarmen Lösung.

Diese beiden Umstände bewirken, daß das auf gewöhnliche Weise berechnete p_h nur den Wert einer Rechengröße hat, die gegenüber der ursprünglichen Definition von p_h um einen Betrag von etwa 0,1 abweichen kann. Da aber die Korrektur, die wir ausführen müßten, die Kenntnis verschiedener Daten erfordert, die bisher noch nicht endgültig geeicht sind, ist es vorläufig praktischer, den unkorrigierten Wert unserer Rechnung als p_h zu definieren.

D. Der Dissoziationszustand der Säuren und Basen bei wirklicher Salzbildung.

Inhaltsübersicht.

Nicht alle Salze darf man zu den starken, stets total dissoziierten Elektrolyten rechnen. Bei Gegenwart undissoziierter Salzmoleküle treten Komplikationen der bisher entwickelten Dissoziationsgesetze auf, welche erörtert werden.

38. Wir haben bisher den Betrachtungen die Annahme zugrunde gelegt, daß von allen Elektrolyten nur die schwachen Säuren und Basen unvollkommen, alle anderen Elektrolyte aber vollkommen dissoziiert sind. Nun ist zweifellos die Annahme vollkommener Dissoziation nur eine Näherungsannahme, welche für Elektrolyte wie KCl praktisch wohl zutreffen dürfte. Aber zweifellos gibt es sonst auch undissoziierte Salzmoleküle. Wir sind über diese noch nicht gut orientiert, aber wir können doch folgendes sagen:

Zunächst einmal trifft es für die Lösungen von organischen Salzen in organischen Lösungsmitteln mit voller Bestimmtheit nicht zu, daß diese Salze vollständig dissoziiert sind, worauf wir an einer späteren Stelle genauer eingehen werden. Zweitens haben wir auch kein Recht, das, was für Salze aus starken oder mäßig schwachen Säuren und Basen gilt, ohne weiteres auf Salze aus einer sehr schwachen Säure oder Basen zu übertragen. Mischen wir etwa in wäßriger Lösung äquivalente Mengen Essigsäure und Anilin, so unterscheidet sich diese Lösung von Anilinacetat von einer Lösung von KCl erstens dadurch, daß eine weitgehende Hydrolyse vorhanden ist. Zweitens aber haben wir kein Recht, ähnlich wie beim KCl die Existenz des undissoziierten Salzes, des Anilinacetats, völlig zu leugnen. Manche Elektrolytwirkungen würden uns verständlicher, wenn wir eine solche „wirkliche“ Salzbildung annehmen dürften. Es scheint mir, daß wir z. B. zur Erklärung der Elektrolytwirkung auf Eiweißlösungen nicht gut ohne die Annahme „wirklicher“ Eiweißsalze auskommen. Welche Ionenarten es sind, die zur Bildung undissoziierter Moleküle neigen, können wir noch nicht genau sagen. Wir wissen es zunächst nur sicher von den H- und OH-Ionen, deren Verbindungen mit entgegen geladenen Ionen (also die Säuren und Basen) zum sehr großen Teil nur schwach dissoziiert sind. Es scheint mir nun wahrscheinlich, daß diejenigen Ionenarten, welche mit den H- und OH-Ionen die Eigenschaft teilen, von der Kohle stark adsorbiert zu werden, es auch sind, welche zu wahrer Salzbildung neigen. Die Eiweißkörper binden die Ionen von organischen Farbstoffen, Alkaloiden u. a. Es ist ausgeschlossen, daß ein Salz von Eiweiß mit Methylenblau- oder Chininbase zu den stets total dissoziierten Elektrolyten gehört; ja man darf sogar vermuten, daß dasselbe für die Eiweißsalze des Ca [1]) und vielleicht sogar für alle Eiweißsalze gilt. Diese Andeutungen mögen hier genügen, um zu erklären, warum auch die wahre Salzbildung mit in Betracht zu ziehen ist.

Die Aufgabe ist folgende: Versetzen wir Essigsäure mit einer Base, so haben wir das Ionengleichgewicht dieser Mischung bisher unter der Annahme durchgeführt, daß das Molekül „Natriumacetat" gar nicht entsteht. Wir gehen jetzt einen Schritt weiter und nehmen an, daß sich diese Molekülart doch bildet, und zwar nach der Gleichung

$$CH_3COO' + Na^{\cdot} \rightleftarrows CH_3COONa$$

mit der Gleichgewichtsbedingung

$$[CH_3COO'] \cdot [Na^{\cdot}] = k_S \cdot [CH_3COONa)$$

wo k_S die Dissoziationskonstante des Salzes ist.

Durch das Hinzukommen dieser Molekülart wird das Ionengleichgewicht in der Lösung beeinflußt. Von den zahlreichen Problemen, die durch diese Komplikation entstehen, wollen wir uns auf einige wenige beschränken. Es ist dabei unwesentlich, daß gerade für das gewählte Beispiel, Natriumacetat, die Bildung undissoziierter Moleküle praktisch wahrscheinlich noch kaum in Betracht kommt.

39. Die Formulierung des Ionengleichgewichts bei wahrer Salzbildung [2]).

Wir nehmen an, daß sich eine sehr kleine Menge der Säure A in der Konzentration $\mathfrak{a}$ in Lösung befinde. Ihre undissoziierten freien Moleküle A haben die Konzentration a, ihre Ionen A' die Konzentration a', und es befinde sich in der Lösung außer dem Kation H˙ in der Konzentration h noch ein anderes Kation J˙ in der Konzentration i˙ in sehr großem Überschuß, derart, daß durch eine etwaige Salzbildung zwischen diesem und der Säure eine merkliche Verarmung der Lösung an J˙ nicht eintrete. Daneben müssen sich zur Erhaltung der Elektroneutralität noch eine entsprechende Menge irgendwelcher anderer Anionen befinden, die aber auf den Disso-

---

[1]) Vgl. P. Rona und György, Biochem. Zeitschr. **56**, 416 (1913).

[2]) L. Michaelis, Biochem. Zeitschr. **103**, 225, (1920).

ziationszustand der Säure A keinen Einfluß haben. Wir wollen nun den Dissoziationszustand dieser Säure als eine Funktion von h darstellen. Wir definieren

$$\text{den Dissoziationsgrad } \alpha = \frac{a'}{\mathfrak{a}} \tag{1}$$

$$\text{den Dissoziationsrest } \varrho = \frac{a}{\mathfrak{a}} \tag{2}$$

$$\text{den Salzgrad} \;.\;.\;.\;.\; \sigma = \frac{s}{\mathfrak{a}} \tag{3}$$

wenn s die Konzentration des aus der Säure S und dem Kation J gebildeten wahren Salzes bedeutet.

Definitionsgemäß ist

$$\mathfrak{a} = a + a + s \tag{4}$$

und das Massenwirkungsgesetz erfordert:

$$a' h^{\cdot} = k_a \cdot a \tag{5}$$

$$a' \cdot i^{\cdot} = k_s \cdot s \tag{6}$$

Aus diesen 6 Gleichungen folgt:

$$\varrho = \frac{1}{1 + \frac{k_a}{h}\left(\frac{i^{\cdot}}{k_s} + 1\right)} \tag{I}$$

$$\alpha = \frac{1}{1 + \frac{h^{\cdot}}{k_a} + \frac{i^{\cdot}}{k_s}} \tag{II}$$

$$\sigma = \frac{1}{1 + \frac{k_s}{i}\left(\frac{h}{k_a} + 1\right)} \tag{III}$$

Von diesen Funktionen hat ϱ die einfachste Form. Sie hat nämlich genau diese Form wie ϱ, wenn sich kein Salz bildet:

$$\varrho = \frac{1}{1 + \frac{k_a}{h}} \tag{Ia}$$

Nur ist der Wert k_a in (Ia) in (I) ersetzt durch $k_a \cdot \left(\frac{i^{\cdot}}{k_s} + 1\right)$, und dieser Wert ist für eine gegebene Konzentration des zugesetzten Kations konstant. Diese ϱ-Kurve ist also identisch mit der ϱ-Kurve einer anderen Säure mit der Dissoziationskonstante im Betrage $= k_a\left(\frac{i^{\cdot}}{k_s} + 1\right)$ ohne echte Salzbildung. Das heißt: Variieren wir in einer sehr dünnen Lösung von Essigsäure p_h durch Zusatz von sehr wenig NaOH, so hat die ϱ-Kurve die früher berechnete Form. Enthält aber diese Lösung noch in konstanter Konzentration im Überschuß irgend ein Salz, so verläuft ϱ so, als hätten wir eine Lösung einer Säure mit der etwas größeren Dissoziationskonstante $k_a' = k_a\left(\frac{i}{k_s} + 1\right)$ vor uns. Graphisch drückt sich dies dadurch aus, daß die ϱ-Kurve um ein kleines Stück horizontal verschoben ist; der Betrag der Horizontalverschiebung ist $= -\log\left(\frac{i^{\cdot}}{k_S} + 1\right)$. Dies zeigt Abb. 17 für verschiedene Annahmen von k_S; Abb. 20 für verschiedene Annahmen von i.

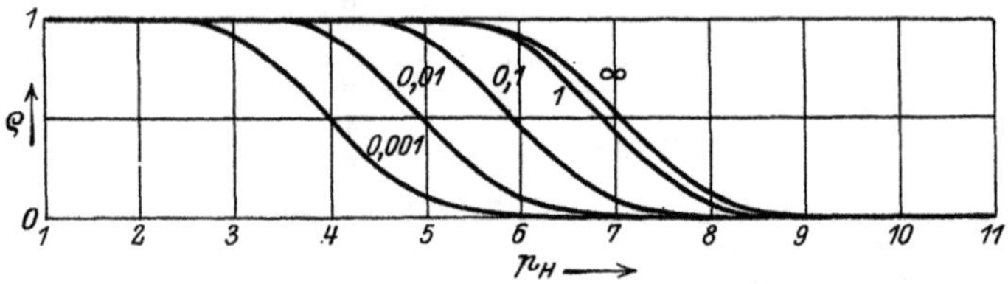

Abb. 17.

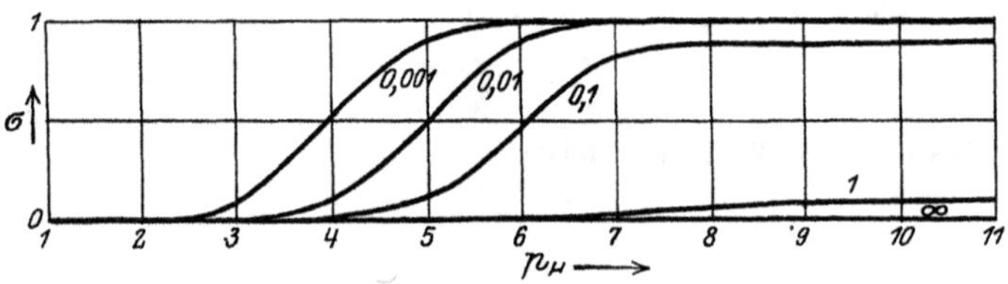

Abb. 18.

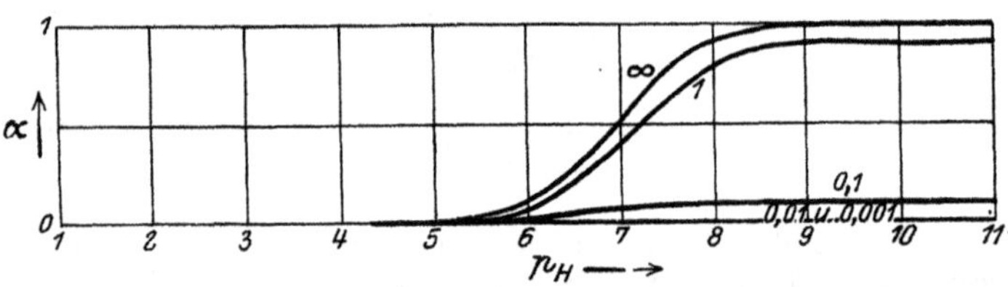

Abb. 19.

Abb. 17—19. Die Funktionen ϱ, σ und α (Dissoziationswert, Dissoziationsgrad und Salzgrad) einer Säure mit der Dissoziationskonstante $k_a = 10^{-7}$ bei Anwesenheit eines Neutralsalzes mit einem einwertigen Kation in der Konzentration 0,1, unter der Annahme, daß aus der Säure und diesem Kation sich ein Salz bildet, dessen Dissoziationskonstante k_I den an jeder Kurve angeschriebenen Wert hat.

Die α-Kurve ist hier kein genaues Spiegelbild der ϱ-Kurve mehr; für sie ist charakteristisch, daß α den Wert 1 langsamer oder besser im Endlichen praktisch überhaupt nicht erreicht.

Die Kurve σ tritt neu hinzu. Eine Kurve $\alpha + \sigma$ wäre mit der α-Kurve von früher identisch, d. h. sie wäre das Spiegelbild von ϱ. Die σ-Kurve wird erst bei großem p_h merklich, d. h. die wahre Salzbildung tritt erst bei einer gewissen Alkalität in Erscheinung. Man könnte das auch so ausdrücken: Das $H^{\cdot}$-Ion und das andere Kation konkurrieren in der Beschlagnahme der Säure. Nur wenn wenig H-Ionen zugegen sind, kommt das andere Kation dazu, ein Salz zu bilden.

Für die Basen gilt mutatis mutandis alles ebenso.

40. Die Ampholyte bei wahrer Salzbildung.

Verwickelter liegen die Verhältnisse bei einem Ampholyten. Wir wollen nur die ϱ-Funktion ableiten.

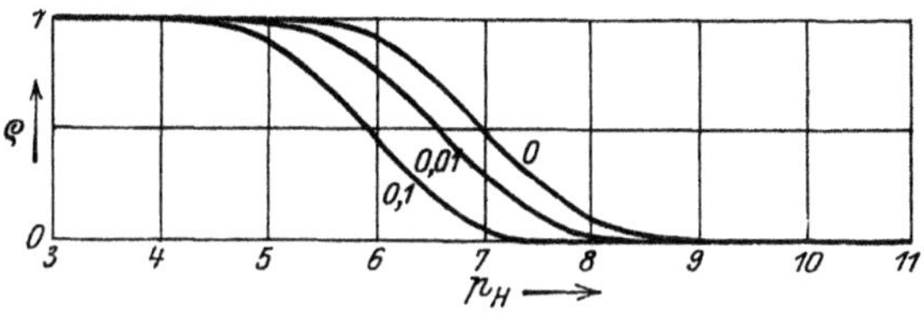

Abb. 20.

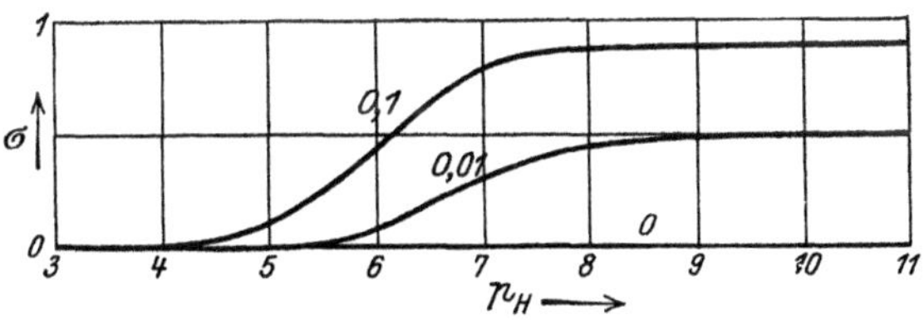

Abb. 21.

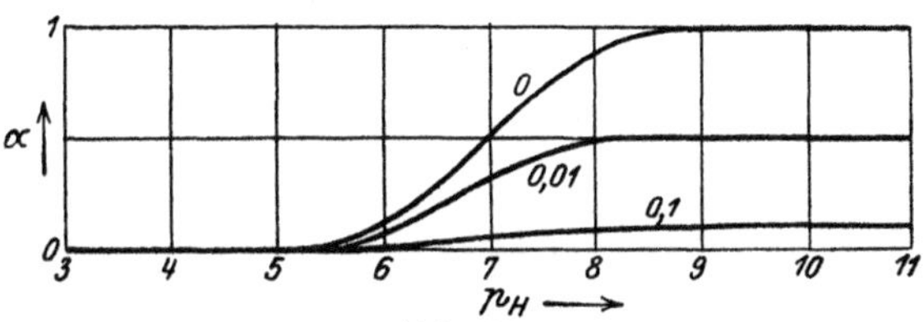

Abb. 22.

Abb. 20—22. Die Funktionen ϱ, σ, α, einer Säure mit der Dissoziationskonstante $k_a = 10^{-7}$, bei Anwesenheit eines Salzes mit einwertigem Kation in der an die Kurven angeschriebenen Konzentration, wenn die Säure mit diesem Kation ein Salz bildet, dessen Dissoziationskonstante $k_I = 10^{-2}$ ist.

Wir bezeichnen mit

1. $\mathfrak{a}$ die Gesamtkonzentration des Ampholyten;
2. $a^{\cdot}$ und a' die Konzentration der beiden Ionen desselben;
3. a die Konzentration der freien undissoziierten Ampholytmoleküle;
4. s_I die Konzentration des Salzes, welches der Ampholyt als Säure mit einem Kation bildet;

5. s_{II} die Konzentration des Salzes, welches der Ampholyt als Base mit einem Anion bildet;
6. k_a und k_b die beiden Dissoziationskonstanten des Ampholyten als Säure und als Base;
7. k_I und k_{II} die beiden Dissoziationskonstanten der beiden Ampholytsalze; k_I desjenigen mit dem Metallkation, k_{II} des mit dem Säureanion.

Wir definieren nun:

$$\frac{a}{\mathfrak{a}} = \varrho \quad \text{der Dissoziationsrest,}$$

$$\frac{a^{\cdot}}{\mathfrak{a}} = \alpha^{\cdot} \quad \text{der Kationendissoziationsgrad,}$$

$$\frac{a'}{\mathfrak{a}} = \alpha' \quad \text{der Anionendissoziationsgrad,}$$

$$\frac{s_I}{\mathfrak{a}} = \sigma_I \quad \text{der Kationensalzgrad,}$$

$$\frac{s_{II}}{\mathfrak{a}} = \sigma_{II} \quad \text{der Anionensalzgrad.}$$

Wir legen folgende Gleichgewichtsbedingungen zugrunde:

$$a' \cdot h^{\cdot} = k_a \cdot a \qquad (1)$$

$$a^{\cdot} \cdot oh' = k_b \cdot a \qquad (2)$$

$$a' \cdot i^{\cdot} = k_I \cdot s_I \qquad (3)$$

$$a^{\cdot} \cdot i' = k_{II} \cdot s_{II} \qquad (4)$$

$$a + a^{\cdot} + a' + s_I + s_{II} = \mathfrak{a} \qquad (5)$$

$$h^{\cdot} \cdot oh' = k_w. \qquad (6)$$

Hieraus ergibt sich für $\varrho = \frac{a}{\mathfrak{a}}$

$$\varrho = \frac{1}{1 + \frac{k_b}{k_w} \cdot h^{\cdot}\left(1 + \frac{i'}{k_{II}}\right) + \frac{k_a}{h^{\cdot}}\left(1 + \frac{i^{\cdot}}{k_I}\right)} \qquad (7)$$

Die ϱ-Kurve ist formal gleich derjenigen ohne Salzbildung, nur haben die Parameter eine etwas andere Bedeutung. Die Kurve verläuft so, als ob gewissermaßen durch die Gegenwart des fremden Elektrolyten die beiden Dissoziationskonstanten des Ampholyten vergrößert worden wären (ebenso wie bei der ϱ-Kurve einer einfachen Säure oder Base).

Eine weitere analytische Untersuchung ergibt für die h des Maximumwertes von ϱ

$$h_{\text{für } \varrho \max} = \sqrt{\frac{k_a}{k_b} \cdot k_w \frac{\left(1 + \frac{i^{\cdot}}{k_I}\right)}{\left(1 + \frac{i'}{k_{II}}\right)}} \qquad (8)$$

Man vergleiche damit h_{max} S. 57; und für ϱ_{max} selbst ergibt sich:

$$\varrho_{\max} = \frac{1}{1 + 2\sqrt{\frac{k_a\, k_b}{k_w}\left(1 + \frac{i'}{k_I}\right)\left(1 + \frac{i'}{k_{II}}\right)}} \tag{9}$$

Eine Anschauung von der Veränderung der ϱ-Kurve bei Gegenwart von Salzen gibt folgendes Diagramm (Abb. 23). Es sei die Lösung eines Ampholyten gegeben, mit $k_a = 10^{-7}$ und $k_b = 10^{-11}$. Die ϱ-Kurve desselben kann sich zusammengesetzt denken aus der ϱ-Kurve einer Säure mit $k_a = 10^{-7}$ (in der Abbildung bezeichnet mit ϱ_a) und einer Base mit $k_b = \frac{k_w}{10^{-11}} = 10^{-3}$ (in der Abbildung ϱ_b). $\varrho_{\max}$ entspricht $p_h = 5$. Die Änderung von p_h denke man sich durch Puffermischungen erzeugt, welche mit dem Ampholyten keine wahren Salze geben. Nunmehr werde der Lösung ein Salz zugefügt, dessen Anion mit dem Ampholyten ein Salz mit der Konstante $k_I = 0{,}1$ bildet, und dessen Kation mit dem Ampholyten ein Salz mit $k_{II} = 0{,}01$ bildet. Dadurch wird die ϱ_a-Kurve nach ϱ_a' verschoben, die ϱ_b-Kurve nach ϱ_b'. Die gesamte neue ϱ-Kurve

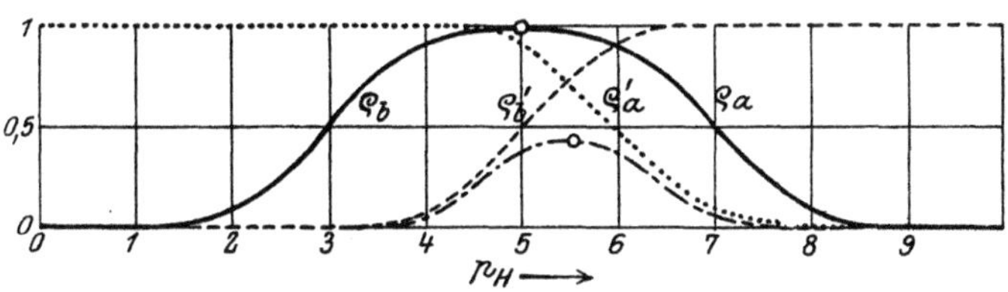

Abb. 23.

können wir wieder angenähert konstruieren, indem wir ϱ_a' und ϱ_b' zusammensetzen. Diese angenäherte Konstruktion kann dadurch der Wahrheit weiter genähert werden, daß man den Winkel, unter dem sich die beiden Kurven schneiden, abrundet, so jedoch, daß das Maximum der Kurve über dem gleichen Abszissenpunkt liegen bleibt. So erhält man die unterste, mit — · — · angedeutete Kurve. Das Maximum der ursprünglichen und dieser letzteren Kurve ist durch ein Kreischen angedeutet. Es ist in zweierlei Weise durch das Salz verändert worden. Erstens ist die Ordinate kleiner geworden, und zwar weil die ϱ_a'- und ϱ_b'-Kurve einander näher liegen als ϱ_a und ϱ_b; zweitens ist die Lage des Maximums horizontal, nach rechts, verschoben worden, weil k_I und k_{II} verschieden waren. Für den Fall, daß $k_I = k_{II}$ ist, tritt nur die erste Verlagerung des Maximums ein. Hier jedoch ist das ϱ-Maximum durch das Salz erstens in seinem absoluten Betrage verkleinert worden, zweitens ist es in ein anderes p_h gerückt worden.

Bei oberflächlicher Betrachtung könnte man meinen, daß diese Maxima die beiden isoelektrischen Punkte darstellen, daß der JP also durch das Salz verschoben worden sei. Das ist, wie wir sogleich sehen werden, nicht der Fall.

41. Der Einfluß der Salzbildung auf den isoelektrischen Punkt.

Besonders wichtig ist hier aber die Definition des isoelektrischen Punktes, IP. Früher konnten wir ihn definieren:

$$IP = h \text{ für } \varrho_{max} = \sqrt{\frac{k_a}{k_b} \cdot k_w}$$

Diese Definition hat aber nur Berechtigung, wenn keine wahren Salze des Ampholyten zugegen sind. Die sinngemäße allgemeine Definition des IP ist ja diejenige h, bei der gleichviel positive und negative Ampholytionen vorhanden sind. Um dies analytisch auch für den vorliegenden Fall übertragen zu können, führen wir den Begriff des Ladungsgrades, λ, ein. Durch quantitative Überführungsversuche könnte man feststellen, wieviel von dem Ampholyten in einem elektrischen Stromfeld gegebener Stärke in der Zeiteinheit in der Richtung des Stromes transportiert wird, wobei eine gegen den Strom wandernde Menge negativ gerechnet wird. Ist der Ampholyt nur in Form von Kationen zugegen, so ist seine Überführung die maximale.

Im allgemeinen wird nur ein Bruchteil dieser maximalen Menge übergeführt; diesen Bruchteil nennen wir den Ladungsgrad, λ. Er ist in erster Linie von der h, sodann aber auch von der wahren Salzbildung des Ampholyten abhängig. Es muß sein

$$\lambda = \alpha^{\cdot} - \alpha'$$

λ kann positiv oder negativ sein. Der isoelektrische Punkt kann nun definiert werden als diejenige h, bei welcher $\alpha^{\cdot} = \alpha'$, also $\lambda = 0$ ist.

Die Berechnung von λ ergibt sich aus der Beziehung (vgl. (2) und (1) von S. 122)

$$a^{\cdot} = \frac{a \cdot k_b}{oh'}$$

$$a' = \frac{a \cdot k_a}{h^{\cdot}}$$

Also

$$a^{\cdot} - a' = \frac{a \cdot k_b}{oh'} - \frac{a \cdot k_a}{h^{\cdot}}$$

Folglich

$$\frac{a^{\cdot} - a'}{a} = \alpha^{\cdot} - \alpha' = \lambda = \varrho\left(\frac{k_b}{oh'} - \frac{k_a}{h^{\cdot}}\right)$$

Führen wir den Wert von ϱ aus (7), S. 122 ein, so ist

$$\lambda = \frac{\frac{k_b \cdot h^{\cdot}}{k_w} - \frac{k_a}{h^{\cdot}}}{1 + \frac{k_b \cdot h^{\cdot}}{k_w}\left(1 + \frac{i'}{k_{II}}\right) + \frac{k_a}{h}\left(1 + \frac{i'}{k_I}\right)} \qquad (10)$$

Für den Fall, daß keine wahre Salzbildung eintritt, d. h. wenn entweder keine fremden Ionen vorhanden sind oder wenn deren Affinität zum Ampholyten verschwindend klein ist ($i' = i' = 0$ oder $k_I = k_{II} = \infty$), geht der Ausdruck über in

$$\lambda_0 = \frac{\frac{k_b}{oh'} - \frac{k_a}{h}}{1 + \frac{k_b}{oh'} + \frac{k_a}{h}} \tag{11}$$

Der isoelektrische Punkt ist nun diejenige h, für welche $\lambda = 0$. Es ergibt sich dann wie früher, sowohl aus der allgemeinen Gleichung für λ wie aus der speziellen Gleichung für λ_0 übereinstimmend

$$IP = \sqrt{\frac{k_a}{k_b} \cdot k_w}$$

Das heißt: Der IP wird durch echte Salzbildung nicht verschoben, ein sehr bemerkenswertes Resultat. Da wir nun gesehen haben, daß ϱ_{max} verschoben wird, so folgt daraus, daß im Falle echter Salzbildung ϱ_{max} nicht identisch ist mit dem IP.

42. Erweiterung des Begriffes der reduzierten Dissoziationskonstante.

Unsere Puffergleichung in ihrer letzten Fassung lautete bei Anwesenheit eines überschüssigen Neutralsalzes (4, S. 110)

$$h = k' \frac{[\text{freie Säure}]}{[\text{Salz der Säure}]}$$

Daß k' sich von k unterschied, deuteten wir in dem Sinne der Änderung der Aktivität der Säure-Ionen durch die Anwesenheit des Neutralsalzes. Wenn wir nun weiterhin annehmen, das Kation des überschüssigen Neutralsalzes könne ein wahres Salz mit dem Anion der schwachen Säure bilden — so wie wir dies früher immer taten, und jetzt für gewisse Fälle auch noch annehmen müssen —, so ergibt sich folgendes:

Betrachten wir nur den Dissoziationsrest, ϱ. Die erste Annäherungsformel für diesen war

$$\varrho = \frac{1}{1 + \frac{k}{h}} \tag{1}$$

Die Aktivitätstheorie fordert, daß wir bei Salzgegenwart statt der Konstanten k die auf die betreffende Neutralsalzkonzentration reduzierte Konstante k' benutzen:

$$\varrho = \frac{1}{1 + \frac{k'}{h}} \qquad (2)$$

Nehmen wir nun an, daß das Anion der Puffersäure mit dem Kation des Neutralsalzes (welches die Konzentration i habe) ein Salz mit der Dissoziationskonstanten k_s bilde, so ist nach (I), S. 119

$$\varrho = \frac{1}{1 + \frac{k'}{h}\left(\frac{i}{k_s} + 1\right)} \qquad (3)$$

Die Formeln (2) und (3) unterscheiden sich nur dadurch, daß die Größe k' aus (2) in (3) ersetzt ist durch $k'\left(\frac{i}{k_s} + 1\right)$. Da bei konstantem Neutralsalzgehalt der Klammerausdruck konstant ist, können wir das Ganze als eine Konstante k'' zusammenfassen und aus (3) wird

$$\varrho = \frac{1}{1 + \frac{k''}{h}} \qquad (3a)$$

Formal wird also nichts geändert, außer daß wir ein anderes k anwenden, d. h. die ϱ-Kurve horizontal verschieben; das gleiche formale Verfahren wie bei der Einführung des k' gegenüber dem früheren k.

Man konnte Bedenken haben, ob der Begriff der „auf einen bestimmten Neutralsalzgehalt reduzierten Konstante" sich auch halten ließe, wenn wir die Voraussetzung der totalen Dissoziation aller Salze fallen lassen. Es zeigt sich hier also, daß diese Bedenken ungerechtfertigt sind. Wir können nur im einzelnen Fall nicht immer entscheiden, ob die scheinbare Veränderung des k zu k' auf einer Aktivitätswirkung oder einer echten Salzbildung beruht. Für die physiologische Benutzung der „reduzierten Konstante" einer schwachen Säure ist dies aber belangslos; wir können unsere Ionengleichgewichte immer berechnen, wenn wir die praktisch brauchbare, wenn theoretisch noch so komplex entstandene „reduzierte Dissoziationskonstante" der Säure für den betreffenden Neutralsalzgehalt der Lösung kennen. Die Menge der undissoziierten Säuremoleküle läßt sich jedenfalls bei Benutzung der richtig reduzierten Konstante immer einwandfrei berechnen;

unbestimmt bleibt nur, wieviel von den übrigen Säuremolekülen als Ionen und wieviel als wahre Salzmoleküle zugegen sind.

Alle diese Betrachtungen gelten für einwertige Ionen. Bildet aber eine schwache Säure mit einem zweiwertigen Ion ein Salz (z. B. Acetatpuffer + $CaCl_2$), so tritt nicht die einfache Horizontalverschiebung der ϱ-Kurve auf, sondern gleichzeitig eine Versteilerung. Wegen des näheren Berechnens dieser Verhältnisse wird auf die Originalarbeit[1]) verwiesen. Ebenso treten eigenartige Komplikationen auf, wenn wir annehmen, daß die Säuremoleküle in der Lösung zu 2 oder mehreren Molekülen assoziiert sind und sich dem kolloiden Zustand nähern. Auch hierüber verweise ich auf dieselbe Originalarbeit.

E. Die elektrolytische Dissoziation in nichtwäßrigen Lösungen.

Inhaltsübersicht.

Es wird das Wenige, was wir über die Dissoziation in nichtwäßrigen Lösungen wissen, mitgeteilt, soweit es physiologisch von Interesse zu werden verspricht.

43. Sehen wir von einigen Ausnahmen, wie z. B. der Blausäure ab, so ist die elektrolytische Dissoziation in keinem Lösungsmittel auch nur annähernd so groß wie im Wasser. Je kleiner die Dielektrizitätskonstante eines Lösungsmittels wird, um so geringer wird ihr dissoziierendes Vermögen gegenüber gelösten Elektrolyten. Im lebenden Organismus gibt es außer den wäßrigen Phasen noch die „lipoiden" Phasen, das sind chemische Systeme, in denen nicht das Wasser die Grundsubstanz bildet, sondern Stoffe vom Charakter der echten Fette oder Lecithine und verwandter Stoffe. Diese Phasen bilden im Organismus entweder mikroskopische oder gar ultramikroskopische Gebilde in Form ihrer kolloiden Lösungen, oder auch zusammenhängende Phasen, wie etwa in den Markscheiden der Nerven. Besonders viele Membranen enthalten Lipoide. Ob sie in ihnen eine wirklich zusammenhängende Phase bilden, oder ob Lipoidbestandteile mit nichtlipoiden in mosaikartiger Anordnung sich gleichzeitig am Bau der Membranen beteiligen, ist noch nicht entschieden. Aber ob nun die Lipoidsubstanzen zusammenhängen, oder ob sie als eine „disperse" Phase inmitten einer als Dispersionsmittel dienenden wäßrigen Phase aufzufassen sind, jedes einzelne Lipoidtröpfchen ist auf alle Fälle ein chemisches System von wesentlich niedrigerer Dielektrizitätskonstante als das Wasser, und in seiner

---

[1]) L. Michaelis, Biochem. Zeitschr. **106**, 83 (1920).

Eigenschaft als Lösungsmittel für Elektrolyte verhält es sich ganz anders als Wasser.

Unsere Kenntnisse von der Dissoziation der Elektrolyte in solchen organischen Lösungsmitteln sind noch sehr lückenhaft. Es ist ein dringendes Bedürfnis, diese Lücken auszufüllen, da wir nur dadurch instand gesetzt werden, die Rolle der Lipoide, besonders als Ursache der bioelektrischen Erscheinungen aufzuklären. Die Ursache für die mangelnde Kenntnis liegt in Schwierigkeiten der Methode. Diejenige Methode, welche in wäßriger Lösung die Kenntnis der Dissoziation am meisten vermittelt, die Messung des Leitvermögens, ist bei den Lipoiden viel schwieriger, weil ihr eigenes Leitvermögen ganz außerordentlich viel kleiner ist und gelöste Elektrolyte in ihnen so wenig dissoziiert sind, daß die Leitfähigkeit auf alle Fälle sehr klein bleibt. Es ist auch meist nicht möglich, den Wert Λ_∞ zu extrapolieren. Die zweite Methode, die in wäßrigen Lösungen weiter führte, waren die Konzentrationsketten. Die Messung der elektromotorischen Kraft derselben ist in wäßrigen Lösungen leicht auszuführen; diese Methoden gehen alle auf Messung von elektrischen Strömen bzw. Kompensation von Strömen durch entgegengerichtete Ströme zurück. Die Lipoide bieten dem Strom so ungeheure Widerstände, daß meßbare Stromstärken meist nicht erreichbar sind. Man kann hier meist nur elektrostatische Spannungen messen. Geeignete Instrumente sind hierzu das Quadrantelektrometer von Thomson oder seine neuere Modifikation, das Binantelektrometer von Dolezalek. Diese Methoden sind denn auch von Cremer[1]), Haber und Klemensicwicz[2]), Jacques Loeb[3]), Beutner[4]) mit Erfolg verwendet worden, allerdings nur zum Teil in der hier gedachten Absicht, den Dissoziationsgrad der Elektrolyte zu bestimmen. So haben wir überhaupt nur einige Anhaltspunkte für die gestellte Frage. Zunächst muß eine Gesetzmäßigkeit erwähnt werden, welche P. Walden[5]) gefunden hat. Schon oben wurde ein Befund von Walden berichtet: wenn man diejenigen Konzentrationen c eines bestimmten Elektrolyten in verschiedenen Lösungsmitteln miteinander ver-

[1]) Cremer, Zeitschr. f. Biol. **47**, 1 (1906).

[2]) Haber und Klemensiewicz, Ann. d. Physik [4] **26**, 927 (1908).

[3]) Jacques Loeb, Journ. of. gen. Physiol. **3**. 667 (1921).

[4]) R. Beutner, Die Entstehung elektrischer Ströme in lebenden Geweben. Stuttgart 1920.

[5]) P. Walden, Zeitschr. f. physik. Chem. **54**. 228 (1905); **94**. 263 u. 372 (1920).

gleicht, welche den gleichen Dissoziationsgrad haben, so ergibt sich, daß die Kubikwurzeln dieser Konzentrationen c den Dielektrizitätskonstanten D der Lösungsmittel proportional sind, oder

$$D_1 : D_2 = \sqrt[3]{c_1} : \sqrt[3]{c_2}$$

Man sucht z. B. für einen Elektrolyten für verschiedene Lösungsmittel diejenige Konzentration c auf, bei der der Dissoziationsgrad $\alpha = 0{,}5$ ist. Nun ist nach dem Ostwaldschen Verdünnungsgesetz, d. h. nach dem Massenwirkungsgesetz

$$\frac{\alpha_2}{1-\alpha} \cdot c = k$$

wo k die Dissoziationskonstante des Elektrolyten ist. Setzen wir $\alpha = 0{,}5$, so ist

$$\frac{0{,}25}{0{,}5} \cdot c = k$$

oder

$$c = 2\,k$$

also c ist proportional k.

Setzen wir das in die vorige Gleichung ein, so ist

$$D_1 : D_2 = \sqrt[3]{k_1} : \sqrt[3]{k_2}$$

wo k_1 und k_2 die Dissoziationskonstanten der Elektrolyten in den beiden Lösungsmitteln bedeutet. Walden fand denn auch in der Tat, daß für eine große Reihe von Elektrolyten diese Beziehung ziemlich gut bestätigt wurde. Die von ihm geprüften Elektrolyte waren aber durchweg starke (wie KCl, NaJ, $AgNO_3$, $N(C_2H_5)_4J$ u. a.), auf die man das Ostwaldsche Verdünnungsgesetz gerade nicht anwenden kann. Einer allgemeinen Durchführung der Idee von Walden stehen somit noch Schwierigkeiten im Wege.

Gewisse weitere Aufschlüsse über die Dissoziation von Elektrolyten in organischen Lösungsmitteln geben uns Untersuchungen von R. Beutner[1]):

Viele der anorganischen, in Wasser leicht löslichen Elektrolyte wie KCl sind in Ölen überhaupt nicht meßbar löslich. Einen besseren Einblick erhält man, wenn man mit organischen Säuren, Basen und Salzen von solchen arbeitet. Löst man Salicylsäure in Nitrobenzol, so steigt die Leitfähigkeit bedeutend an; ebenso durch Dimethyltoluidin. Löst man nun äquivalente Mengen Salicylsäure und Dimethyltoluidin, so ist die Leitfähigkeit bedeutend größer als die Summe der einzelnen Leitfähigkeiten.

[1]) R. Beutner, Die Entstehung elektrischer Ströme in lebenden Geweben. Stuttgart 1920.

Wir können hieraus schließen, daß das Salz stärker dissoziiert ist als die Säure oder die Base, und das war ja in wäßrigen Lösungen ebenso. Aber auch die Hydrolyse dieses Salzes ist in Ölen sehr viel größer als in Wasser. Der größte Teil der Säure und Base bleibt nebeneinander bestehen. Das erkennt man an folgendem:

Fügt man zu einem Gemisch von viel Säure und wenig Base weitere Base hinzu, so müßte die Leitfähigkeit ungefähr proportional der zugefügten Base steigen, wenn die Base zur Salzbildung vollständig verbraucht würde. Die Leitfähigkeit wächst aber weniger als erwartet. Folglich muß man annehmen, daß die Base nicht völlig zur Salzbildung verbraucht wird, d. h. daß das Salz weitgehend hydrolytisch gespalten bleibt, sogar bei Säureüberschuß.

Als experimentelle Beläge für diese Anschauung mögen folgende Versuche von R. Beutner dienen.

Eine $^1/_1$ mol. Lösung von Salicylsäure in Nitrobenzol zeigte bei erhöhter Temperatur (kalt ist nicht soviel löslich) eine Leitfähigkeit von 3,5 reziproken Megohm[1]); umgerechnet auf Zimmertemperatur	2 rezipr. Megohm
Eine $^1/_1$ mol. Lösung von Dimethyltoluidin in Nitrobenzol	0,1 „ „
Eine Lösung von $^1/_1$ mol. Salicylsäure + $^1/_1$ mol. Dimethyltoluidin in Nitrobenzol	430 „ „

$^1/_{25}$ mol. Lösung von Salicylsäure + $^1/_{100}$ mol. Dimethyltoluidin in Nitrobenzol	18,5 „ „
$^1/_{25}$ mol. Salicylsäure + $^1/_{50}$ mol. Dimethyltoluidin in Nitrobenzol	23,8 „ „ (statt 37, wie es der Fall sein müßte, wenn alle Base für die Salzbildung verbraucht würde)
$^1/_{25}$ mol. Salicylsäure + $^1/_{25}$ mol. Dimethyltoluidin in Nitrobenzol	27,5 rezipr. Megohm (statt 74)

Eine quantitative Verwertung dieser Zahlen zur Berechnung von Dissoziationskonstanten ist leider nicht durchführbar, da das Ostwaldsche Verdünnungsgesetz, d. h. das Massenwirkungsgesetz in öligen Lösungen für die Elektrolyte nicht zutrifft aus Gründen, die noch erforscht werden müssen; wahrscheinlich infolge von Molekülassoziationen, denen vor allem die elektroneutralen Moleküle unterliegen.

---

[1]) 1 Megohm = 1 Million Ohm.

Ein zweiter Unterschied ist der, daß es in öligen Lösungen keine Säuren und Basen gibt, welche ebenso stark dissoziiert sind wie Salze: es gibt keine „starken" Säuren und Basen. Es gibt also überhaupt nur schwache Elektrolyte: nämlich sämtliche Salze; und äußerst schwache Elektrolyte: nämlich sämtliche Säuren und Basen.

Die Definition der sauren und alkalischen Reaktion wäre dieselbe wie in wäßrigen Lösungen; bei neutraler Reaktion ist $h = oh$. Methoden zu ihrer Bestimmung besitzen wir aber noch nicht. Eine Gaskette mit einer öligen Flüssigkeit ist noch nicht untersucht worden; auch ist die Dissoziationskonstante des Wassers

$$\frac{[H^{\cdot}][OH']}{[H_2O]} = k_W$$

(wo $[H_2O]$ wieder eine dem Wasserdampfdruck proportionale Größe bedeutet) nicht bekannt und zweifellos in hohem Maße von der Natur des Öles, insbesondere seiner Dielektrizitätskonstante, abhängig. Irgendwelche Indikatormethoden in öligen Phasen anzuwenden, ist bis heute ganz sinnlos. Die Aufdeckung dieser groben Lücke ist das einzige, was wir heute hierüber mitteilen können.

Der prinzipielle Unterschied der beiden Klassen von Elektrolyten: 1. Säuren und Basen, 2. Salze, scheint also in Lösungsmitteln selbst von kleiner Dielektrizitätskonstante immer noch erkennbar zu sein, und somit heben sich die $H^{\cdot}$- und OH'-Ionen in dieser Beziehung auch hier als etwas Besonderes heraus. Dies ist um so bemerkenswerter, als die andere Besonderheit der $H^{\cdot}$- und OH'-Ionen, ihr abnorm hohes Leitungsvermögen, in solchen Flüssigkeiten durchaus nicht zu erkennen ist. $H^{\cdot}$- und OH'-Ionen haben z. B. in organischen wasserfreien Lösungsmitteln keine größere Beweglichkeit als Alkali- oder Halogen-Ionen. Die abnorm hohe Leitfähigkeit der $H^{\cdot}$ und OH'-Ionen in Wasser ist von Arrhenius auf folgende Weise erklärt worden. Wenn ein sich bewegendes $H^{\cdot}$-Ion an ein H_2O-Molekül anstößt, so verbindet es sich mit dem OH-Rest desselben und setzt augenblicklich den H-Rest dieses Moleküls als $H^{\cdot}$-Ion in Freiheit. Dadurch wird bei der Stromleitung der Weg, welcher der Dicke des H_2O-Moleküls entspricht, gespart, und es wird eine abnorm hohe Beweglichkeit des $H^{\cdot}$-Ions hervorgetäuscht. Dasselbe gilt vom OH'-Ion. Allgemein scheinen in jedem Lösungsmittel diejenigen Ionenarten, welche das Lösungsmittel selbst zu liefern vermag, von abnorm hoher Leitfähigkeit zu sein. Diese Vorstellung ähnelt sehr der einst von Grotthus aufgestellten Theorie der elektrolytischen Stromleitung überhaupt, welche vor der Arrheniusschen Theorie der Dissoziation die herrschende war.

II. Die Ionen, insbesondere die H˙-Ionen, als Quelle elektrischer Potentialdifferenzen.

44. Einleitung.

Alle Lösungen von Elektrolyten enthalten gleiche Mengen positiver und negativer Ionen. Abweichungen von diesem Satz sind nur in einem so geringen Grade möglich, daß es niemals auf chemisch-analytischem Wege möglich ist, die Ungleichheit der Mengen beider Ionenarten nachzuweisen. Aber trotzdem, wegen der großen Elektrizitätsmengen, die dabei in freiem Zustand auftreten, ist diese Ungleichheit physikalisch nachweisbar und die Ursache mannigfacher elektrischer Erscheinungen. Es ist nicht die Aufgabe dieses Buches, diese in gleicher Ausführlichkeit wie die Ionengleichgewichte zu besprechen. Da aber schon die Methoden der h-Messung auf diesen Erscheinungen beruhen, müssen sie soweit erörtert werden, als es mit Rücksicht hierauf erforderlich ist. Die Darlegungen sollen aber auch nach der Richtung erweitert werden, in der sie voraussichtlich auf die physiologische Forschung überhaupt Einfluß haben werden.

Von den durch ungleichmäßige Ionenverteilung erzeugten Potentialdifferenzen können wir mehrere Gruppen unterscheiden; 1. die Elektrodenpotentiale, d. s. Potentiale, die an der Grenze eines Metalls gegen eine Lösung ihren Sitz haben; 2. die Diffusionspotentiale, die an der Berührungsstelle zweier verschiedenartiger oder verschieden konzentrierter Elektrolytlösungen entstehen; 3. die Phasengrenzpotentiale, die allgemein an der Grenzfläche zweier Phasen ihren Sitz haben, derart, daß die eine Phase gegen die andere das Potential zeigt; 4. die Membranpotentiale, welche auf der Undurchlässigkeit gewisser Membranen für gewisse Ionen beruhen; 5. die Adsorptionspotentiale, welche ebenfalls an einer Phasengrenzfläche entstehen, aber derart, daß die Grenzschicht der einen Phase gegen den Rest der gleichen Phase den Potentialunterschied zeigt.

A. Die Elektrodenpotentiale.

Inhaltsübersicht.

Die Nernstsche Theorie der metallischen Elektrodenpotentiale wird entwickelt und auf die Konzentrationsketten angewendet, von denen die Wasserstoffgasketten für die Physiologie die wichtigsten sind. Die Anwendung der Nernstschen Theorie auf Ketten mit verschiedenen Metallelektroden wird kurz erläutert und die elektrolytische Spannungsreihe mitgeteilt.

45. Das Einzelpotential einer Elektrode.

Ein Metall, welches in eine Lösung gesteckt wird, zeigt im allgemeinen einen Potentialunterschied gegen die Lösung. Diese seit langem ganz geläufige Erkenntnis hat ihre theoretische Durcharbeitung erst nach der Begründung der Ionenlehre finden können und durch Nernst erhalten. Es war schon lange bekannt, daß der Potentialunterschied eines Metalles gegen eine Lösung erstens von der Natur des Metalles, zweitens von der Zusammensetzung der Lösung und drittens in geringerem Grade von der Temperatur abhängt. Die Zusammensetzung der Lösung bezieht sich sowohl auf das Lösungsmittel wie auf die gelösten Elektrolyte. Als Lösungsmittel wollen wir zunächst nur das Wasser in Betracht ziehen. Was die Elektrolyte betrifft, so kommt es nur auf die Konzentration derjenigen Ionenart an, welche das Metall zu liefern imstande ist. Alle anderen Ionenarten, welche sonst noch in Lösung sind, sind für die Größe des Potentialunterschiedes des Metalls gegen die Lösung belanglos. So ist das Potential einer Silberelektrode gegen eine 0,001 n-Lösung von $AgNO_3$ dasselbe wie gegen eine 0,001 n-Lösung von $AgClO_3$ oder sonst eines Silbersalzes, d. h. wenn man aus diesen beiden Elektroden eine galvanische Kette aufbaut, so ist ihre elektromotorische Kraft = 0. Wenn man aber Silber einerseits in 0,01 $nAgNO_3$, andererseits in 0,001 $nAgNO_3$ taucht, so gibt diese Kette einen Strom. Ob sich in diesen Lösungen außerdem noch irgend ein Salz z. B. 0,01 $nKNO_3$, befindet, ist ganz belangslos, wofern dieses Salz nicht durch chemische Reaktion in der Lösung die Konzentration der gelösten $Ag^{\cdot}$-Ionen verändert; durch Zusatz von NaCl würde fast alles Ag als

AgCl ausfallen, und insofern, aber nur insofern, hat NaCl einen Einfluß auf das Potential.

Wir stellen also an den Eingang unserer theoretischen Ableitung des Nernstschen Elektrodenpotentials die Erfahrungstatsache, daß der Potentialunterschied eines Metalls gegen eine Lösung nur von der Konzentration der in dieser Lösung befindlichen Ionen dieser Metallart abhängt. Das können wir formulieren:

$$\pi = f(c)$$

π bedeutet das Potential, c die Konzentration der betreffenden Ionenart. Es ist jetzt unsere Aufgabe, diese Funktion f (c) näher zu charakterisieren. Zu diesem Zweck machen wir von dem Grundsatz der Thermodynamik Gebrauch:

Wenn ein chemisches System in umkehrbarer Weise von einem Zustand in einen zweiten übergeht, so ist die maximale Arbeit, die aus dieser Zustandsänderung gewonnen werden kann, unabhängig von dem Wege oder der Art und Weise, auf welche die Veränderung vonstatten geht, wofern sie nur immer reversibel verläuft.

Wenn nun eine metallische Elektrode als der eine Pol eines galvanischen Elementes benutzt wird, so lehrt die Erfahrung, daß der an dieser Elektrode beim Stromschluß verlaufende Vorgang in vielen Fällen reversibel ist. Je nach den Umständen, nach der Richtung des entstehenden Stromes, wird dabei Metall aufgelöst oder abgeschieden. Läßt man nun z. B. den Strom so lange fließen, bis ein Gramm-Ion Ag aufgelöst ist und schickt dann mit Hilfe einer anderen Stromquelle, welche entgegengesetzt gerichteten Strom liefert, durch die erste Kette einen Strom in entgegengesetzter Richtung von der gleichen Ampèrestundenzahl wie der erste, so wird genau so viel Ag abgeschieden als vorher aufgelöst wurde: der Vorgang ist reversibel. Der Anfangs- und Endzustand der Elektrode (wenn man den Vorgang nicht wieder rückgängig macht) unterscheidet sich dadurch, daß in der Lösung zum Schluß 1 g-Ion Ag mehr gelöst ist als zu Anfang. Diese Veränderung des Systems können wir nun auch auf anderem als dem elektrischen Wege erreichen, der ebenfalls reversibel ist: indem wir durch Fortnahme von Wasser die Lösung soweit einengen, daß ihre Konzentration um den betreffenden Betrag erhöht wird, und dann das nun fehlende Volumen dadurch ergänzen, daß wir es in Form einer entsprechend höher konzentrierten Lösung wieder hinzufügen. Das Fortnehmen des Wassers muß allerdings auf reversiblem Wege geschehen, also mit Hilfe eines osmotischen, für Ag -Ionen undurchlässigen Stempels. Mit einem solchen Stempel komprimieren wir die Lösung, bis ihre Konzentration den gewünschten Betrag erreicht hat.

Wir können nun einerseits die elektrische, andererseits die osmotische Arbeit berechnen. Die elektrische Arbeit ist gleich dem Produkt aus der Potentialdifferenz π und der transportierten Elektrizitätsmenge, d. h. 96540 Coulombs, welche den 1 g-Ion $Ag^{\cdot}$ anhaften. Diese 96540 Coulombs nennt man 1 F (Faraday). Die elektrische Arbeit ist daher $= \pi \cdot F$. Wäre das Potential statt dessen $\pi + d\pi$ gewesen, so wäre die Arbeit um den Betrag $dA = F \cdot d\pi$ größer gewesen.

Die osmotische Arbeit besteht allein in der Kompressionsarbeit; die Auffüllung auf das ursprüngliche Volumen erfordert und leistet keine Arbeit, weil sie mit keiner Konzentrationsänderung verbunden ist. Diese osmotische Arbeit hängt von dem osmotischen Druck ab, gegen den sie wirkt, d. h. von der Konzentration der schon in Lösung befindlichen $Ag^{\cdot}$-Ionen. Sie ist also nicht ohne weiteres anzugeben. Aber soviel können wir sagen: besteht der osmotische Vorgang in einer Dilatation und ist in einem Fall der osmotische Druck $= p$, in einem zweiten Fall $p - dp$, so ist im zweiten Fall die Arbeit $v \cdot dp$ weniger zu gewinnen als im ersten. Hier bedeutet v das Volumen, welches 1 g-Ion in der Lösung einnimmt. Besteht der Vorgang in einer Kompression, so ist das Vorzeichen negativ zu nehmen.

Die osmotische Arbeit muß also gleich der elektrischen sein, was man zunächst in differentialer Form ausdrücken kann:

$$F\,d\pi = -v\,dp$$

Da $pv = RT$ und $v = \frac{RT}{p}$, so folgt

$$F\,d\pi = -\frac{RT}{p}\,dp$$

$$d\pi = -\frac{RT}{F} \cdot \frac{dp}{p}$$

und integriert

$$\pi = \frac{RT}{F} \ln \frac{1}{p} + \text{Const.}$$

Diese Integrationskonstante können wir auch mit $\frac{RT}{F} \cdot \ln P$ bezeichnen und erhalten

$$\pi = \frac{RT}{F} \ln \frac{P}{p} \tag{1}$$

Ist $p = P$, so ist $\pi = 0$. P stellt somit denjenigen osmotischen Druck der betreffenden Ionenart dar, gegen den die Elektrode das Potential 0 hat. Hierin steckt die physikalische Deutung der Integrationskonstante.

Da in sehr verdünnten Lösungen die osmotischen Drucke den Konzentrationen proportional sind, kann man auch schreiben

$$\pi = \frac{RT}{F} \ln \frac{C}{c} \tag{2}$$

wo c die Konzentration der Ionen in der gegebenen Lösung ist, und C diejenige in einer solchen Lösung, gegen welche die Elektrode das Potential $= 0$ haben würde.

Wir müssen nur noch näher erörtern, was wir unter dem osmotischen Druck einer Ionenart zu verstehen haben. Für extrem verdünnte Lösungen besteht keine Schwierigkeit; Druck und Konzentration sind dann proportional. In höheren Konzentrationen ist das nicht mehr streng der Fall. Man muß dann die Formel (1) anwenden, wo die Drucke vorkommen. Früher trug man nun keine Bedenken, unter dem osmotischen Druck diejenige Größe zu verstehen, wie sie sich aus Gefrierpunktsbestimmungen ergab. Fand man also z. B., daß der Gefrierpunkt einer n KCl-Lösung 1,8 mal so groß sei als der einer n-Zuckerlösung, so schloß man daraus, daß der „osmotische Druck" der KCl-Lösung 1,8 mal so groß sei, und man nahm an, daß das daher komme, daß infolge unvollkommener Dissoziation 1,8 mal (statt 2 mal) so viel Einzelmoleküle (d. h. Ionen) in Lösung seien als in der Zuckerlösung. Jetzt nimmt man an, daß 2 mal so viel Moleküle als in der Zuckerlösung vorhanden sind (s. S. 99), daß aber die elektrostatischen Kräfte einen Einfluß auf die Gefrierpunktserniedrigung haben; wir haben früher auseinander gesetzt, daß diese Kräfte auch einen (und zwar einen anderen) Einfluß auf die aktive Masse der Ionen haben, und diese müssen wir offenbar unter den „Drucken" p und P verstehen. Wenn wir bei unserer Ableitung in Anlehnung an die bisherige Konvention von „osmotischen Drucken" sprechen, so müssen wir uns bewußt werden, daß wir heutzutage darunter nicht mehr diejenigen „osmotischen Drucke" verstehen dürfen, wie wir sie aus Gefrierpunktserniedrigungen herausrechnen, sondern, daß wir besser täten, statt osmotischer Druck lieber „aktive Massen" zu sagen.

Die aktiven Massen finden wir aus den Konzentrationen, indem wir die letzteren mit einem Faktor f_a multiplizieren, welcher derart gewählt wird, daß die nur annähernd richtige Formel (2) sich mit den Messungen der EMK genau deckt. Hierin liegt zunächst eigentlich ein Circulus vitiosus. Man stellt eine Formel (2) auf, sieht, daß sie nicht ganz richtig ist, korrigiert einige Größen durch empirische Faktoren und findet dann natürlich, daß die Formel nunmehr streng richtig ist. Trotz eines Körnchens Wahrheit, die in solcher Darstellung läge, ist sie im ganzen doch nicht berechtigt, weil wir die Ursachen für die Notwendigkeit dieser Korrekturen qualitativ eingesehen haben und in einigen geeigneten Fällen auch quantitativ auf Grund gesicherter Annahmen ziemlich genau im voraus berechnen konnten. Es kommt hinzu, daß selbst die unkorrigierte Formel ganz offensichtlich als Grenzgesetz für hohe Verdünnungen streng richtig ist. Es ist nicht zu bezweifeln, daß die quantitative Berechnung der Aktivitätsfaktoren auch aus anderen als elektromotorischen Daten nur noch eine Frage kurzer Forschungszeit ist, und dann wird auch kein Grund mehr sein, von einem Circulus vitiosus zu sprechen. Bei der Neuheit des Begriffs der Aktivitätsfaktoren erschien es mir nur angebracht, auf diese Schwierigkeit hinzuweisen und den leicht aufkommenden Vorwurf des Circulus vitiosus gleich im Keim zu ersticken.

Wählen wir statt der Aktivitätstheorie die S. 112 gegebene Darstellungsweise, so können wir, wie mir scheint, mit noch größerer Klarheit, folgendes sagen. Die Konzentration C der stromliefernden Ionen, gegen welche das Metall das Potential 0 hat, variiert etwas je nach der Menge und Art der in Lösung überhaupt befindlichen (also nicht nur der stromliefernden) Ionen. Wenn wir daher die Konzentration der stromliefernden Ionen stark variieren, ohne durch entsprechende Variation der nicht stromliefernden Elektrolyte den Gesamtelektrolytgehalt der Lösung einigermaßen gleichartig zu halten, so ändern wir nicht nur c, sondern auch C. Und daher ist in der Gleichung $\pi = \frac{RT}{F} \ln \frac{C}{c}$ der Ausdruck C nicht mehr als eine Konstante in strengem Sinne zu betrachten.

46. Die Konzentrationskette.

Wir haben nun im allgemeinen keine Methode, um ein beliebiges Einzelpotential einer Elektrode zu messen, sondern wir stellen zwei Elektroden zu einer Kette zusammen und messen die elektromotorische Kraft derselben, die wir als die Differenz der Einzelpotentiale deuten. Wir können nun Ketten aus verschiedenen Metallen zusammenstellen, oder solche aus gleichen Metallen, die sich nur durch die Konzentration der Lösungen unterscheiden, die Konzentrationsketten. Entsprechend der Absicht dieses Buches beschäftigen wir uns hauptsächlich und zunächst mit der Theorie der letzteren.

Zwei Silberelektroden tauchen in eine Lösung von $AgNO_3$; links sei die Konzentration $= c_1$, rechts c_2. Wir nehmen zunächst an, daß an der Berührungsstelle der beiden Lösungen keine Potentialdifferenz besteht, was praktisch ja häufig nahezu realisiert ist und später besonders behandelt werden wird. Dann ist

$$\pi_1 = \frac{RT}{F} \ln \frac{C}{c_1} \qquad \pi_2 = \frac{RT}{F} \ln \frac{C}{c_2}$$

und die EMK

$$E = \pi_1 - \pi_2 = \frac{RT}{F} \ln \frac{C}{c_1} \cdot \frac{c_2}{C}$$

$$E = \frac{RT}{F} \ln \frac{c_2}{c_1}$$

Die Konstante C fällt also aus der Gleichung heraus. Solche Ketten sind leicht realisierbar, und wir müssen deshalb zunächst an die zahlenmäßige Auswertung der Größen R geben. Wir wollen E in Volt erhalten, müssen daher die Gaskonstante R in elektrostatische Einheiten umrechnen.

Sind die stromliefernden Ionen n-wertig, so ist entsprechend

$$E = \frac{RT}{n \cdot F} \cdot \ln \frac{c_2}{c_1}$$

47. Die zahlenmäßige Auswertung der Nernstschen Formel in Volt.

Die Größe R ist nach den Gasgesetzen definiert als

$$R = \frac{p \cdot v}{T} = \frac{p_0 \cdot v_0}{273{,}09}$$

wo p den Druck eines idealen Gases bedeutet, v das Volumen, welches 1 Mol derselben bei dem Druck und der absoluten Temperatur T einnimmt. p_0 und v_0 sind die entsprechenden Werte für 0^0 C, und 273,09 ist der absolute Temperaturwert von 0^0 C. Wir setzen v_0 für 0^0 C und 1 Atmosphäre Druck nach Berthelot = 22412 ccm; p_0 = 1 Atmosphäre = 76 cm Quecksilber von 0^0 C = 980,665 · 76 · 13,595 = 1013280 Dyn pro qcm. Also ist R = 83157720 Erg.

10^7 Erg sind = 1 Joule; daher ist R = 8,313 Joule oder Volt × Coulombs. F war = 96450 Coulombs, und es ergibt sich für die EMK einer Konzentrationskette, wenn t die Temperatur in gewöhnlichen Celsiusgraden ist,

$$E = \frac{8{,}313 \cdot (273 + t)}{96\,540} \ln \frac{c_1}{c_2} \text{ Volt}$$

Dividieren wir den natürlichen Logarithmus durch 0,4343, so erhalten wir den dekadischen Logarithmus, und es wird:

$$E = 0{,}0001985 \cdot (273 + t)\ {}^{10}\log \frac{c_1}{c_2}$$

$$= \vartheta \cdot {}^{10}\log \frac{c_1}{c_2}$$

Folgende Tabelle gibt die Werte von ϑ bei verschiedenen Temperaturen:

t	ϑ	t	ϑ	t	ϑ	t	ϑ	t	ϑ	t	ϑ
0° (°C)	0,0542	16°	0,0573	22°	0,0585	28°	0,0597	34°	0,0609	40°	0,0621
5°	0,0552	17°	0,0575	23°	0,0587	29°	0,0599	35°	0,0611	45°	0,0631
10°	0,0561	18°	0,0577	24°	0,0589	30°	0,0601	36°	0,0613	50°	0,0641
12°	0,0566	19°	0,0579	25°	0,0591	31°	0,0603	37°	0,0615	60°	0,0661
14°	0,0569	20°	0,0581	26°	0,0593	32°	0,0605	38°	0,0617	70°	0,0680
15°	0,0571	21°	0,0583	27°	0,0595	33°	0,0607	39°	0,0621	80°	0,0700

Mit Anwendung dieser Zahlenwerte kann man bei richtigen Versuchsbedingungen die Nernstsche Formel für Konzentrationsketten mit großer Genauigkeit experimentell bestätigen. Die experimentellen Daten früherer Jahre gingen oft nicht über eine Genauigkeit zwischen beobachtetem und berechnetem Wert im Betrag von 0,002—0,003 Volt. Das lag aber nur an den unvollkommenen Vorstellungen über die Dissoziation der starken Elektrolyte und an unvollkommener Vernichtung des Diffusionspotentials an der Grenze der beiden Lösungen. Am geeignetsten zum Beweis für die absolute Exaktheit der Nernstschen Formel scheinen mir folgende Ketten:

$$\left.\begin{matrix}\mathrm{Pt}\\ \mathrm{H_2}\end{matrix}\right\},\ \begin{matrix}\mathrm{HCl}\,(c_1)\\ +\ \mathrm{KCl}\ 1{,}0\ \mathrm{n}\\ \mathrm{I}\end{matrix}\ \Bigg|\ \begin{matrix}\text{gesättigte}\\ \text{KCl-Lösung}\end{matrix}\ \Bigg|\ \begin{matrix}\mathrm{HCl}\,(c_2)\\ +\ \mathrm{KCl}\ 1{,}0\ \mathrm{n}\\ \mathrm{II}\end{matrix}\ \left\{\begin{matrix}\mathrm{Pt}\\ \mathrm{H_2}\end{matrix}\right.$$

Hierbei müssen die Konzentrationen c_1 und c_2 klein gegen die KCl-Konzentration (1,0 n) sein, also etwa zwischen 0,0001 und 0,05 n. Durch den Überschuß an KCl wird bewirkt, daß 1. der Dissoziationsgrad der HCl (oder besser gesagt: der Aktivitätsfaktor der $H^{\cdot}$-Konzentration) auf beiden Seiten gleich ist, so daß das Verhältnis der HCl-Konzentrationen wirklich gleich dem der $H^{\cdot}$-Aktivitäten ist; 2. daß das Diffusionspotential verschwindend klein wird. Derartige Ketten zeigen eine EMK, welche im einzelnen Falle höchstens um 0,0005 Volt von der berechneten abweicht und bei wiederholten Messungen im Mittel völlig mit der Theorie übereinstimmt. Ihre Verifizierung ist geradezu der Prüfstein für die Beherrschung der richtigen Methodik für jeden Arbeiter.

48. Reversible Elektroden für Konzentrationsketten.

Die Bedingung für die Nernstsche Gleichung ist die Reversibilität der Elektroden, d. h. wenn man die Kette eine Zeitlang schließt und dann die gelieferte Strommenge in umgekehrter Richtung durch die Kette schickt, muß genau der Anfangszustand der Kette wieder hergestellt sein. Jede der beiden Elektroden muß reversibel funktionieren. Dies ist immer der Fall, wenn ein Metall in die Lösung seines Salzes taucht und eine chemische Reaktion dabei (im ungeschlossenen Zustand der Kette) nicht stattfinden kann. Zn in verdünnter H_2SO_4 ist keine reversible Elektrode, weil es sich spontan auflöst, wohl aber Zn in $ZnSO_4$. Zn in $CuSO_4$ ist nicht reversibel, weil die spontane Reaktion abläuft: $Zn + CuSO_4 \rightarrow ZnSO_4 + Cu$. Hg in Wasser ist keine reversible Elektrode, weil je nach dem Reinheitsgrad des Wassers, insbesondere seinem Gehalt an O_2 und CO_2, Spuren von Hg in Lösung gehen, deren Konzentration von dem zufälligen Gehalt an Verunreinigungen abhängt. Dagegen ist Hg in gesättigter Kalomellösung eine reversible Elektrode, trotzdem die Löslichkeit des Kalomel sehr gering ist. Die Löslichkeit des Kalomel hängt von dem Gesamt-Cl'-Gehalt der Lösung ab. Gegenwart von KCl verringert die Löslichkeit des Kalomel. Denn die Dissoziation des Kalomel geschieht folgendermaßen

$$HgCl \rightleftarrows Hg^{\cdot} + Cl'$$

daher

$$\frac{[HgCl]}{[Hg^{\cdot}]\,[Cl']} = k$$

In einer gesättigten Kalomellösung ist die Konzentration der HgCl-Moleküle konstant, und daher auch

$$[Hg^{\cdot}] \cdot [Cl'] = \text{Konst.}$$

Die gelösten $Hg^{\cdot}$-Ionen sind daher den in Lösung befindlichen Cl-Ionen umgekehrt proportional. Zwei Hg-Elektroden mit gesättigter Kalomellösung in zwei verschieden konzentrierten KCl-Lösungen bilden daher eine für Hg-Ionen reversible Konzentrationskette. Da das Verhältnis der Hg-Ionen reziprok gleich dem der Cl'-Ionen ist, kann man eine solche Kette gleichsam als eine für Cl-Ionen reversible Kette auffassen. Man nennt das Elektroden zweiter Ordnung, oder für Anionen reversible Elektroden. Diese Elektroden können daher zur Messung von Cl'-Konzentrationen benutzt werden.

Eine Legierung eines sehr edlen und eines unedlen Metalls verhält sich elektromotorisch so, als ob sie nur aus dem unedleren Metall bestünde. Das gleiche gilt für die Gaselektroden. Platin (Gold, Palladium, Iridium) absorbiert aus einer H_2-Atmosphäre Wasserstoffgas; das Absorptionsgleichgewicht hängt vom Partialdruck des H_2 ab. Eine solche Elektrode verhält sich, als ob sie aus metallisch leitendem Wasserstoff bestünde, sie ist daher reversibel für $H^{\cdot}$-Ionen.

49. Theorie der Gasketten.

Wenn daher eine Konzentrationskette aus $Pt + H_2$ und zwei Lösungen verschiedener h (h_1 und h_2) gebildet wird, so ist ihre EMK

$$E = \frac{RT}{F} \ln \frac{h_1}{h_2}$$

Ist h_1 bekannt, so kann durch Messung von E die unbekannte Konzentration h_2 gefunden werden. Die Ausführung dieses Prinzips wird bei den Methoden der h-Messung ausführlich besprochen werden.

Hier wird aber stets vorausgesetzt, daß der H_2-Druck in beiden Elektroden der gleiche ist. Ist das nicht der Fall, so bedarf die Theorie der Gasketten einer Erweiterung. In einem solchen Falle entsteht nämlich auch eine EMK, selbst wenn die h auf beiden Seiten die gleiche ist. Die ursprüngliche Formel der Konzentrationsketten

$$E = \frac{RT}{F} \ln \frac{c_1}{C} - \frac{RT}{F} \ln \frac{c_2}{C}$$

darf aber offenbar nur dann in die vereinfachte Form

$$E = \frac{RT}{F} \ln \frac{c_1}{c_2}$$

zusammengezogen werden, wenn die Konstante C in den beiden Gliedern dieselbe Bedeutung hat. Das ist nicht der Fall, wenn der Gasdruck variiert, d. h. das Potential einer Gaselektrode hängt auch vom Druck des Gases ab. Wir stellen uns die Aufgabe, die EMK einer Gaskette zu messen, deren h überall gleich ist, bei der aber der Wasserstoff in beiden Elektroden unter verschiedenem Druck steht. Die Platinelektroden stehen in Gleichgewicht mit zwei Wasserstoffatmosphären vom Partialdruck p_1 und p_2; die Lösung, in die sie tauchen, ist beiderseits die gleiche und habe die $H^{\cdot}$-Konzentration = h. Schließt man die Kette, so geht auf der Seite des höheren Druckes H_2-Gas als $H^{\cdot}$-Ion in Lösung, auf der anderen Seite entwickelt sich gasförmiger H_2. Geht der Strom so lange, bis 1 Mol H_2-Gas links verschwunden und rechts erzeugt ist, so ist die Zustandsänderung des Systems dieselbe, als wenn 1 Mol H_2-Gas aus einem Raume, wo es unter dem Druck p_1, in einen Raum mit dem Druck p_2 befördert worden wäre, und diese Arbeit ist gleich der Arbeit, die ein Gas liefert, wenn ein Mol desselben sich vom Druck p_1 auf den Druck p_2 dilatiert, also $= RT \ln \frac{p_1}{p_2}$. Die elektrische Arbeit, welche den gleichen Endzustand herbeiführt, ist gleich dem Produkt der elektromotorischen Kraft E und der Anzahl der transportierten Coulombs. Da 1 Mol H_2 2 g-Ionen $H^{\cdot}$-Ionen erzeugt, wird die Anzahl 2 F Coulombs dabei transportiert. Es ist daher

$$2\,F \cdot E = RT \ln \frac{p_1}{p_2}$$

und

$$E = \frac{RT}{2\,F} \ln \frac{p_1}{p_2}$$

oder

$$E = \frac{0{,}0001983}{2\,F} \,{}^{10}\!\log \frac{p_1}{p_2} \text{ Volt}$$

Folgende Tabelle zeigt die EMK einer Kette an, bei der die Drucke sich wie 1 : n verhalten:

1 : n	E in Millivolt bei 18°	E in Millivolt bei 37°
1 : 1	0	0
1 : 1,05	0,6	0,6
1 : 1,1	1,2	1,2
1 : 1,2	2,3	2,4
1 : 1,5	5,1	5,4
1 : 2	8,7	9,2
1 : 10	28,9	30,8
1 : 100	57,7	61,5

Unter Druck des H_2-Gases ist immer sein Partialdruck zu verstehen; z. B. kann als H_2-Druck in einer wasserdampfgesättigten H_2-Atmosphäre nur der Partialdruck des Wasserstoffs, nicht aber der des Wasserdampfes verstanden werden.

Diese „Druckketten" haben ein Interesse bei der praktischen Messung von p_h, weil der Druck der H_2-Atmosphäre in den Elektrodenräumen erstens vom Barometerstand, zweitens wegen ihrer stets vorhandenen Sättigung mit Wasserdampf auch von der Temperatur abhängt.

Gase, welche an der Platinoberfläche reversible Elektroden für die von ihnen gelieferten Ionenarten liefern, sind vor allem H_2 und Cl_2. Auch O_2 ist elektromotorisch wirksam, und bei hohen Temperaturen (über 300°) und bei Anwendung eines festen Elektrolyten (Glas) statt der Elektrolytlösung verhält sich eine solche O_2-Elektrode, wie Haber[1]) fand, genau so wie eine OH'-Ionen liefernde Elektrode erwarten ließe, d. h. die EMK einer Kette aus einer H_2 und einer O_2-Elektrode, welche beide in eine und dieselbe Flüssigkeit beliebiger Zusammensetzung tauchen, die sog. Knallgaskette, hat diejenige EMK, welche sich aus der chemischen Affinität der Knallgasreaktion berechnen läßt. Bei tieferen Temperaturen zeigt eine gewöhnliche Knallgaskette jedoch ein um fast 0,3 Volt zu geringes und sich schlecht einstellendes Potential. Man hätte sonst ebenso, wie mit der H_2-Elektrode die H˙-Ionen, mit der O_2-Elektrode die OH'-Ionen einer Lösung messen können. Dies ist aber in Wahrheit nicht möglich. Wenn Barendrecht[2]) das Gegenteil beschreibt, so ist das im Widerspruch zu den Erfahrungen aller anderen Autoren. Als Ursache für dieses abweichende Verhalten der O_2-Elektrode nimmt man an, daß die Oberfläche des Platin mit einer dünnen Oxydschicht bei Anwesenheit von O_2 überzogen sei; H_2 reduziert diese und wirkt deshalb theoretisch richtig.

50. Die elektrolytische Spannungsreihe.

Das Potential eines Metalls gegen eine Lösung wird durch die Natur des Elektrodenmetalls sowie durch Konzentration der zugehörigen Ionenart in der Lösung bestimmt. Bisher haben wir die Natur der Elektrodenart als konstant angenommen und nur den Einfluß der Konzentration erörtert. Wir wollen nun auch kurz den Einfluß der Natur des Metalls besprechen. Die verschiedene

---

[1]) F. Haber, Ann. d. Physik [4]. **26**, 927 (1908); Derselbe, Thermodynamics of Technical Gas Reactions. London 1908.

[2]) H. P. Barendrecht, Akad. Wetensch. Amsterdam **27**, 1113, 1236, 1406; **28**, 23 (1919).

elektrolytische Lösungstension der Metalle könnte dadurch charakterisiert werden, daß man diejenige Ionenkonzentration angibt, gegen welche das Metall das Potential 0 zeigt. Da aber die absolute Größe des Einzelpotentials nicht mit großer Genauigkeit bestimmt werden kann, ist es besser, einen anderen Weg zu wählen. Man gibt das Potential an, welches das Metall gegen eine Lösung zeigt, die die betreffende Ionenart in der Konzentration 1 n enthält, und man setzt das Potential, welche irgend ein Metall unter diesen Bedingungen zeigt, willkürlich gleich 0. Nach dem Vorschlag von Nernst nennen wir das Potential, welches eine Wasserstoffelektrode ($Pt-H_2$) vom Gasdruck einer Atmosphäre gegen eine 1 n-Lösung von $H^{\cdot}$-Ionen zeigt, = 0. Auf diese Weise läßt sich folgende elektrolytische Spannungsreihe der Metalle und einiger Nichtmetalle, welche ebenso wie H_2 in Form einer mit Gas beladenen Pt-Elektrode angewendet werden können[1]), aufstellen.

Elektrolytische Lösungstension bei 25° C.

$Li^{\cdot}$	− 3,305	$Fe^{\cdot\cdot}$	− 0,43	$Pt^{\cdot\cdot}$	+ 0,863
$Rb^{\cdot}$	− 3,205	$Tl^{\cdot}$	− 0,32	$Au^{\cdot}$	+ 1,5
$K^{\cdot}$	− 3,203	$Co^{\cdot\cdot}$	− 0,29		
$Na^{\cdot}$	− 2,993	$Ni^{\cdot\cdot}$	− 0,22	HSO_4'	+ 2,6
$Ba^{\cdot\cdot}$	− 2,7	$Pb^{\cdot\cdot}$	− 0,12	SO_4''	+ 1,9
$Sr^{\cdot\cdot}$	− 2,767	$H^{\cdot}$	± 0,00	O''	+ 0,43 [2])
$Ca^{\cdot\cdot}$	− 2,55	$As^{\cdot\cdot\cdot}$	+ 0,292	OH'	+ 0,88 [3])
$Mg^{\cdot\cdot}$	− 1,55	$Cu^{\cdot\cdot}$	+ 0,34	Cl	+ 1,35
$Al^{\cdot\cdot\cdot}$	− 1,276	$Bi^{\cdot\cdot\cdot}$	+ 0,391	Br'	+ 1,08
$Mn^{\cdot\cdot}$	− 1,075	$Hg^{\cdot}$	+ 0,86	J'	+ 0,54
$Zn^{\cdot\cdot}$	− 0,766	$Ag^{\cdot}$	+ 0,8	$F^{\cdot}$	+ 1,9
$Cd^{\cdot\cdot}$	− 0,40	$Pd^{\cdot\cdot}$	+ 0,789	S''	− 0,55
$Sn^{\cdot\cdot}$	− 0,1			CH_3COO'	+ 2,5

Mit Hilfe der Nernstschen Formel kann man hiernach auch das Potential eines jeden Metalls gegen eine Lösung seiner Ionen beliebiger Konzentration berechnen. Andererseits kann aus der EMK von Konzentrationsketten die unbekannte Konzentration der Metallionen in der Lösung berechnet werden. Dies ist besonders für den Fall der Bildung komplexer Ionen und schwer löslicher

[1]) Einige dieser Werte sind allerdings nicht auf diesem direkten experimentellen Wege gemessen, sondern auf Umwegen berechnet worden.

[2])[3]) Diese beiden Werte sind also bezogen auf eine Lösung von 1 n · OH'-Ionen. Häufig werden sie in den Tabellen auf eine 1 n · $H^{\cdot}$-Lösung angegeben; sie sind dann [2]) = + 1,23; [3]) = + 1,68.

Metallsalze wichtig. Die Löslichkeit des AgCl kann bestimmt werden, indem man mit einer Ag-Konzentrationskette

Ag | $AgNO_3$ 1 molar | AgCl-Lösung | Ag

die Konzentration der gelösten Ag-Ionen in der AgCl-Lösung bestimmt.

Fügt man zu einer Silbersalzlösung KCN, so bildet sich ein komplexes Ion aus CN und $Ag^{\cdot}$, und es verschwinden daher die $Ag^{\cdot}$-Ionen bis auf einen außerordentlich kleinen Rest. Den Betrag des letzteren kann man ebenfalls mit Hilfe der Konzentrationskette berechnen.

B. Diffusionspotentiale (Flüssigkeitskontaktpotentiale).

Inhaltsübersicht.

An der Berührungsstelle zweier wäßrigen Lösungen von verschiedener Art oder Konzentration der gelösten Elektrolyte entstehen Potentialdifferenzen, die auf Grund der Nernstschen Diffusionstheorie erklärt und berechnet werden können. Die Berechnung ist nur für besondere Fälle einfach und im allgemeinen schwierig. Da aber physiologisch diese Potentiale kaum eine erhebliche Bedeutung haben und in den Experimenten künstlich vernichtet werden können, kann man mit Rücksicht auf physiologische Probleme die Berechnung dieser Potentiale meist vermeiden. Das geeignetste Mittel zur Vernichtung von Diffusionspotentialen ist die Zwischenschaltung einer gesättigten KCl-Lösung.

51. Wenn eine Lösung an verschiedenen Stellen einen verschiedenen Gehalt an Elektrolyten hat, so bildet sich im allgemeinen zwischen Orten verschiedener Zusammensetzung eine Potentialdifferenz aus. Die verschiedene Zusammensetzung kann entweder in verschiedener Konzentration eines Elektrolyten, oder in der verschiedenen Art zweier Elektrolyte, oder sowohl in Unterschieden der Art als auch der Konzentration der Elektrolyten beruhen. Dagegen soll das Lösungsmittel in beiden Lösungen dasselbe sein, also in der Regel Wasser. Fälle, bei denen diese Bedingung nicht erfüllt ist, gehören in ein späteres Kapitel. Die Erklärung für diese Potentiale wurde von Nernst auf Grund der Ionentheorie folgendermaßen gegeben. Nehmen wir an, in einer Röhre befinde sich links eine HCl-Lösung der Konzentration c_1, rechts eine solche der Konzentration c_2. An der Berührungsstelle der Lösungen tritt Diffusion ein, und es bildet sich zunächst ein annähernd stationäres Konzentrationsgefälle aus. Die Steilheit eines solchen Gefälles hängt von der Konzentrationsdifferenz, aber auch von der spezifischen Diffusionsgeschwindigkeit oder dem Diffusionskoeffizienten der diffundierenden Substanz ab. Je schneller die Substanz diffundiert, um so flacher ist das Gefälle. Sind zwei verschiedene gelöste Stoffe vorhanden, so bildet sich im allgemeinen unabhängig voneinander für die beiden Substanzen ein eigenes Diffusionsgefälle aus. Da HCl in Lösung in Wirklichkeit ein Gemisch von $H^{\cdot}$- und Cl'-Ionen ist, würde das auch hier der Fall sein, wenn die elektrostatische Anziehung die beliebige Trennung der Ionen nicht hinderte. Die schneller diffundierenden H-Ionen würden sich in ein flacheres Gefälle einstellen, die Cl-Ionen in ein steileres. Die elektrostatische Anziehung verhindert das. Die H-Ionen werden von den Cl-Ionen zurückgehalten, die Cl-Ionen von den H-Ionen beschleunigt, und entsteht ein mittleres Diffusionsgefälle; die H-Ionen sind zwar immer ein wenig voraus, aber nur um so viel, als die dadurch entstehende Potentialdifferenz das Voraneilen noch zuläßt. Infolgedessen ist die verdünntere Lösung positiv gegen die konzentriertere geladen. Die Menge der voraneilenden $H^{\cdot}$-Ionen ist natürlich analytisch-chemisch unmeßbar klein; nur die entstehende Potentialdifferenz ist das Zeichen, an dem wir sie erkennen.

Die Größe dieser Potentialdifferenz kann man nach Nernst folgendermaßen berechnen[1]). Denken wir uns die beiden Enden des Rohres, welches links HCl in der Konzentration c_1, rechts in der Konzentration c_2 enthält, durch einen metallischen Leiter verbunden. Die eintauchenden Elektroden sollen der Einfachheit halber eine solche Beschaffenheit haben, daß ihre Potentialdifferenzen gegen die Lösungen entgegengesetzt gleich sind und sich aufheben. Dann ist die elektromotorische Kraft dieser Kette einfach gleich dem Diffusionspotential, π. Wir schließen den Strom so lange, bis F Coulombs durch den Querschnitt gegangen sind. Dann ist die elektrische Arbeit $\pi \cdot F$ in reversibler[2]) Weise geleistet worden. Der Effekt dieser Arbeit ist, daß eine gewisse Menge H-Ionen aus der stärkeren Lösung in die schwächere, und eine gewisse Menge Cl-Ionen im umgekehrten Sinne gewandert sind; und zwar ist im ganzen 1 g-Ion transportiert worden. Ist die Wanderungsgeschwindigkeit des

[1]) W. Nernst, Zeitschr. f. physikal. Chem. **2**, 611 (1888) und besonders **4**, 129 (1889).

[2]) Unter der Voraussetzung, daß die für den Versuch benötigte Zeit so klein ist, daß die durch bloße Diffusion eingetretene Substanzverschiebung zu vernachlässigen ist.

H-Ions = u, die des Cl-Ions = v, so ist von dem 1 Mol Ionen der Bruchteil $\frac{u}{u+v}$ H-Ionen und $\frac{v}{u+v}$ Cl-Ionen gewandert. Die osmotische Arbeit, welche man gewinnen könnte, wenn 1 Mol H-Ionen aus einer Lösung, in der sie die Konzentration c_1 haben, in eine Lösung der Konzentration c_2 gebracht wird, ist $= RT \ln \frac{c_1}{c_2}$; für die $\frac{u}{u+v}$, Mole H$^{\cdot}$-Ionen ist die Arbeit $= \frac{u}{u+v} RT \cdot \ln \frac{c_1}{c_2}$; für die Cl-Ionen entsprechend $= -\frac{v}{u+v} RT \ln \frac{c_1}{c_2}$. Die gesamte osmotische Arbeit wäre somit $\frac{u-v}{u+v} RT \ln \frac{c_1}{c_2}$: Da der Betrag der maximalen Arbeit nur von dem Anfangs- und Endzustand, nicht von der Methode der Ausführung abhängig ist, wofern diese nur reversibel funktioniert, so ist $\pi \cdot F = \frac{u-v}{u+v} RT \ln \frac{c_1}{c_2}$.

Bringt man F auf die rechte Seite und macht dieselben Umformungen wie S. 138, so ergibt sich

$$\pi = \frac{u-v}{u+v} \cdot 0{,}0001983 \cdot T \cdot \log \frac{c_1}{c_2} \text{ Volt}$$

Dies stimmt mit den experimentellen Befunden gut überein. Sehr wesentlich ist also für die Größe von π die Differenz der Wanderungsgeschwindigkeit von Anion und Kation. Die Wanderungsgeschwindigkeiten finden sich in folgender Tabelle nach Kohlrausch für 18° C

u =		v =	
H	318	OH	174
Li	33,44	F	46,6
Na	43,55	Cl	65,44
K	64,67	Br	67,0
Rb	67,5	J	66,5
Cs	68	CNS	56,6
NH_4	64	Acetat	35
$^1/_2$ Zn	46	Propionsäure	35
$^1/_2$ Cu	46	Buttersäure	31
$^1/_2$ Cd	46	NO_3	61,78
$^1/_2$ Ca	51	ClO_3	64
$^1/_2$ Ba	55	JO_3	48
$^1/_2$ Mg	45		
Ag	54,02		

Man sieht aus dieser Tabelle, daß große Beträge für $u - v$ nur dann herauskommen können, wenn das eine Ion eine $H^{\cdot}$- oder ein OH'-Ion ist. So berechnet sich das Diffusionspotential zwischen zwei Lösungen eines binären Elektrolyten aus einwertigen Ionen, deren Konzentrationen sich wie 1 : 10 verhalten, bei 18⁰ für

HCl	+ 0,0378 Volt	LiCl	— 0,0187 Volt
NaOH	— 0,0346 „	NaCl	— 0,0116 „
KOH	— 0,0265 „	KCl	— 0,0004 „
		NH_4Cl	— 0,0007 „
		NH_4NO_3	+ 0,0011 „

Diese Berechnungsweise ist nur anwendbar, wenn zwei verschieden konzentrierte Lösungen eines und desselben Elektrolyten sich berühren. Für alle anderen Fälle ist die Vorausberechnung des Diffusionspotentials viel schwieriger.

Ganz allgemein gültige Formeln für Lösungen von ganz beliebigen Mischungen von Elektrolyten anzugeben, ist ein schweres, noch ungelöstes Problem. Für den Fall, daß es sich um zwei Lösungen handelt, von denen die eine einen Elektrolyten in der Konzentration c_1 enthält (wobei die Beweglichkeiten der beiden Ionen desselben u_1 und v_1 sind) und die andere einen zweiten Elektrolyten in der Konzentration c_2 (mit den Ionenbeweglichkeiten u_2 und v_2), gilt nach Planck[1]) für die Potentialdifferenz π die Formel:

$$\pi = 0{,}0001983 \cdot T \cdot \ln \xi$$

wo ξ aus der transzendenten Gleichung zu entnehmen ist:

$$\frac{\xi c_2 u_2 - c_1 u_1}{c_2 v_2 - \xi v_1 c_1} = \frac{\log \frac{c_2}{c_1} - \log \xi}{\log \frac{c_2}{c_1} + \log \xi} \cdot \frac{\xi c_2 - c_1}{c_2 - \xi c_1}$$

Sind die Konzentrationen c_1 und c_2 einander gleich, so vereinfacht sich die Rechnung bedeutend. Wie man sich leicht überzeugen kann, ist dann ξ leicht berechenbar, und es wird für zwei Lösungen, welche zwei verschiedene binäre einwertige Elektrolyte in gleicher Konzentration enthalten,

$$\pi = \cdot 0{,}0001983 \cdot T \cdot \log \frac{u_1 + v_2}{u_2 + v_1}$$

wenn u_1 und v_1 die Wanderungsgeschwindigkeiten von Kation und Anion des einen Elektrolyten, u_2 und v_2 die des anderen bedeuten.

---

[1]) Planck, Wiedemanns Annalen **40**, 561 (1890).

So ergibt sich nach dieser Formel für 18° C z. B. für gleichkonzentrierte Lösungen von

HCl, NaCl	0,0315 Volt	NaCl, KCl	— 0,0044 Volt
HCl, KCl	0,0268 „	NH_4NO_3, KCl	0,0006 „
NaOH, NaCl	— 0,0173 „		
KOH, NaCl	— 0,0127 „		

Sind in jeder der beiden Lösungen mehrere Elektrolyte vorhanden, so muß in diesen Formeln

u_1c_1 substituiert werden durch $u_1'c_1' + u_1''c_1'' + \ldots.$
u_2c_2 „ „ „ $u_2'c_2' + u_2''c_2'' + \ldots.$
v_1c_1 „ „ „ $v_1'c_1' + v_1''c_2'' + \ldots.$
v_2c_2 „ „ „ $v_2'c_2' + v_2''c_2'' + \ldots.$

wo die Indizes 1 und 2 sich, wie vorher, auf die beiden einander berührenden Lösungen, die Striche sich auf die verschiedenen Ionenarten beziehen.

Die Plancksche Formel (sowohl die erste, allgemeinere, wie die zweite, spezielle) gilt für den Fall, daß alle Elektrolyte aus zwei einwertigen Ionen bestehen. Sind sämtliche vorkommende Ionen n-wertig, so beträgt das Potential den n-ten Teil des obigen Betrages. Für den Fall, daß Ionen verschiedener Wertigkeit vorkommen, ergeben sich rechnerisch große Schwierigkeiten, die noch nicht gelöst sind.

Die Bedingung, welche Planck seinen Rechnungen zugrunde gelegt hat, ist, daß die beiden Lösungen, welche miteinander in Berührung stehen, mechanisch nicht durchmischt worden sind, aber daß das oben erwähnte, zunächst zeitlich stationäre Konzentrationsgefälle sich bereits ausgebildet hat.

P. Henderson [1]) machte für die Zwischenschicht eine etwas andere Annahme und kam dabei unter gewissen Bedingungen zu einer Formel, welche den Vorteil hat, daß sie nicht transzendent ist. Er nimmt an, die Zwischenschicht sei nicht durch spontane Diffusion der sich berührenden Lösungen entstanden, sondern durch eine kontinuierliche mechanische Vermischung der beiden Lösungen, derart, daß die Zusammensetzung der Lösung I allmählich über die zwischengeschaltete Mischungszone in die Zusammensetzung der Lösung II übergeht. Voraussetzung für die zeitliche Konstanz eines solchen Potentials ist, daß wenigstens eine Ionenart beiden Lösungen gemeinsam ist. Es ergibt sich:

---

[1]) P. Henderson, Zeitschr. f. physikal. Chem. **59**, 118 (1907); **63**, 325 (1908).

$$\pi = 0{,}0001983 \cdot T \cdot \frac{(U_I - V_I) - (U_{II} - V_{II})}{(U_I' + V_I') - (U_{II}' + V_{II}')} \log \frac{U_I' + V_I'}{U_{II}' + V_{II}'}$$

Hier bedeutet

$$\begin{aligned} U_I &= u_1 c_1 + u_2 c_2 + u_3 c_3 \ldots \\ V_I &= v_1 \bar{c}_1 + v_2 \bar{c}_2 + v_3 \bar{c}_3 \\ U_I' &= u_1 w_1 c_1 + u_2 w_2 c_2 + u_3 w_3 c_3 \ldots \\ V_I' &= v_1 \bar{w}_1 \bar{c}_1 + v_2 \bar{w}_2 \bar{c}_2 + v_3 \bar{w}_3 \bar{c}_3 \end{aligned}$$

wobei c Konzentration (wenn sie ein negatives Ion betrifft, $\bar{c}$),
u Beweglichkeit eines positiven, v die eines negativen Ions,
w Wertigkeit ($\bar{w}$ die eines negativen Ions).

Die Indices I, II beziehen sich auf die beiden Lösungen; die Indices 1, 2, 3 auf die einzelnen Ionenarten.

Diese Formel ist weiter nach Cumming[1]) modifiziert worden.

Die Formeln von Planck und von P. Henderson führen im allgemeinen nicht zu gleichen Werten, sondern nur unter gewissen Bedingungen, z. B. wenn die beiden Elektrolytlösungen nur je einen Elektrolyten enthalten, und zwar in gleicher Konzentration, und beide eine gemeinschaftliche Ionenart enthalten. Es ist daher zu erwarten, daß das Diffusionspotential im allgemeinen einen etwas schwankenden Wert darstellt, je nachdem die Zwischenzone mehr der Planckschen oder der Hendersonschen Voraussetzung entspricht. Und in der Tat hat Chanoz[2]) gezeigt, daß das Diffusionspotential zeitlich veränderlich ist. Wenn man nämlich eine Kette vom Typus

Elektrode Lösung I | Lösung II | Lösung I Elektrode
A B

aufbaut, so sollte man erwarten, daß ihre EMK $\rightleftharpoons$ O ist, weil sich nicht nur die Elektrodenpotentiale, sondern auch die Diffusionspotentiale A und B aufheben. War aber die Berührungsstelle bei A alt, die bei B aber frisch hergestellt, so ergab sich ein Potentialunterschied bis zu 0,006 Volt, der sich beim Stehen der Lösungen allmählich verminderte. Die zeitliche Schwankung der Diffusionspotentiale ist von vielen Untersuchern[3]) gefunden worden. Neuer-

[1]) Cumming, Transact. Faraday soc. 8, 86 (1912).

[2]) Chanoz, Ann. de l'univ. Lyon, Nouv. Sér. 1, 18 (1906), zitiert nach P. Henderson.

[3]) A. Weyl, Messung von Diffusionspotentialen konzentrierter Chloridlösungen. Dissert. 1905, zitiert nach Clark. Ferner Bjerrum, Zeitschr. f. Elektrochem. 17, 58 u. 389 (1911). G. N. Lewis u. F. F. Rupert, Journ. of the Americ. chem. soc. 33, 299 (1911); A. C. Cumming u. E. Gilchrist, Transact. Faraday soc. 9, 174 (1913); H. A. Fales u. W. C. Vosburgh, Journ. of the Americ. chem. soc. 40, 1291 (1918).

dings haben Lamb und Larson[1]) einen sinnreichen Apparat angegeben, mit dem es gelingt, durch geeignetes Strömenlassen der Flüssigkeiten einen stets sich erneuernden frischen Kontakt der Lösungen herzustellen, und sie haben Potentialwerte von ausgezeichneter Reproduzierbarkeit erhalten. Ohne diese Vorrichtung kann man eigentlich niemals eine scharfe Grenzfläche im Sinne der Planckschen Voraussetzung erwarten, und da der zeitliche Einfluß immer derart sein muß, daß das Potential sich allmählich vermindert, so findet man praktisch häufig Potentiale, die kleiner sind als die nach Planck berechneten. Neuerdings haben Fales und Vosburgh (l. c. unter Anm. 3, S. 150) sogar behauptet, daß zwischen einer gesättigten (4,1 n.) KCl-Lösung und einer HCl-Lösung von 0,1 bis 1,0 (!) n. überhaupt kein meßbares Diffusionspotential bestehe.

Unter diesen Umständen muß man sagen, daß die Größe eines Diffusionspotentials nicht mit derjenigen Schärfe definiert ist, wie sie bei der Messung von Konzentrationsketten zu analytischen Zwecken, zu denen wir sie so häufig anwenden, unbedingt verlangt werden muß. Deshalb ist es für die Praxis der Konzentrationsketten weniger wichtig, das Diffusionspotential genau zu berechnen — schon deshalb nicht, weil die chemische Zusammensetzung einer der beiden Lösungen meist nicht genau bekannt ist und eine genaue Rechnung nicht gestattet —, als vielmehr die Ketten künstlich so einzurichten, daß das Diffusionspotential verschwindend klein wird. Die Methode, um dieses Ziel zu erreichen, finden wir durch folgende Überlegung.

Alle diese Diffusionspotentiale beruhen auf dem Unterschied der Ionenbeweglichkeiten. Zwischen Elektrolyten, deren einzelne Ionen die gleiche Beweglichkeit haben, entsteht kein Diffusionspotential. Diejenigen Elektrolyte, bei denen der Unterschied von u und v am kleinsten ist, sind KCl (64,6 und 65,5) und einige andere wie $NH_4 \cdot NO_3$ (64 und 61,7). Verschieden konzentrierte Lösungen von KCl oder solche von NH_4NO_3 haben daher äußerst kleine Diffusionspotentiale. Zwischen zwei beliebigen KCl-Lösungen bestehen keine praktisch in Betracht kommenden Diffusionspotentiale; z. B. ist dieses theoretisch für

$c_1 : c_2 =$	1 : 10	0,0004 Volt
	1 : 100	0,0008 „
	1 : 1000	0,0012 „

[1]) A. B. Lamb u. A. T. Larson, Journ. of the Americ. chem. soc. 42, 229 (1920).

Und selbst diese Werte sind für nicht ganz scharfe Berührungsgrenzen der beiden Lösungen sicherlich noch viel zu groß. Daher ist auch das Diffusionspotential einer beliebigen Elektrolytlösung gegen eine KCl-Lösung stets geringer als gegen eine andere Salzlösung, in welcher die Beweglichkeiten des Anions und Kations sich merklich unterscheiden. Man kann daher das Diffusionspotential zwischen zwei beliebigen Lösungen vermindern, wenn man eine KCl-Lösung dazwischen schaltet. Diese Wirkung des KCl wird um so größer sein, je konzentrierter die KCl-Lösung ist, weil dann an den Berührungsstellen die Stromleitung um so überwiegender von den K - und Cl′-Ionen übernommen wird. In den meisten Fällen wird es daher genügen, eine gesättigte (4,1 n.) KCl-Lösung zwischen die beiden Lösungen einzuschalten, um das Diffusionspotential praktisch zu vernichten.

Hiervon macht man bei der Messung von Konzentrationsketten weitgehend praktischen Gebrauch.

In den meisten Fällen kann man demnach das Diffusionspotential vernachlässigen, wenn gesättigte KCl-Lösung als Zwischenflüssigkeit genommen wird. Immerhin kommt es bei sehr sauren Lösungen ($p_h < 3$) und bei sehr alkalischen vor, daß die Vernichtung nicht vollkommen ist. In diesen Fällen wendet man das von Bjerrum[1]) empirisch ausgearbeitete Extrapolationsverfahren an. Man mißt die EMK der Konzentrationskette einmal unter Zwischenschaltung einer 1,75 mol. KCl-Lösung, ein zweites Mal mit 3,5 mol. KCl. Findet sich ein Unterschied, so muß man diesen Unterschied noch einmal hinzuziehen, um angenähert den wahren Wert der Potentialdifferenz der Elektroden zu erhalten. Findet man also z. B.

mit 1,75 mol. KCl	0,2048 Volt
mit 3,5 mol. KCl	0,2068 „
so ist der wahre Wert . . .	0,2088 „

Diese Extrapolation darf aber nur ganz wenige Millivolt betragen, wenn sie Anspruch an Sicherheit erheben will. Von allen physiologischen Flüssigkeiten kommt eine solche Extrapolation vielleicht nur in Betracht beim Magensaft mit seiner hohen Acidität. Sie dürfte 1—2 Millivolt kaum jemals übersteigen.

Um so wichtiger ist diese Frage bei Konzentrationsketten, bei denen starke Säuren und Laugen gemessen werden, wie es z. B. für die Bestimmung der Dissoziationskonstante des Wassers und für die Eichung der Wasserstoffnormalelektrode erforderlich ist. Hier sind die erforderlichen Extrapolationen oft so groß, daß man niemals mit reinen Säurelösungen, sondern immer nur in KCl-haltigen Säurelösungen arbeitet, um die Diffusionspotentiale zu verkleinern. Da nun aber hierdurch die Aktivität der H·Ionen verändert wird, welche heute selbst wieder nur angenähert berechnet werden

[1]) N. Bjerrum, Zeitschr. f. physikal. Chem. **53**, 428 (1905).

kann, so ist damit eine praktische Grenze für die erreichbare Sicherheit aller p_h-Messungen gezogen. Man kann sagen, daß solche Messungen um den Betrag von mindestens 0,5 Millivolt unsicher sind, was eine Unsicherheit im p_h im Betrage von 0,01 ausmacht.

52. Die physiologische Bedeutung der Diffusionspotentiale.

Es ist klar, daß Elektrodenpotentiale im lebenden Organismus nicht entstehen können; es gibt in ihm keine freien Metalle. Aber die Frage ist zu erörtern, ob die im Organismus beobachteten Potentialdifferenzen nicht als Diffusionspotentiale erklärt werden können. Es ist aber ausgeschlossen, daß Diffusionspotentiale einen irgendwie beträchtlichen Anteil an diesen Gewebspotentialen haben. Denn diese Gewebspotentiale, die etwa zwischen verletzten und unverletzten Teilen von tierischen und pflanzlichen Geweben gefunden werden, bewegen sich in der Größenordnung von 0,02 bis 0,05 Volt und darüber. So hohe Diffusionspotentiale können aber nur unter extremen Bedingungen entstehen, wie sie niemals im Organismus vorkommen. In den ja stets angenähert neutralen und ClNa-haltigen Flüssigkeiten der Gewebe können nach dem, was wir soeben gesehen haben, selbst Diffusionspotentiale von 0,01 Volt gar nicht entstehen.

C. Phasengrenzpotentiale.

Inhaltsübersicht.

An der Grenze zweier Phasen entsteht im allgemeinen eine Potentialdifferenz, die auf der eigenartigen Verteilung gelöster Elektrolyte zwischen den Phasen beruht. Nimmt man an, daß jeder Ionenart ein charakteristischer Teilungskoeffizient zukommt, so werden diese Koeffizienten für das positive und das negative Ion eines Elektrolyten nicht gleich sein. Hieraus ergibt sich erstens, daß der Verteilungssatz für den gesamten Elektrolyten nicht gelten kann, wenn er für die einzelnen Ionen desselben gilt, und zweitens, daß an der Phasengrenze eine Potentialdifferenz entsteht, welche in einem thermodynamisch berechenbaren Zusammenhang mit den elektrolytischen Lösungsdrucken der einzelnen Ionenarten in den einzelnen Phasen steht. Die Potentialdifferenzen lassen sich aus den Konzentrationen irgend einer, den Phasen gemeinschaftlichen Ionenart berechnen, und die elektromotorische Kraft einer aus 2 solcher Grenzflächen hergestellten Kette kann je nach den Umständen von 0 bis einem gewissen Maximalwert variieren: der letztere ist gleich dem einer gewöhnlichen Nernstschen Konzentrationskette mit metallischen Elektroden. In bezug auf ihr elektromotorisches Verhalten werden die verschiedenen Ionen in eine Reihe gebracht, und ebenso die verschiedenen Lösungsmittel. Diese Potentiale scheinen eine große physiologische Bedeutung zu haben, weil wahrscheinlich viele der im lebenden Organismus beobachteten Potentialdifferenzen hierher gehören.

53. Entstehung und Berechnung von Phasengrenzpotentialen.

Eigentlich sind auch die Metallelektrodenpotentiale Phasengrenzpotentiale. Wir wollen unter solchen aber hier nur die ohne Mitwirkung von Metallen entstehenden Potentiale an Phasengrenzflächen betrachten. Beide Phasen sollen also Lösungen sein, aber nicht, wie bei den Diffusionspotentialen, mischbare Flüssigkeiten, deren Zusammensetzung durch die Diffusion sich ausgleichen kann, sondern unmischbare Lösungen, welche eine scharfe Grenze an ihrer Berührungsstelle haben. Diese können vollständig in Gleichgewicht miteinander stehen. Das Charakteristische eines Diffusionspotentials war dagegen das Bestehen eines Ungleichgewichts.

Es ist nützlich, sich folgendes klar zu machen:

Eine stromliefernde Kette kann immer nur dargestellt werden durch ein System, welches als Ganzes betrachtet, nicht in chemischem Gleichgewicht ist.

Die elektromotorische Kraft einer solchen Kette ist die algebraische Summe aller einzelner Potentialsprünge, die zwischen den Polen der Kette vorhanden sind. Solch ein einzelner Potentialsprung liegt immer zwischen zwei benachbarten Schichten. Diese zwei Nachbarschichten können miteinander in chemischem Gleichgewicht stehen (metallische Elektrodenpotentiale, Phasengrenzpotentiale, siehe auch weiter unten die Donnanschen Potentiale), d. h. die elektrische Kraft wird durch eine Gegenkraft kompensiert. Oder sie können auch nicht miteinander in Gleichgewicht stehen (Diffusionspotentiale). Zwei Nachbarschichten, als isoliertes chemisches System aufgefaßt, behalten ihre Potentialdifferenz ewig, wenn sie in chemischem Gleichgewicht stehen (z. B. eine einzelne Silberelektrode, welche in eine Lösung von $AgNO_3$ taucht); sie büßen ihre Potentialdifferenz allmählich ein, wenn dieselbe nur auf dem Vorhandensein des Ungleichgewichts beruht (z. B. die Grenzschichten einer konzentrierten und verdünnten HCl-Lösung, welche sich berühren; haben sich erst die Lösungen durch Diffusion ausgeglichen, so ist die Potentialdifferenz verschwunden, ohne daß ein elektrischer Strom geflossen ist).

Zwei wäßrige Lösungen bilden gegeneinander niemals getrennte Phasen; es ist dazu notwendig, daß die beiden Lösungen aus zwei nicht oder nur beschränkt mischbaren Lösungsmitteln bestehen, z. B. Wasser und Öl. Wir werden in der Regel eine wäßrige Phase und eine „Ölphase", wie Beutner sie allgemein bezeichnet, in Berührung miteinander haben. Man sollte eigentlich sagen: zwei Phasen von verschiedener Dielektrizitätskonstante.

Die ersten Grundlagen für eine rationelle Betrachtung von Grenzpotentialen finden sich in einer Arbeit von Nernst[1]), der auch

[1]) W. Nernst, Zeitschr. f. physikal. Chem. 9, 140 (1892); Riesenfeld, Über elektrolytische Erscheinungen und elektromotorische Kräfte an der

für dieses Gebiet als der Gründer der Theorie betrachtet werden muß, sodann in den experimentell wie theoretisch gleich bedeutsamen Untersuchungen von Haber[1]). Die Wichtigkeit dieser Untersuchungen von Nernst und Haber für physiologische Vorgänge sind von den Physiologen lange Zeit nicht gewürdigt worden, obwohl diese Autoren sich der physiologischen Tragweite ihrer Ideen voll bewußt waren und sie auch hervorgehoben haben[2]). Eine wesentliche Förderung dieser Frage ist erst neuerdings durch R. Beutner[3]), einem früheren Schüler von Haber, unter der Anregung von Jacques Loeb geleistet worden, dessen Darstellung wir zunächst im wesentlichen folgen. Alsbald soll aber auch die Darstellungsweise von Nernst und Haber zu ihrem Recht kommen. Es handelt sich nicht um grundsätzliche Unterschiede, aber beide sind nach meiner Meinung unentbehrlich.

Es soll zunächst thermodynamisch bewiesen werden, daß im allgemeinen zwei Lösungen, die aus unmischbaren Lösungsmitteln bestehen, eine Potentialdifferenz gegeneinander zeigen müssen, auch wenn sie in chemischem Gleichgewicht miteinander stehen. Wir schütteln eine Portion Wasser und z. B. Guajakol oder Amylalkohol mit etwas HCl durch, so daß sich der Elektrolyt zwischen beiden Lösungsmitteln verteilt, also in Gleichgewicht ist. Die Konzentration der beiden Lösungen an HCl ist dann verschieden groß.

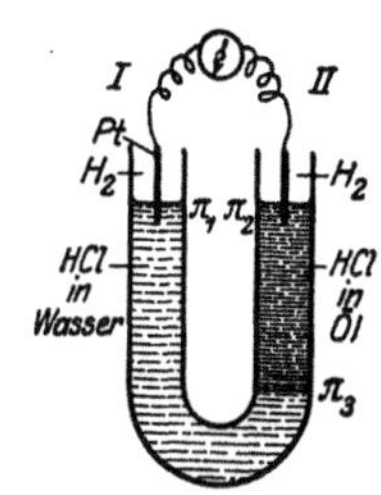

Abb. 24.

Nun füllen wir die beiden Lösungen in ein U-Rohr ein, wo sie sich mit scharfer Grenzfläche scheiden. Stecken wir nun je eine Metallelektrode in die oberen Enden der Lösungen und verbinden diese metallisch, so hätten wir die Anordnung einer galvanischen Kette (Abb. 24). Als Elektrode wollen wir Wasserstoff-Platinelektroden wählen, welche gegen eine $H^{\cdot}$-Ionenhaltige Lösung ein wohldefiniertes, nach der Nernstschen Formel berechenbares Potential

Grenze zweier Lösungsmittel. Diss. Göttingen 1901; Nernst und Riesenfeld, Ann. d. Physik. [4] 8, 600 (1902).

[1]) F. Haber, Ann. d. Physik. [4] **26**, 927 (1908); Haber und Klemensiewicz, Zeitschr. f. physikal. Chem. **67**, 385 (1909).

[2]) Siehe darüber auch L. Michaelis, Dynamik der Oberflächen. Dresden 1909.

[3]) R. Beutner, Die Entstehung elektrischer Ströme in lebenden Geweben. Stuttgart 1920.

haben. Durch diese Kette kann kein Strom fließen, da sie ein in völligem Gleichgewicht befindliches System darstellt. Jeder Strom müßte eine Verschiebung der Elektrolytkonzentration hervorrufen; da aber Gleichgewicht besteht, kann es keinen freiwillig verlaufenden Vorgang geben, der aus dem Gleichgewicht ein Ungleichgewicht macht. Das ist ein wesentlicher Inhalt des zweiten Hauptsatzes der Thermodynamik. Folglich muß die EMK dieser Kette = 0 sein.

Nun können wir andererseits auch die Potentiale an den Elektroden berechnen. An der Elektrode I besteht das Potential

$$\pi_1 = RT \ln \frac{c_1}{k_1}$$

wo c_1 die Konzentrationen der H˙-Ionen im Wasser und k_1 diejenige Konzentration der H˙-Ionen bedeutet, gegen die in dem gleichen Lösungsmittel das Potential 0 wäre. An der anderen Elektrode ist

$$\pi_2 = RT \ln \frac{c_2}{k_2}$$

mit entsprechender Bedeutung der Buchstaben.

Die Differenz der beiden Elektrodenpotentiale ist also

$$\pi_1 - \pi_2 = RT \left(\ln \frac{c_1}{c_2} + \log \frac{k_2}{k_1} \right) \tag{I}$$

Diese kann nur 0 sein, wenn

$$\frac{c_1}{c_2} = \frac{k_1}{k_2}$$

ist. Da auf der rechten Seite (k_1/k_2) ein konstanter Ausdruck steht, so müßte auch c_1/c_2 konstant sein, d. h. wenn man irgendwelche Säuren in irgendwelchen Konzentrationen zwischen Wasser und Öl bis zum Gleichgewicht verteilt, müßte das Verhältnis der H˙-Ionenkonzentrationen in beiden Phasen stets das gleiche sein. Wenn man sich statt der H-Elektroden Cl-Elektroden denkt, kann man ebenso beweisen, daß auch die Konzentration der Cl-Ionen in den beiden Phasen stets das gleiche Verhältnis haben müßte, welches Chlorid und in welcher Konzentration es auch immer gelöst sei. Kurz: man könnte beweisen, daß jede einzelne Ionenart gemäß ihrem unabänderlichen Teilungskoeffizienten zwischen Wasser und Öl verteilt sein müßte. Das ist aber nicht möglich, wie man praktisch und theoretisch beweisen kann. Der theoretische Beweis könnte im Sinne von N e r n s t folgendermaßen geliefert werden: Nehmen wir zunächst an, daß jede einzelne Ionenart, wie jede andere Molekülart, einen bestimmten Teilungskoeffizienten habe, so ist dieser für verschiedene Ionenarten sicherlich verschieden. Also werden bei HCl die H˙-Ionen einen anderen Teilungskoeffizienten haben als die Cl-Ionen, und die beiden Phasen müssen eine andere Verteilung bezüglich der Cl- und der H-Ionen haben. Das ist aber aus elektrostatischen Ursachen nicht möglich. Die wahre Verteilung kann also weder dem eigentlichen Teilungskoeffizienten des Cl′ noch des H˙ entsprechen, sondern muß dazwischen liegen. Und ebenso muß die wahre Verteilung in einer HCl-Lösung eine andere sein als in einer Anilinchloridlösung. Es ist also nicht möglich, daß die Verteilung der Cl-Ionen bei ganz beliebigen Arten und Mengen von Chloriden stets die gleiche sei, und infolgedessen kann c_1/c_2 für Cl′-Ionen nicht unter allen Umständen gleich sein.

Praktisch hat R. Beutner den Beweis auf folgende Weise erbracht. Schüttelt man ein Öl, wie Guajacol, und Wasser das eine Mal mit NaCl, das andere Mal mit Anilinchlorid, so läßt sich analytisch nachweisen, daß die wäßrige Lösung mehr Cl in dem Falle des NaCl als in dem Falle des Anilinchlorids aufnimmt; was für Cl als solches gilt, braucht allerdings nicht auch für Cl′-Ionen zu gelten; jedoch findet man dasselbe, wenn man die Leitfähigkeiten der Guajacollösungen in beiden Fällen vergleicht. Im Falle des Anilinchlorids erweist sich der Ionengehalt des Guajacols sehr viel höher als im Falle des NaCl. Die Verteilung der Cl-Ionen oder überhaupt einer Ionenart zwischen Wasser und Guajacol ist also nicht auf alle Fälle die gleiche.

Da also c_1/c_2 in Formel (I) keine konstante Größe darstellt, k_2/k_1 aber konstant ist, so ist $\pi_1 - \pi_2$ im allgemeinen von 0 verschieden. Da nun die EMK der ganzen Kette 0 sein muß, so folgt daraus, daß noch eine dritte Potentialdifferenz zugegen sein muß, π_3, im Betrage von $\pi_2 - \pi_1$. Die algebraische Summe dieser drei gibt dann 0. Dieses π_3 hat seinen Sitz in der Phasengrenzfläche von Wasser und Öl.

Die Potentialdifferenz π an der Grenze zweier Phasen, welche ein gemeinsames Ion in Lösung enthalten in den Konzentrationen c_1 und c_2, ist also

$$\pi = RT\left(\ln\frac{c_1}{c_2} + \ln\frac{k_2}{k_1}\right)$$

Hier bedeutet k_2 diejenige Konzentration dieser Ionenart, gegen welche eine metallische Elektrode der gleichen Gattung in der Phase II das Potential 0 geben würde, und k_1 die Konzentration derselben Ionenart, gegen welche eine metallische Elektrode derselben Gattung in der Phase I das Potential 0 geben würde. Man kann auch sagen: k_1 und k_2 sind die elektrolytischen Lösungstensionen der betreffenden Ionenart für das Medium I und II.

Diese beiden Größen k_2 und k_1 sind also meist recht problematische Größen von oft gar keiner physikalischen Bedeutung. Denn wollten wir sie z. B. auf den Elektrolyten Ammoniumacetat anwenden, so hätten wir weder ein „Ammoniummetall" noch irgend ein Acetat-Ionen lieferndes Gas als Elektrode zur Verfügung. k_2 und k_1 sind also in Wirklichkeit nur rechnerische Integrationskonstanten; eigentlich ist sogar k_2/k_1 nur eine einzige Konstante, welcher wir jenen Sinn nur unterlegen. Wir können also schreiben

$$\pi = RT \ln \frac{c_1}{c_2} + K \tag{1}$$

Aber einen wichtigen Inhalt hat diese Konstante K: sie bezieht sich auf irgend eine, aber nur auf diese Ionenart; sie ist für jede Ionenart charakteristisch.

Bauen wir die stromliefernde Kette aus zwei solchen Grenzflächen mit Potentialdifferenzen auf, so ist das Gesamtpotential E

$$\begin{aligned} E &= \pi - \pi' \\ &= RT \ln \frac{c_1}{c_2} + K - \left(RT \ln \frac{c_1'}{c_2'} + K'\right) \end{aligned}$$

Nur für den Fall, daß allen Phasen eine Ionenart gemeinsam ist, haben die einzelnen K-Werte die gleiche Bedeutung und heben sich auf; c_1, c_2, c_1', c_2' bedeuten dann immer nur die Konzentration dieser gemeinsamen Ionenart.

Sind in den verschiedenen Phasen mehrere gemeinschaftliche Ionenarten zugleich vorhanden, so kann man die Formel auf jede derselben mit gleichem Recht anwenden. Da aber in allen Phasenkombinationen, an denen das Wasser beteiligt ist, die $H^{\cdot}$-Ionen stets vorhanden sind, so folgt für alle derartige Ketten

$$\pi = RT \left(\ln \frac{h_1}{h_2} + \text{Konst.}\right)$$

wo die Konstante nur von der Art der Lösungsmittel abhängt, ein Resultat, welches leicht aus der allgemeinen Formel von Beutner herzuleiten ist (wenn er auch diesen Schluß selbst nicht gezogen hat). Allerdings leidet die experimentelle Bestätigung an der Schwierigkeit, in nicht wäßrigen Phasen die h zu bestimmen.

Soweit die thermodynamische Erklärung für die Phasengrenzpotentiale. Es ist nützlich, noch eine zweite Vorstellungsweise, die von Nernst, die zeitlich ältere, heranzuziehen. Diese schließt an die Nernstsche Vorstellung von der Verteilung des Salzes in den beiden Lösungsmitteln an. Der erreichbare Endzustand entspricht, wie wir sagten, weder dem wahren Verteilungsgleichgewicht der Kationen, noch dem der Anionen. Das Öl enthält eigentlich zu viel $K^{\cdot}$ und zu wenig Cl' oder vielleicht umgekehrt. Es wird also die Tendenz des Systems bestehen, dem wahren Gleichgewicht für jede einzelne Ionenart sich zu nähern. Da hierbei eine Trennung von Ionen erforderlich ist, entsteht die Potentialdifferenz, und die Trennung geschieht unter Ausbildung einer elektrischen Ionendoppelschicht von einem Potential von demjenigen Betrage, daß das Trennungsbestreben von der Anziehung der beiden Ionenschichten kompensiert wird.

Die Rechnung wäre folgendermaßen [1]). Denken wir uns den Elektrolyten nach eingetretenem Verteilungsgleichgewicht in den beiden Phasen in der Konzentration c_1 und c_2. Die Kationen haben nun das Bestreben, sich in dem Verhältnis $1 : \alpha$ zu verteilen, wo α der wahre Teilungskoeffizient der Kationenart ist, und die Anionen wie $1 : \beta$. Das wird verhindert durch die elektrostatischen Kräfte, die bei dieser ungleichen Verteilung auftreten würden. Wenn ein Mol einer Ionenart sich aus der Lösung 1 nach 2 bewegen würde (um sich dem wahren Verteilungsgleichgewicht zu nähern), so würde das einen elektrischen Strom bedeuten, der die Arbeiten $\pi \cdot F$ leistete. Würde die gleiche Verschiebung auf mechanischem (osmotischen) Wege vor sich gehen, so würde die Arbeit $RT \ln \frac{c_1 \alpha}{c_2}$ geleistet werden. Diesen Übertritt können wir uns nämlich in zwei Etappen verlegt denken. Wir bringen das eine Mol Kationen zunächst aus dem einen Medium, wo es die Konzentration c_1 hat, zunächst in ein Medium der zweiten Art, welches die Konzentration $c_1 \cdot \alpha$ hat. Dies erfordert keine Arbeit. Nunmehr dilatieren wir die Konzentration $c_1 \cdot \alpha$ auf die Konzentration c_2, das gibt die Arbeit $RT \ln \frac{c_1 \cdot \alpha}{c_2}$. Die wirkliche eintretende stationäre Verteilung muß also dadurch charakterisiert sein, daß

$$\pi = \frac{RT}{F} \cdot \ln \frac{c_1 \cdot \alpha}{c_2}$$

Mit demselben Recht finden wir als zweite Bedingung

$$\pi = -\frac{RT}{F} \cdot \ln \frac{c_1 \beta}{c_2}$$

und wir können schreiben

---

[1]) L. Michaelis, Dynamik der Oberflächen. Dresden 1909.

$$\pi = \frac{RT}{F} \ln \frac{c_1 \cdot \alpha}{c_2} = -\frac{RT}{F} \ln \frac{c_1 \cdot \beta}{c_2}$$

Ist also $\alpha = \beta$, so ist π stets $= 0$.

Bestimmen wir analytisch (durch Leitfähigkeitsmessung oder dgl.) c_1 und c_2, so haben wir demnach für die 3 Größen π, α, β folgende zwei Bestimmungsgleichen:

$$\pi = \frac{RT}{F} \ln \frac{c_1 \cdot \alpha}{c_2}$$

$$\frac{c_1 \cdot \alpha}{c_2} = \frac{c_2}{c_1 \beta} \quad \text{oder} \quad \frac{c_2}{c_1} = \sqrt{\alpha \cdot \beta}$$

Vergleichen wir die frühere Formel

$$\pi = \frac{RT}{F} \ln \frac{c_1}{c_2} + \frac{RT}{F} \ln \frac{k_2}{k_1}$$

mit der jetzigen, indem wir sie schreiben:

$$\pi = \frac{RT}{F} \ln \frac{c_1}{c_2} + \frac{RT}{F} \ln \alpha$$

so erkennen wir, daß

$$\frac{k_2}{k_1} = \alpha$$

ist, und für die andere Ionenart wäre ebenso

$$\frac{k_2}{k_1} = \beta$$

Der Teilungskoeffizient einer Ionenart steht also in einem thermodynamisch berechenbaren Zusammenhang mit den oben definierten Größen k_1 und k_2.

Diesen Satz können wir auch so aussprechen:

Die Öllöslichkeit (relativ gemessen zur Wasserlöslichkeit) einer Ionenart steht in einer thermodynamisch ableitbaren Beziehung zu ihrem elektrolytischen Lösungsdruck in dem Öl! Ein gewiß überraschendes Resultat.

Wir können die Beziehungen von Löslichkeit und elektrolytischem Lösungsdruck auch folgendermaßen ableiten.

Wir denken uns einen besonderen Fall, wo die beiden Ionenarten gemäß ihrem wahren Teilungskoeffizienten zwischen den Phasen I und II verteilt sind. (Dies ist nur möglich, wenn die beiden Ionen des betreffenden Elektrolyten denselben Teilungskoeffizienten α haben.) Dann hat jedes Ion in der Phase I die Konzentration αc, in der Phase II die Konzentration c. Stecken wir beiderseits reversible Metallelektroden in die Lösungen, so ist das Elektrodenpotential links $\pi_1 = RT \ln \frac{c\,\alpha}{A}$, rechts $\pi_2 = RT \ln \frac{c}{B}$, wo A und B die elektrolytischen Lösungsdrucke rechts und links bedeuten. Da in diesem Fall ein Grenzpotential nicht entstehen kann und die Kette stromlos sein muß, muß $\pi_1 - \pi_2 = 0$ sein, d. h.

$$RT \ln \frac{c\,a}{A} = RT \ln \frac{c}{B}$$

oder

$$\frac{a}{A} = \frac{1}{B}$$

$$a = \frac{A}{B}$$

In Worten: Jede Ionenart sucht sich zwischen zwei Phasen derart zu verteilen, daß ihre Konzentrationen (oder besser aktiven Massen) in demselben Verhältnis stehen wie die elektrolytischen Lösungsdrucke eines Metalls der gleichen Gattung, in den beiden Phasen. Die Einstellung auf dieses Gleichgewicht ist allerdings nur möglich, wenn die Teilungskoeffizienten für die positiven und die negativen Ionen einander gleich sind; im allgemeinen wird durch die dabei entstehende elektrische Potentialdifferenz diese Art der Verteilung verhindert; aus dem Zusammenwirken der beiden Teilkräfte, dem Verteilungsbestreben und der elektrostatischen Kraft, ergibt sich ein anderer Gleichgewichtszustand, als der nach dem Teilungskoeffizienten zu erwartende.

54. Phasengrenzketten.

Mit einem einzelnen Grenzpotential geht es wie mit einem einzelnen Metallelektrodenpotential: man kann mit ihm keinen elektrischen Strom erzeugen. Erst die Kombination zweier verschiedener Metallelektrodenpotentiale oder zweier verschiedener Grenzpotentiale gibt unter Umständen (aber nicht immer!) eine stromerzeugende „Kette".

Eine solche Anordnung ist z. B. folgende

	I		II		III		IV	
+ ‖	Na-Oleat wäßrige Lösung	|	Na-Oleat in Öl (salzreiche Ölschicht)	|	NaCl in Öl (salzarme Ölschicht)	|	NaCl wäßrige Lösung	‖ —
		1		2		3		
		π_1				π_2		

Das Ungleichgewicht zwischen einander berührenden Schichten besteht hier an der Stelle 2. Dies ist aber keine Phasengrenzfläche und kann nur der Sitz eines gewöhnlichen Diffusionspotentials sein. Wir wissen von S. 148, daß die Größe eines solchen für gewöhnliche Salze im höchsten Falle wenige Millivolt beträgt, während diese Kette in Wahrheit mehrere Centivolt ergibt. Wir haben aber hier zwei Phasengrenzen, 1 und 3, und diese wirken wie metallische Elektroden; die Differenz dieser Potentiale ist die elektromotorische Kraft dieser metallfreien Kette, die man z. B.

mit Hilfe einer gesättigten KCl-Lösung diffusionspotentialfrei schließen könnte, ohne ein Metall anzuwenden.

Das Wesentliche, um recht große elektromotorische Kräfte zu bekommen, ist, daß das eine der angewendeten Salze ein anorganisches, das andere ein organisches, in Ölen ziemlich gut lösliches Salz ist. Das ist dann vergleichbar mit einer Metallkette, bei der möglichst in der Spannungsreihe verschiedene Metalle als Elektroden benutzt werden.

Die Berechnung der EMK dieser Kette geht davon aus, daß wir diejenige Ionenart aufsuchen, welche allen Phasen gemeinsam ist. Es ist das Na-Ion. Wir nennen die Kette eine „in bezug auf $Na^{\cdot}$ reversible Kette". Bezeichnen wir die Konzentration der $Na^{\cdot}$-Ionen in den 4 Räumen I, II, III, IV mit c_I, c_{II}, c_{III}, c_{IV}, so ist an der Grenzfläche 1

$$\pi_1 = RT \ln \frac{c_I}{c_{II}} + K$$

und an der Grenzfläche 3

$$\pi_2 = RT \ln \frac{c_{IV}}{c_{III}} + K$$

also

$$E = \pi_1 - \pi_2 = RT \cdot \ln \cdot \frac{c_I}{c_{II}} \cdot \frac{c_{III}}{c_{IV}} = RT \ln \cdot \frac{c_I}{c_{IV}} \cdot \frac{c_{III}}{c_{II}}$$

Das Potential an der Berührungsstelle 2 hat den Charakter eines Diffusionspotentials und kann in den meisten Fällen als unbedeutend betrachtet werden, zumal wenn man in Betracht zieht, daß die abnorm große Beweglichkeit der $H^{\cdot}$- und OH'-Ionen, welche in wäßrigen Lösungen die Quelle aller erheblichen Diffusionspotentiale ist, in öligen Lösungsmitteln nicht vorhanden ist.

Diese Formel muß experimentell bestätigt werden. Das hat R. Beutner auf folgende Weise gemacht.

Guajakol mit einer Eigenleitfähigkeit von 0,1 reziproke Megohm (r. M.) wurde mit einer 0,1 mol. wäßrigen Lösung von NaCl geschüttelt. Nach eingetretenem Verteilungsgleichgewicht steigt die Leitfähigkeit auf 1,2 r. M. (Der Anstieg ist also = 1,1 r. M.) Zweitens wurde eine andere Probe Guajakol mit 0,1 mol. wäßriger Lösung von Dimethylanilinchlorhydrat durchgeschüttelt. Die Leitfähigkeit stieg auf 59,0 r. M. (Der Anstieg ist also = 58,9 r. M.) Da nun die Leitfähigkeiten der verschiedenen Ionenarten nicht sehr verschieden sind, kann die Ionenkonzentration der Leitfähigkeit angenähert proportional gesetzt werden. Die Leitfähigkeit der reinen Guajakollösung muß dabei abgezogen werden.

Nun wurde die EMK der Kette gemessen:

—	Kalomel-elektrode	0,1 n NaCl in Wasser	NaCl in Guajakol	Dimethyl-anilin-ClH in Guajakol	0,1 n · Dimethylanilin-chlorid in Wasser	Kalomel-elektrode +
		c_I	c_{II}	c_{III}	c_{IV}	

Das gemeinschaftliche Ion ist Cl, und es ist

$$\frac{c_I}{c_{IV}} = 1; \quad \frac{c_{III}}{c_{II}} = \frac{58{,}9}{1{,}1}$$

Also

$$E = 0{,}0001983 \cdot T \cdot \log \frac{58{,}9}{1{,}1} = 0{,}100 \text{ Volt.}$$

Beobachtet wurde: 0,091 Volt.

Auf ähnliche Weise geben Guajakolketten mit anderen Elektrolyten statt des Dimethylanilinchlorid (die Seite mit NaCl blieb unverändert):

	Leitfähigkeit des Guajakols nach dem Schütteln	EMK in Volt berechnet	gefunden
$^1/_{10}$ mol. Dimethylanilin HCl . .	59,0	— 0,100	— 0,091
$^1/_{10}$ mol. Anilin HCl	10,3	— 0,056	— 0,059
$^1/_{10}$ mol. KCl	1,9	— 0,012	— 0,011
$^1/_{10}$ mol. $MgCl_2$	0,3	+ 0,043	+ 0,045

Wenn man bedenkt, daß die Leitfähigkeiten nur ein angenähertes Maß für die Ionenkonzentration sind, so ist die Beobachtung mit der Berechnung in beweiskräftiger Übereinstimmung. Es ist nicht zu verwundern, daß in anderen Fällen die Übereinstimmung weniger gut ist.

Noch einige Versuche von Beutner mit p-Kresol:

Nach Schütteln mit	beträgt die Leitfähigkeit des Öls	berechnete EMK in Volt für die Kette		beobachtete EMK
KCl	8 r. M.	— KCl/KNO_3 +	0,013	0,009
KNO_3	13,2	— KCl/KSCN +	0,022	0,025
KSCN	19,3	— KCl/NaCl +	0,005	0,009
NaCl	6,7	— NaCl/Na-Salic. +	0,063	0,081
Na-Salicylat . .	80	— NaCl/Na-Oleat +	0,117	0,120
Natr.-Oleat . .	630			
Dimethyl-toluidin-HCl .	1300	+ KCl/Dim-Tol · ClH —	0,128	— 0,119

Die hier aufgedeckten Zusammenhänge gehören zu den wichtigsten Fortschritten der physiologischen Physik, weil hier zum erstenmal gelungen ist, elektromotorische Kräfte von der Größenordnung der physiologisch beobachteten ohne Metalle zu erhalten.

Man kann auch Ketten zusammensetzen aus Phasen, welche nicht alle ein gemeinschaftliches Ion enthalten, z. B.

Na_2SO_4 in Wasser	Öl	KCl in Wasser

Das Öl enthält dann an der linken Grenzschicht Na_2SO_4 in dem entsprechenden Verteilungsgewicht, rechts ebenso KCl. Die EMK kann man berechnen, indem man sich eine wäßrige Lösung von NaCl eingeschoben denkt:

Na_2SO_4 in Wasser	Öl	NaCl in Wasser	Öl	KCl in Wasser

$$\pi_1 \quad \pi_2 \qquad \pi_3 \quad \pi_4$$

Hier läßt sich auf die angegebene Weise $\pi_1 - \pi_2$ und ferner $\pi_3 - \pi_4$ berechnen. Durch die Einschiebung wird die EMK nicht beeinflußt, denn π_2 muß wegen der symmetrischen Anordnung $= \pi_3$ sein. Folglich ist

$$E = (\pi_1 - \pi_2) + (\pi_3 - \pi_4)$$

wo jeder der eingeklammerten Ausdrücke berechenbar ist.

55. Die Stromrichtung in Phasengrenzketten.

Bei den Beutnerschen Ketten mit einem Öl als Mittelleiter kann die Stromrichtung verschieden sein. Das hängt davon ab, ob ein Kation oder ein Anion als die allen Phasen gemeinsame Ionenart anzusehen ist. Treffen wir z. B. die Anordnung:

Wasser + NaCl c_1	Öl + Salicylsäure	Wasser + NaCl c_2	$(c_1 > c_2)$

so verteilen sich, sobald man die Phasen in Berührung bringt, die Elektrolyte in der Nähe der Grenzflächen. Eine Spur NaCl geht vom Wasser ins Öl, etwas Salicylsäure vom Öl ins Wasser. Das Gemisch NaCl + Salicylsäure im Öl lagert sich teilweise um in Natriumsalicylat + HCl. In wäßriger Lösung würde diese Umlagerung nicht vor sich gehen, weil die schwächere Salicylsäure die stärkere HCl aus ihren Salzen nicht verdrängt. In Öl dagegen ist, wie wir S. 131 erörtert haben, der Unterschied in der Stärke zwischen den starken und schwachen Säuren viel weniger ausgeprägt und der Umsatz kann deshalb eintreten. Es befinden sich daher infolge elektrolytischer Dissoziation in dem Öl folgende

Ionenarten: Salicylsäureionen, $Na^{\cdot}$, und spurweise $H^{\cdot}$. Die Zusammensetzung der Ölphase ist nicht gleichförmig, sondern jede der beiden Grenzflächen des Öls setzt sich mit der angrenzenden wäßrigen Phase ins Gleichgewicht. In Wirklichkeit haben wir also die Verteilung:

Wasser	Öl		Wasser
$Na^{\cdot}$ (c_1)	Salicylsäure-Ionen		$Na^{\cdot}$ (c_2)
Cl' (c_1)	$Na^{\cdot}$	$Na^{\cdot}$	Cl' (c_2)
	(c_1')	(c_2')	
Salicyls.-Ionen, $H^{\cdot}$-Ionen } in Spuren			Salicyls.-Ionen, H-Ionen } in Spuren

Sehen wir von den nur spurweise vorhandenen Ionen ab, so ist die Anordnung

Wasser	Öl		Wasser
$Na^{\cdot}$ (c_1)	Salicylsäure-Ionen		$Na^{\cdot}$ (c_2)
Cl' (c_1)	$Na^{\cdot}$	$Na^{\cdot}$	Cl' (c_2)
	(c'_1)	(c'_2)	

Das den drei Phasen gemeinschaftliche Ion ist also nur das Na-Ion.

Die Potentialbildung an den Phasengrenzen kann daher zurückgeführt werden auf das Bestreben der im Öl gelösten, in einem elektrostatisch erzwungenen Gleichgewicht befindlichen Na-Ionen, durch Übergang in das Wasser sich dem wahren Gleichgewicht, wie es ohne elektrostatische Gegenwirkung sich einstellen würde, zu nähern. Die ins Wasser gelangenden freien $Na^{\cdot}$-Ionen laden daher das Wasser positiv gegen das Öl, und diejenige Seite des Wassers ist positiver, an deren Seite im Öl die größere $Na^{\cdot}$-Konzentration ist. Ist das gemeinschaftliche Ion aber ein negatives Ion, wie in der Kette:

Wasser	Öl		Wasser
$Na^{\cdot}$ (c_1)	Anilin-Ionen		$Na^{\cdot}$ (c_2)
Cl' (c_1)	Cl' (c'_1)	Cl' (c'_2)	Cl' (c_2)

so gelten dieselben Betrachtungen für das Cl'-Ion, und die Seite, die in der vorigen Kette die positivere war, wird jetzt die negativere. Hiervon hängt die Stromrichtung dieser Ketten ab.

56. Der Konzentrationseffekt.

Werden zwei verschieden konzentrierte Lösungen eines Elektrolyten mit den Konzentrationen c_1 und c_2 durch einen ölartigen Mittelleiter getrennt, so erhalten wir eine Kette, deren EMK erfahrungsgemäß innerhalb zweier Grenzen liegen kann. Der eine Grenzwert ist diejenige EMK, welche eine gewöhnliche metallische Konzentrationskette für die gemeinsame Ionenart haben würde, also $= RT \cdot \ln \frac{c_1}{c_2}$ mit positivem oder negativem Vorzeichen, je nachdem das gemeinschaftliche Ion ein positives oder negatives Ion ist. Der andere Grenzwert der EMK ist $= 0$. Zwischen diesen beiden Werten liegen alle wirklich beobachteten. Wir können auch sagen, der „Konzentrationseffekt" liegt immer zwischen 0 und dem Betrage einer gewöhnlichen Nernstschen Konzentrationskette.

Die Bedingung für den maximalen Konzentrationseffekt ist, daß die Konzentration der gemeinschaftlichen Ionenart in der ganzen Masse des Öls konstant ist, obwohl die Konzentration der beiden angrenzenden wäßrigen Lösungen in bezug auf dieses gemeinschaftliche Ion verschieden ist. Denn wenn in der Formel von S. 162

$$E = RT \cdot \ln \frac{c_I}{c_{IV}} \cdot \frac{c_{III}}{c_{II}}$$

$c_{III} = c_{IV}$ wird, so ergibt sich in der Tat:

$$E = RT \ln \frac{c_1}{c_2}$$

Ist diese Bedingung nicht völlig oder gar nicht erfüllt, sondern ist die Konzentration des gemeinschaftlichen Ions im Öl an der Grenze gegen die schwächere wäßrige Lösung schwächer als an der Grenze gegen die stärkere wäßrige Lösung, ist also, wenn $c_I < c_{IV}$, auch $c_{II} < c_{III}$, so ist $E < RT \ln \frac{c_1}{c_2}$.

Wir müssen nun untersuchen, wann diese Bedingung für den maximalen Konzentrationseffekt erfüllt ist.

1. Das erste Beispiel für einen maximalen Konzentrationseffekt ist die sog. Glaskette, mit der Cremer[1]) zuerst gearbeitet hat. Dieser Autor kam zuerst auf den Gedanken, eine physiologische „Membran" durch eine äußerst dünnwandige Glaswand nachzuahmen, die leicht durch Aufblasen eines an dem einen Ende durch Glühen erweichten Reagensglases herzustellen ist. Man erhält so leicht Glaskolben von einigen Hundertstel Millimeter Wandstärke, welche schon in der Kälte, noch besser bei mäßigem

---

[1]) M. Cremer, Zeitschr. f. Biol. 47, 1 (1906).

Erwärmen auf 40—50°, eine deutlich nachweisbare elektrische Leitfähigkeit besitzen. Nach den schon vorliegenden Vorstellungen über die Leitfähigkeit des Glases mußte er annehmen, daß diese nicht eine metallische, sondern eine elektrolytische, mit Ionentransport verbundene Leitfähigkeit sei. Schon E. Warburg[1]) hatte bewiesen, daß die Leitfähigkeit des Glases, die er bei 200° nachweisen konnte, eine elektrolytische sei, und Cremer war daher berechtigt, die von ihm an viel dünneren Glaswänden schon bei niederer Temperatur beobachtete Leitfähigkeit ebenfalls für eine elektrolytische zu halten. Cremer machte nun die auffällige, erst später genügend gewürdigte Beobachtung, daß eine wäßrige Lösung von saurer Beschaffenheit innerhalb der Glaskugel gegen eine alkalische Lösung außerhalb einen Potentialunterschied von beinahe 1 Volt zeigte. (Beobachtet wurde 0,55 Volt; dazu mußte das Diffusionspotential gegen die ableitende Flüssigkeit addiert werden.) Er erkannte die zwischengeschaltete Glaswand als die Quelle dieser elektromotorischen Kraft, erkannte auch ganz richtig die hohe Bedeutung der Acidität der Lösung für die Größe dieser Kraft, nur weicht seine Deutung von der später von Haber gegebenen ab.

Haber und Klemensiewicz[2]) haben zuerst die heute geltende Theorie gegeben, exakte Messungen und ausgedehnte Anwendung von den Glasketten gemacht. Wenn man zwei Lösungen von verschiedener Wasserstoffionenkonzentration durch eine äußerst dünne Glaswand voneinander trennt, so zeigen die beiden Lösungen einen Potentialunterschied von der gleichen Größe, wie in der S. 138 beschriebenen Wasserstoffkonzentrationskette. Die Anordnung der Glaskette ist folgende (Abb. 25):

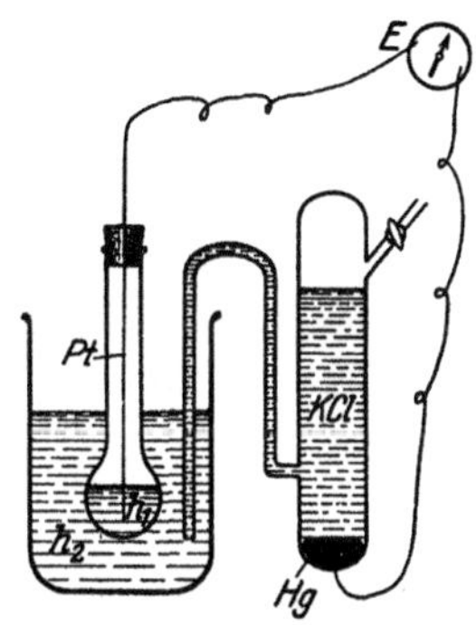

Abb. 25. Glaskette.

Die beiden Lösungen mit den verschiedenen H˙-Ionenkonzentrationen h_1 und h_2 sind derart angeordnet, daß die eine sich in einem weiten Becherglas, die andere in dem in dieses eintauchenden kolbenförmigen Glasgefäß von äußerst dünner Wandung befindet.

[1]) Siehe darüber Georg Meyer, Wiedemanns Ann. **40**, 244 (1890).
[2]) F. Haber und Klemensiewicz, Ann. d. Physik [4] **26**, 927 (1908).

Die Ableitung geschieht einerseits durch eine Kalomelelektrode, andererseits mit Hilfe eines Platindrahts (statt dessen man wohl noch besser ebenfalls eine Kalomelelektrode nehmen könnte, damit die beiden Elektrodenpotentiale sich kompensieren). E ist ein Meßinstrument, und zwar am besten ein Binantelektrometer. Hält man in einer Versuchsreihe die innere Lösung konstant und variiert die äußere, so findet man, wenn h_2 um das 10fache erhöht wird, einen Unterschied von 58 Millivolt. Alle anderen Ionenarten, die sich noch daneben in der Lösung befinden, sind belanglos, was neuerdings von Freundlich und Rona[1]) noch besonders bestätigt wurde.

Die Glaskette kann in gleicher Weise zur Messung von p_h benutzt werden wie die Gaskette, besonders für die elektrometrische Titration, für die Haber elegante Beispiele gibt. Sie stellt eine nur für H-Ionen reversible Kette dar, im Gegensatz zu den Beutnerschen Ölketten, welche je nach ihrer Anordnung, wie wir sahen, für beliebige Anionen oder Kationen reversibel eingerichtet werden konnten. Die einzig mögliche Deutung im Sinne von Haber ist die, daß das den beiden wäßrigen Phasen und der Glasphase gemeinschaftliche Ion das H-Ion ist, und daß die H-Ionen im Glase eine konstante, von der Außenlösung unabhängige Konzentration haben. Haber nimmt an, daß das Glas spurweise Quellungswasser enthält, und daß von ihm die H-Ionen im Glase herrühren.

2. Beutner ist es gelungen, wie wir sahen, mit Ölen als Mittelleitern beliebig viel mehr oder minder vollkommene Realisierungen des maximalen Konzentrationseffekts zu erreichen. Das erste von ihm gefundene Beispiel waren Ketten mit Salicylaldehyd als Öl:

KCl in Wasser c_1	Salicylaldehyd	KCl in Wasser c_2

Er fand folgende EMK:

c_1	c_2	EMK beobachtet	Berechneter Maximaleffekt[2])
$^1/_2$ mol.	$^1/_{10}$ mol.	0,021 Volt	0,040
$^1/_{10}$ „	$^1/_{50}$ „	0,025 „	0,040
$^1/_{50}$ „	$^1/_{250}$ „	0,034 „	0,040
$^1/_{250}$ „	$^1/_{1250}$ „	0,041 „	0,040

[1]) H. Freundlich und P. Rona, Sitzungsber. d. Preuß. Akad. d. Wissensch. (1920), 397.

[2]) $c_1 : c_2$ ist überall $= 1 : 5$; der berechnete Maximaleffekt daher $\pi = 0{,}058 \cdot \log 5 = 0{,}0406$ Volt.

Es ist sofort auffällig, daß bei niedrigen Salzkonzentrationen der Konzentrationseffekt der berechnete Grenzeffekt ist, bei höheren deutlich immer mehr hinter diesem zurückbleibt. Die erhaltenen Werte waren zeitlich völlig reversibel; wurde in einer Versuchsserie c_1 konstant gehalten und c_2 bald aufsteigend, bald absteigend variiert, so erhielt er für ein gleiches c_2 stets denselben Wert der EMK.

Wir verlangten als Bedingung für den maximalen Konzentrationseffekt, daß die Konzentration der gemeinschaftlichen Ionenart auf beiden Seiten der Ölphase die gleiche ist, obwohl sie in den wäßrigen Lösungen ungleich ist. Überlegen wir uns, woher es kommt, daß in dieser Kette diese Bedingung fast genau erfüllt ist. Salicylaldehyd hat ausgesprochen sauren Charakter, teils wegen der phenolartigen OH-Gruppe, teils, weil er stets Spuren von Salicylsäure enthält. In Berührung mit Wasser geht von diesen sauren Stoffen fast nichts in das Wasser, weil diese Säuren in der Richtung von Öl nach dem Wasser einen sehr kleinen Teilungskoeffizienten haben. Nun dringt von dem angrenzenden KCl etwas in das Öl. Da nun, wie wir beim Kapitel der Dissoziation in nichtwäßrigen Lösungsmitteln sahen, im Öl HCl nicht den Charakter einer starken, sondern einer schwachen Säure hat, tritt im Öl eine Umsetzung ein:

$$\text{KCl} + \text{Salicylsäure} \rightleftharpoons \text{K-Salicylat} + \text{HCl}$$

eine Reaktion, die bekanntlich in wäßriger Lösung nicht von statten gehen würde. Dadurch wird das KCl-Gleichgewicht verschoben; die Salicylsäure zieht gewissermaßen mehr $K^{\cdot}$-Ionen in die Lösung hinein. Ist nun im Öl die Salicylsäure eine stärkere Säure als HCl, so wird erstere im freien Zustand gar nicht bestehen bleiben, sondern soviel Kalium hineinziehen, bis die gesamte Säure im Öl als K-Salz abgesättigt ist, unabhängig von der KCl-Konzentration im Wasser. In diesem Fall ist dann in der Tat die $K^{\cdot}$-Konzentration im Öl überall die gleiche. Aber auch, wenn die Salicylsäure nicht geradezu stärker als HCl ist, sondern nur eine Stärke von gleicher Größenordnung hat, wird etwas Ähnliches je nach den Bedingungen mit größerer oder kleinerer Vollkommenheit eintreten.

Ist die KCl-Konzentration im Wasser sehr klein, so ist nach Einstellung des chemischen Gleichgewichts im Öl das $K^{\cdot}$ fast ausschließlich als $K^{\cdot}$-Salicylat vorhanden. Ist aber die KCl-Konzentration im Wasser sehr groß, so wird sie auch im Öl größer sein, und das K ist im Öl nicht allein als Salicylat, sondern in relativ merklicher Menge auch als Chlorid vorhanden. Im letzteren Fall kann daher die K˙-Menge im Öl nicht mehr ganz unabhängig sein von der KCl-Menge im Wasser. Daher kommt es, daß der Konzentrationseffekt dem maximalen Wert sich um so mehr annähert, je verdünnter die wäßrigen KCl-Lösungen sind, was das Experiment, wie wir sahen, bestätigt.

Wurde NaCl statt KCl genommen, so ergab sich

c_1	c_2	EMK beobachtet	Berechnet
$^1/_{10}$	$^1/_{50}$	0,024	0,040
$^1/_{50}$	$^1/_{250}$	0,026	0,040
$^1/_{250}$	$^1/_{1250}$	0,030	0,040

Der Konzentrationseffekt ist hier kleiner; der Einfluß der absoluten Konzentration macht sich aber in demselben Sinne bemerkbar.

Eine andere Ölkette, bei der sich die EMK dem Maximaleffekt sehr stark nähert, war

Wasser	Salicyl-	Wasser
Dimethylanilinchlorid	aldehyd	Dimethylanilinchlorid + $(c_1 > c_2)$
c_1		c_2

			Berechneter Maximaleffekt
c_1 0,1 mol.	$c_2 = 0{,}02$ mol.	EMK = 0,042 Volt	0,040 Volt
c_1 0,02 mol.	$c_2 = 0{,}004$ mol.	EMK = 0,037 Volt	0,040 Volt

Auch in diesem Fall wird durch die saure Natur des Öles die Kationenkonzentration in demselben (es sind dieses Mal die Dimethylanilin-Ionen) konstant gehalten, trotz der Verschiedenheit von c_1 und c_2.

Dagegen zeigte z. B. die Kette

Wasser	Salicylaldehyd	Wasser
$^1/_{10}$ mol. Na-Salicylat		$^1/_2$ mol. Na-Salicylat

eine EMK von nur 0,005 Volt statt des berechneten Maximaleffektes 0,040 Volt; also eine fast vollkommene Annäherung an den anderen Grenzfall: EMK = 0.

Das beruht darauf, daß in diesem Fall das Anion, das Salicylsäure-Ion, relativ zum Kation, so gut öllöslich ist, daß es die Verteilung beherrscht. Als Anion kann es aber von dem sauren Öl nicht festgehalten werden wie ein Kation, und die Bedingungen für den maximalen Konzentrationseffekt fehlen; an der Seite, wo im Wasser mehr Salicylsäure-Anionen sind, sind auch im Öl mehr; die Konzentration des Öls an Salicylsäure-Ionen ist nicht invariabel.

Die Theorie, wovon es abhängt, ob und inwieweit die EMK dem einen oder dem anderen Grenzwert sich nähert, kann man auch folgendermaßen darstellen: Das Salz sucht sich zwischen den Phasen zu verteilen. Wird diese Verteilung durch die dadurch gleichzeitig erzeugte Trennung entgegengesetzt geladener Ionen beeinflußt, so tritt die Potentialdifferenz ein. Stehen aber der Verteilung keine oder auf beiden Seiten gleich große elektrostatischen Kräfte im Wege, so entsteht auch keine EMK.

Der einfachere Fall ist der letztere, mit Na-Salicylat. Wenn die Theorie richtig ist, so müßte für diesen Fall experimentell bewiesen werden, daß das gemeinsame Ion sich ungehindert nach einem bestimmten Teilungskoeffizienten verteilen kann; d. h. es müßte gezeigt werden, daß in den Fällen, wo die EMK = 0 ist, der gewöhnliche Verteilungssatz für den Elektrolyten gilt: daß das Verhältnis seiner Konzentrationen in den beiden Phasen unabänderlich, von der absoluten Menge unabhängig ist.

Dieser Beweis wurde von Beutner experimentell für die Anordnung der Kette mit Salicylaldehyd und Salicylat gebracht.

Es wurden 12,5 ccm Salicylaldehyd mit 50 ccm $^1/_{10}$ mol. wäßriger Lösung von Natriumsalicylat bis zur Erreichung des Verteilungsgleichgewichts geschüttelt. Das Öl, welches vorher eine Leitfähigkeit von 0,7 r. M. gehabt hat, hatte jetzt eine Leitfähigkeit von 2,56 r. M. Wurde das Öl mit 50 ccm $^1/_2$ mol. wäßriger Lösung von Na-Salicylat geschüttelt, so hatte es eine Leitfähigkeit von 14,46 r. M. Die Leitfähigkeiten der Öle verhalten sich wie 1 : 5,6, während die Konzentrationen der wäßrigen Lösungen sich wie 1 : 5 verhalten. Da die Leitfähigkeiten dem Ionengehalt angenähert proportional gesetzt werden können, so ist damit bewiesen, daß für die Verteilung des Natriumsalicylat zwischen Wasser und Öl der Verteilungssatz gilt. Infolgedessen kann kein Konzentrationseffekt auftreten.

Dagegen fand sich für die Verhältnisse der Kette mit Dimethylanilinchlorhydrat folgendes:

	Leitfähigkeit
Salicylaldehyd mit 1 mol. wäßriger Lösung von Dimethylanilin-ClH geschüttelt	7,8 r. M.
„ mit $^1/_{50}$ mol. wäßriger Lösung von Dimethylanilin-ClH geschüttelt	19,9 r. M.

Während sich die wäßrigen Konzentrationen wie 1 : 50 verhalten, verhalten sich die Ionenkonzentrationen im Öl wie 1 : 2,5; d. h. der Verteilungssatz gilt nicht; der Ionengehalt des Öls ist fast konstant und unabhängig von der Konzentration der äußeren Phase.

So ist es ja auch bei der Haberschen Glaskette. Das gemeinschaftliche Ion ist hier das H-Ion; dieses entsteht im Glas wahrscheinlich infolge der Dissoziationen der Spuren Wasser in demselben. Da aber in das Glas nur das reine Wasser, nicht gelöste Elektrolyte aus der wäßrigen Phase eindringen, ist die H-Konzentration im Glas von der im Wasser ganz unabhängig und konstant.

Auch der Fall der gewöhnlichen Nernstschen Konzentrationskette läßt sich in dieser Betrachtungsweise darstellen. Haben wir die zwei Phasen: metallisches Silber und wäßrige Lösung von $AgNO_3$, so können wir sagen, daß das Silber frei bewegliche Elektronen enthält (weil es metallisches Leitvermögen hat), und können daher auch sagen, es enthält auch „$Ag^{\cdot}$-Ionen". Das Metall ist sozusagen eine Phase, welche ein Silbersalz enthält, dessen Kation $Ag^{\cdot}$ und dessen Anion das freie Elektron ist. Die wäßrige Lösung dagegen enthält $Ag^{\cdot}$ und NO_3'; freie Elektronen dringen nicht in die wäßrige Phase ein; sie sind „nicht wasserlöslich". Die Konzentration der „$Ag^{\cdot}$-Ionen" im Metall ist daher von der $Ag^{\cdot}$-Konzentration in der Lösung ganz unabhängig und invariabel; ein Metall muß daher einen maximalen Konzentrationseffekt geben, wenn man es wie eine Ölkette anordnet. Die EMK der Kette

$AgNO_3$ c_1	metallisches Ag	$AgNO_3$ c_2

wenn man ihre Enden vermittels zweier gleicher Metallelektroden ableitet (z. B. Quecksilberkalomelelektroden in 0,1 n KCl), ist leicht zu berechnen. Es heben sich alle Elektrodenpotentiale auf, mit Ausnahme der auf beiden Seiten der Silberplatte; diese beiden Seiten haben nach Nernst in der Tat den Potentialunterschied $RT \ln \frac{c_1}{c_2}$, d. h. diese Kette ist in Wahrheit nur eine etwas umständlichere Anordnung einer gewöhnlichen Nernstschen Konzentrationskette. Man denke sich das metallische Silberstück in zwei Platten gespalten, die durch einen Draht verbunden sind; die eine der Platten berührt nur die linke, die andere nur die rechte Lösung. Dann stellt das Ganze eine gewöhnliche Konzentrationskette dar, auf deren Stromweg nur noch die zwei Kalomelelektroden eingeschaltet sind, deren Potential sich gegenseitig aufhebt. Es ist daher möglich, diese beiden Kalomelelektroden fortzulassen, ohne die EMK zu ändern, und dann ist das Ganze eine typisch angeordnete einfache Konzentrationskette für $Ag^{\cdot}$-Ionen. Die Nernstsche Konzentrationskette könnte so als ein Spezialfall der Phasengrenzketten aufgefaßt werden.

Der theoretisch einfachste Fall, in dem der Konzentrationseffekt = 0 ist, ist folgender. Es werden zwei verschieden konzentrierte Lösungen eines Elektrolyten durch ein Öl getrennt, welches chemisch völlig indifferent ist, weder den Charakter einer Säure noch Base hat und keinerlei chemische Umsetzungen mit dem Elektrolyten eingeht. Solche Kette hat die elektromotorische Kraft 0, trotz der Konzentrationsunterschiede; z. B. die Kette

Wasser mit KCl (c_1)	Indifferentes Öl mit KCl (c_1') (c_2')	Wasser mit KCl (c_2)

oder in Ionenschreibweise

$K^{\cdot} = c_1$	$K^{\cdot} = c_1'$	$K^{\cdot} = c_2'$	$K^{\cdot} = c_2$
$Cl' = c_1$	$Cl' = c_1'$	$Cl' = c_2'$	$Cl' = c_2$

Das Wesentliche, worauf es ankommt, ist, daß in einem solchen Falle die Konzentration des $K^{\cdot}$ an jeder Stelle der Kette gleich der des Cl' ist. In dieser Kette kann man entweder $K^{\cdot}$ oder Cl' als die gemeinschaftliche Ionenart betrachten. In erstem Falle ergibt sich nach S. 162:

$$E = RT \cdot \ln \frac{c_1}{c_2'} \cdot \frac{c_2'}{c_2}.$$

Im zweiten Falle ergibt sich, wegen der negativen Ladung des Cl',

$$E = -RT \ln \frac{c_1}{c_2'} \cdot \frac{c_2'}{c_2}$$

Beide Gleichungen müssen richtig sein, und das ist nur möglich, wenn $E = 0$ ist (oder, was dasselbe bedeutet, wenn der hinter dem log-Zeichen stehende Ausdruck $= 1$ ist).

Nur wenn auf irgend eine Weise erreicht werden kann, daß die Konzentration des $K^{\cdot}$ in irgend einem der vier Abschnitte der Kette nicht gleich der des Cl' ist, kann E von 0 verschieden werden. Das ist der Fall, wenn noch ein zweiter Elektrolyt zugegen ist, oder wenn das Öl selbst den Charakter einer Säure oder Base hat.

57. Die Ionenreihen.

Die soeben betrachteten Ketten enthielten auf beiden Seiten den gleichen Elektrolyten in verschiedenen Konzentrationen, und sind somit den metallischen Konzentrationsketten analog. Wenden wir auf beiden Seiten verschiedene Elektrolyte an, so haben wir eine Analogie zu den Ketten mit verschiedenen Metallen. Als möglichst einfachen Fall wollen wir denjenigen wählen, bei dem zwei verschiedene Elektrolyte, die aber ein gemeinschaftliches Ion haben, beiderseits in gleicher Konzentration angewendet werden. Also z. B.

Wasser	Öl	Wasser
NaCl		KCl

oder

Wasser	Öl	Wasser
NaCl		NaCNS

Im ersten Fall ist das Anion das gemeinschaftliche Ion, im zweiten Fall das Kation. Die EMK dieser Ketten rührt daher, daß die beiden Elektrolyte eine verschiedene Öllöslichkeit besitzen. Nehmen wir an, daß das Cl-Ion löslicher ist als Na, so wird das Öl sich negativ gegen die NaCl-Lösung aufladen, die NaCl-Lösung ist also positiv. Ist nun aber, auf der anderen Seite, der Unterschied in der Öllöslichkeit zwischen Cl und K kleiner, so lädt sich das KCl gegen das Öl weniger positiv auf. Das KCl ist somit der negative Pol der Kette. Wenn wir also auf der linken Seite immer NaCl nehmen und auf der rechten Seite die Salze variieren, so wird die rechte Seite negativ werden, wenn der Unterschied in der Öllöslichkeit seiner beiden Ionen kleiner ist als beim NaCl; und positiv, wenn er größer ist. Wenn wir nur das Kation variieren, wird die rechte Seite um so negativer werden, je öllöslicher dieses Kation im Vergleich zum Na-Ion ist. Wenn wir nur das Anion variieren, wird die rechte Seite um so positiver werden, je größer die Öllöslichkeit dieses Anions im Vergleich zum Cl ist. In den

Salz	Saurer Mittelleiter		Basischer Mittelleiter	
	Salicylaldehyd enthaltend Salicylsäure I	Nitrobenzol + $^1/_5$ Mol o-Nitrobenzoesäure II	Nitrobenzol + $^1/_5$ Mol Dimethylanilin III	o-Toluidin IV
a) NaCl	0 Millivolt	0 Millivolt	0 Millivolt	0 Millivolt
b) NaJ	0 „	+ 3 „	+68 „	+133 „
c) NaSCN	+ 15 „	+ 16 „	+92 „	+140 „
d) Dimethylanilinchlorid	—110 Millivolt	—210 Millivolt	— 6 Millivolt	— 25 Millivolt
e) KCl	— 24 „	— 44 „	0 „	0 „
f) $CaCl_2$	+ 40 „	+ 2 „	— 3 „	+ 10 „

nebenstehenden Versuchen von Beutner befindet sich links immer eine 0,1 normale Lösung von NaCl, rechts eine 0,1 normale Lösung der in der Tabelle bezeichneten Salze. In den Versuchen a, b, c ist das Anion variiert. Die positivierende Wirkung steigt in der Reihenfolge Cl, J, SCN. Wir müssen also annehmen, daß dies auch die Reihenfolge für die steigende Öllöslichkeit der Ionen ist. In der Tat ist auch die Ionenreihe immer die gleiche, welches Öl man als Mittelleiter auch benutzt, und welches auch immer das gemeinsame, entgegengesetzte Ion der Kette ist. Die absoluten Unterschiede sind allerdings dann nicht die gleichen, aber die Reihenfolge bleibt ungeändert. Diese Ionenreihen, denen wir hier zum ersten Male begegnen und auf die wir später noch ausführlich zurückkommen werden, sind

Abnehmendes Negativierungsvermögen; fallende Öllöslichkeit:
Kationen K Na Ba Ca Mg

Zunehmendes Positivierungsvermögen; steigende Öllöslichkeit:
Anionen SO_4 Cl Br J SCN

Die Natur des Öles ist allerdings nicht ganz so belanglos, als es nach dieser Übersichtsregel scheinen möchte; die Unterschiede zwischen den einzelnen Ionen der Reihe prägen sich bald mehr, bald weniger aus. Hat das Öl einen sauren Charakter (entweder von Natur oder durch Zusatz einer öllöslichen organischen Säure), so sind die Unterschiede der Kationen stark ausgeprägt, die der Anionen nur schwach; bei einem basischen (oder mit einer organischen Base versetzten) Öl ist es umgekehrt, was nach der gegebenen Theorie verständlich ist.

Aber abgesehen von dieser allgemeinen Regel zeigen sich auch spezifische Einflüsse der Natur des Öls. In einer Kette mit NaCl und Na_2SO_4 sollte nach den obigen Regeln die Seite mit Na_2SO_4 negativ sein. Dies ist auch der Fall bei o-, m-, p-Kresol, Phenol, Guajakol, Acetophenon, Acetessigester (alle diese geben 20—30 Millivolt); Anilin, Toluidin (geben noch größere EMK entsprechend der früheren Regel). Dagegen geben Benzaldehyd, Salicylaldehyd eine EMK von nahezu = 0, Zimtaldehyd, Anisaldehyd, Benzophenon sogar positive Ladung der Na_2SO_4-Seite. Den obigen Regeln scheinen also vor allem solche Öle zu gehorchen, die entschieden sauren oder basischen Charakter infolge von NH_2 oder OH-Gruppen haben, während bei Ölen von indifferentem Charakter die Verhältnisse nicht so eindeutig sind, was nach den früheren Erörterungen verständlich ist.

58. Die Spannungsreihe der Öle.

Bisher betrachteten wir Ketten, bei denen die asymmetrische Anordnung in der Verschiedenheit der wäßrigen Lösung lag. Man kann aber auch Ketten mit wäßrigen Phasen gleicher Zusammensetzung, aber Asymmetrien in der Ölphase haben, die also aus zwei verschiedenen Ölen bestehen, z. B.

	I		II		III	
Wäßrige Lösung	|	Öl I	|	Öl II	|	Wäßrige Lösung

Solche Ketten geben bei gleicher Zusammensetzung der wäßrigen Phasen eine EMK, deren Ursache im wesentlichen der Potentialunterschied der Einzelpotentiale I und III ist; z. B. die Kette:

Kalomelelektrode in $^1/_1$ m · KCl in Wasser	Kresol	Benzaldehyd	Kalomelelektrode in $^1/_1$ m · KCl in Wasser

Die Messungen von Beutner ergaben:

Benzaldehyd	gegen	Kresol	— 0,13 Volt
„	„	Phenol	+ 0,13 „
„	„	Guajakol	+ 0,08 „
„	„	Toluidin	+ 0,05 „
„	„	Benzylalkohol	+ 0,04 „
„	„	Amylalkohol	+ 0,02 „
„	„	Acetessigester	— 0,05 „
„	„	Acetophenon	— 0,07 „
„	„	Dimethylanilin	— 0,09 bis — 0,13 Volt

So erhält man eine „Spannungsreihe“ für die Öle wie für die Metalle.

Aber auch eine schon von Cremer[1]) untersuchte Kette:

Wäßrige Salzlösung	Nitrobenzol	Nitrobenzol + Pikrinsäure	Wäßrige Salzlösung

kann in diese Gruppe von Ketten gerechnet werden; denn die Verteilung des Salzes ist beiderseits ungleich; die gelöste Pikrinsäure bewirkt eine höhere Konzentration von Kationen, welche noch dazu von der Salzkonzentration des Wassers nur wenig abhängig ist.

Dem Nitrobenzol wird rechts durch die gelöste Pikrinsäure ein anderer Charakter erteilt. Der Zusatz einer organischen Säure in einem Öl macht es „positiver“ in der Spannungsreihe. Bei

---

[1]) M. Cremer, Zeitschr. f. Biol. 47, 1 (1906).

reinen Ölen gilt aber nicht allgemein die Regel, daß es gemäß der Stärke seines sauren Charakters positiver wird; konstitutive Einflüsse haben eine große Bedeutung. Es kommt nicht nur darauf an, wieviel „Säure“ in dem Öl, sondern auch, wie stark diese Säure dissoziiert ist. Die Dielektrizitätskonstante hat also einen Einfluß. Von zwei Ölen mit „gleichem Säuregehalt“ ist das mit der geringeren Dielektrizitätskonstante das negativere, z. B.

Nitrobenzol, gesättigt mit Nitrobenzoesäure

pos.	ohne Benzol	mit gleichem Vol. Benzol	neg.

Durch Benzol wird die Dielektrizitätskonstante vermindert, die Dissoziation der gelösten Säure vermindert, das Öl negativ gemacht[1]). Der Zusammenhang der chemischen Konstitution eines Öls und seiner Stellung in der Spannungsreihe bedarf noch weiterer Erforschung.

59. Physiologische Anwendung der Theorie der Grenzpotentiale.

Es ist naheliegend, diese Beobachtungen für die Deutung der in lebenden Geweben beobachteten elektromotorischen Kräfte heranzuziehen. In der Tat waren die seit Jahrzehnten bekannten, ohne Metalle erzeugten Ströme, die die Physiologen beobachteten, die Anregung für die soeben geschilderten Untersuchungen und in der Absicht, der Physiologie Aufklärung zu bringen, unternommen. Die grundlegenden physiologischen Beobachtungen stammen von E. Du Bois-Reymond[2]) und lassen sich kurz folgendermaßen beschreiben. Wenn man irgend ein lebendes Organ (Muskel, Nerv, Pflanzenorgane wie Blätter, Früchte) an einer Stelle verletzt (schneidet, quetscht), eine nicht verletzte Stelle und eine verletzte Stelle mit unpolarisierbaren Elektroden ableitet, so erhält man einen elektrischen Strom von 0,02—0,1 Volt, in welchem die verletzte Stelle negativ gegen die unverletzte ist. Auch wenn man die unverletzten Oberflächen zweier noch in natürlichem Zusammenhang stehender Organe (Sehne—Muskel, Wurzel—Blatt oder Stamm) ableitet, erhält man Ströme (Sehne negativ gegen

---

1) Man erinnere sich dieses Befundes später bei dem Kapitel über die Coehnsche Regel.

2) E. Du Bois-Reymond, Untersuchungen über tierische Elektrizität. Berlin 1848, 1849, 1860, C. Reimer; Gesammelte Abhandlungen zur Muskel- und Nervenphysik. Leipzig 1875, Veit u. Co.; s. auch Helmholtz, Allgemeine Monatsschr. f. Literatur u. Kunst. Kiel, April 1852.

den Muskel, Wurzel negativ gegen Blatt). Diese Beobachtungen erweckten die Hoffnung, das Wesen der Lebenserscheinung auf elektrische Erscheinungen zurückzuführen; der verletzte, tote Teil zeigte eine Potentialdifferenz gegen den lebenden. Zur Deutung dieser Erscheinungen reichten die damaligen physikalischen Kenntnisse nicht aus; so hohe Potentialdifferenzen ohne Metalle künstlich herzustellen, war noch nicht möglich. Eine von Du Bois-Reymond versuchte „Molekulartheorie" hat nur umschreibenden Charakter. Durch die Untersuchungen von L. Hermann [1]) wurde zunächst auch festgestellt, daß unverletzte Teile eines lebenden Organes gegeneinander stromlos sind, und er hielt deshalb die Absterbeerscheinungen an der Verletzungsstelle für die Ursache des Stromes, eine Theorie, die zu der „Alterationstheorie" ausgebaut worden ist. Als dann die Diffusionspotentiale näher untersucht wurden, versuchte man diese als Erklärung heranzuziehen [2]). Aber Diffusionspotentiale von dem notwendigen Betrage können nur ausnahmsweise, bei der Diffusion freier Mineralsäuren gegen neutrale Lösungen, entstehen und erfordern Bedingungen, wie sie im lebenden Gewebe nicht vorkommen. Selbst wenn man mit dem Vorhandensein von Säuren wie Milchsäure rechnet, könnten die denkbar höchsten Diffusionspotentiale einige Millivolt betragen, während die Verletzungsströme mehrere Centivolt erreichen können. Eine wesentliche Anregung erhielt die Frage durch Wilh. Ostwald [3]). Gelegentlich einer Untersuchung über die elektrischen Eigenschaften von Niederschlagsmembranen äußerte er die Vermutung, daß die Ströme in Muskeln und Nerven, ja sogar bei den elektrischen Fischen ihre Erklärung in den Eigenschaften solcher Membranen finden. Diesen Membranen schrieb er die Eigenschaft zu, daß sie entweder nur für Anionen oder nur für Kationen durchlässig seien. Die Diffusion eines Elektrolyten durch eine solche Membran führt daher zur Trennung von Ionen und so zu Potentialdifferenzen. Diese Erklärung hat das große Verdienst, zum ersten Male eine Phasengrenzfläche als Sitz einer EMK einzuführen. Jedoch erwies sich der Begriff der Ionendurchlässigkeit nicht als zweckmäßig und quantitativ untersuchbar. Zwar versuchten die Physiologen diese Theorie auszubauen. Es galt festzustellen, für

---

[1]) L. Hermann, Weitere Untersuchungen zur Physiologie der Muskeln und Nerven. Berlin 1867.

[2]) Oker-Blom, Pflügers Arch. f. d. ges. Physiol. **84**, 191 (1901).

[3]) Wi. Ostwald, Zeitschr. f. physikal. Chem. **6**, 71 (1890).

welche Ionenart die tierischen Membranen undurchlässig seien. Bernstein[1]) schrieb diese Eigenschaft den K-Ionen zu. Höber[2]) konnte dies nicht bestätigen, er glaubte vielmehr zu zeigen, daß die Durchlässigkeit der Zellmembran für die verschiedenen Ionen sich unter dem Einfluß der verschiedenen Ionen selbst ändere. Er nahm an, daß der kolloidale Zustand dieser Membranen sich unter dem Einfluß der verschiedenen Ionen ändere, und damit auch ihre Permeabilität. Diese Annahme schien um so berechtigter, als dieselben Ionenreihen, die sich in der Kolloidchemie so oft wiederholen, sich auch bei der Beeinflussung der elektrischen Eigenschaften der Membran zeigen. Seine Untersuchungen bilden ein wertvolles experimentelles Material, und das wichtige Problem ist es nun heute, ob diese Befunde im Sinne der Höberschen Permeabilitätstheorie oder durch die Theorie der Phasengrenzkräfte besser gedeutet werden können. M. Cremer[3]) brachte die verschiedene Durchlässigkeit der Ionen im Sinne von Ostwald in Zusammenhang mit der Beweglichkeit der Ionen und betrachtete daher diese Potentialdifferenzen als analog mit dem Diffusionspotential. Ein gut permeables Ion identifizierte er mit einem Ion, welches in dem Medium, in das es eindringt, eine große Beweglichkeit hat. Cremer gelang es auch zuerst, experimentell biphasische Ketten ohne Metalle zusammenzustellen, wie:

Wäßrige Lösung	Nitrobenzol	Nitrobenzol + Pikrinsäure	Wäßrige Lösung

Zur Erklärung der beobachteten Potentialdifferenzen im Sinne der Theorie von Cremer mußte man allerdings unwahrscheinlich hohe Unterschiede der Beweglichkeiten der einzelnen Ionen annehmen.

Die in den vorigen Kapiteln geschilderte Phasengrenztheorie wurde von Nernst[4]) als eine Erweiterung seiner elektromotorischen Theorie der Metallelektroden in klarer Weise angebahnt und von Haber[5]) ausführlich experimentell und theoretisch

[1]) Bernstein, Pflügers Arch. f. d. ges. Physiol. **92**, 521 (1902).

[2]) Höber, Physikalische Chemie der Zelle und Gewebe. Leipzig 1911, S. 487.

[3]) M. Cremer, Zeitschr. f. Biol. **47**, 1 (1906); Nagels Handb. d. Physiol. **4**, 868 (1909).

[4]) W. Nernst, Zeitschr. f. physikal. Chem. **9**, 140 (1892); Riesenfeld, Ann. d. Physik. **8**, 600 (1902).

[5]) F. Haber, Ann. d. Physik. **26**, 947 (1908); Haber u. Klemensciewitsch **67**, 385 (1909).

untersucht, insbesondere mit Bezug auf die elektromotorische Wirkung einer Glasmembran, wie sie übrigens auch schon Cremer festgestellt hatte, wenn auch nicht mit dieser Deutung. An diese Untersuchungen schlossen sich die in den vorigen Kapiteln geschilderten Untersuchungen von R. Beutner an, welche einen wesentlichen Fortschritt brachten, und nunmehr ohne große Mühe für die Deutung der bioelektrischen Erscheinungen benutzt werden können. Der Sitz der EMK wäre danach die Grenzfläche zwischen wäßrigen Lösungen und den öl- oder lecithinartigen Membranen der lebenden Zellen und Gewebe. Und zwar lassen sich alle Erscheinungen erklären, wenn man annimmt, daß diese Membran eine nichtwäßrige, ölartige Phase mit einem Gehalt an öllöslichen organischen Säuren darstellt. Um diese Theorie von Beutner zu beweisen, ist es erforderlich zu zeigen, daß die EMK bei Variierung der Art und Menge des in der wäßrigen Phase gelösten Elektrolyten qualitativ und quantitativ dieselben sind, wie bei künstlich nachgeahmten Ölketten mit einem sauren Öl.

Folgende Eigenschaften müssen die an physiologischen Objekten beobachteten elektromotorischen Kräfte haben, um die Forderungen der Beutnerschen Theorie zu erfüllen.

1. Auch zwischen zwei unverletzten Stellen muß eine Potentialdifferenz bestehen, wenn man sie mit verschieden konzentrierten Lösungen eines Elektrolyten ableitet. Das beweisen folgende Versuche:

a) mit verschiedenen Konzentrationen des gleichen Elektrolyten.

Zwei unverletzte Stellen eines Apfels werden gegeneinander gemessen, als Ableitungsflüssigkeit werden folgende Lösungen benutzt:

			Berechnet für maximalen Konzentrationseffekt
$^1/_{10}$ mol. NaCl	$^1/_{10}$ mol. NaCl	0 Volt	
$^1/_{10}$ „ „	$^1/_{50}$ „ „	0,029 bis 0,024 Volt	0,040 Volt
$^1/_{50}$ „ „	$^1/_{250}$ „ „	0,042 „ 0,036 „	
$^1/_{250}$ „ „	$^1/_{1250}$ „ „	0,041 „ 0,038 „	

Die verdünnte Lösung ist stets positiv.

Die Übereinstimmung mit den künstlichen Ölketten ist so vollkommen, daß sogar bei absolut höheren Salzkonzentrationen der Konzentrationseffekt hinter dem maximal theoretisch erreichbaren deutlich zurückbleibt, in dünnen Lösungen ihn aber ganz erreicht.

Ein voller Konzentrationseffekt zeigt sich bei NaBr:

NaBr 1/8 mol. gegen 1/40	0,040 Volt	Theoretischer Maximaleffekt je 0,040 Volt
1/40 „ „ 1/200	0,041 „	
1/200 „ „ 1/1000	0,042 „	

Der Konzentrationseffekt erwies sich als umkehrbar, wenn nicht durch längeres Einwirken der stärkeren Salzlösungen eine irreversible Schädigung der Apfelschale eingetreten war. An anderen Materialien war er geringer und unregelmäßiger, z. B.

Hornschale einer Schildkröte:

1/10 nKaCl gegen 1/50	0,010 Volt	Ber. Maximaleffekt je 0,040 Volt
1/50 „ „ 1/250	0,015 „	
1/250 „ „ 1/1250	0,021 „	

Menschliche Fingernägel:

10/8 — 1/8 NaCl	0,017	Ber. Maximaleffekt je 0,0577 Volt
1/8 — 1/80 „	0,023	
1/80 — 1/800 „	0,028	
1/800 — 1/8000 „	0,030	

Sehr klein war der Effekt bei Muskeln:

1/8 n KCl — 1/40	0,002	Theoret. Maximaleffekt je 0,0577 Volt
1/40 „ — 1/200	0,006	
1/200 „ — 1/1000	0,008	

b) Auch bei Ableitung zweier unverletzter Stellen mit gleichstarken Lösungen verschiedener Elektrolyte muß ein Strom entstehen; der negativierende Einfluß der Ionen muß in derselben Reihenfolge gehen, wie bei einer „Ölkette". Dies ließ sich nun schon aus Versuchen von R. Höber erweisen, welche allerdings von diesem noch nicht in dem Sinne gedeutet werden konnten. Es zeigte sich in der Tat: Wenn an einer unverletzten Stelle die Ableitungsflüssigkeit variiert wurde, daß der negativierende Effekt der Anionen die Reihe ergab:

SO_4 Cl Br J NO_3 CNS

und der Kationen

K Na Ba Cu Mg

Zum näheren Verständnis war nun noch zu ermitteln, ob die Ölschicht, welche die Apfelschale darstellt, als eine einheitliche Ölphase zu deuten ist, also nach dem Schema

Salzlösung | Öl | Salzlösung

entsprechend

Salzlösung	Apfelschale	Freie Flüssigkeit des Apfelfleisches

oder ob verschiedene Öle hintereinander geschaltet waren, wie

Salzlösung	Öl I	Öl II	Salzlösung

z. B.

Salzlösung	Nitrobenzol + Pikrinsäure	Nitrobenzol ohne oder mit weniger Pikrinsäure	Salzlösung

entsprechend

Salzlösung	Obere Schicht der Apfelschale	Tiefe Schicht der Apfelschale	Freie Flüssigkeit des Apfelfleisches

Hierüber gaben folgende Versuche von Beutner Aufschluß: Zwei Stellen des Apfels wurden mit $^1/_{50}$ in KCl abgeleitet; am unverletzten (I) Apfel war die EMK natürlich = 0. Wurde eine Verletzung gesetzt (II), so trat der Verletzungsstrom von 0,041 Volt auf. Wurde die Verletzung weiter ausgehöhlt (III), so blieb der Effekt der gleiche. Bei weiterer Aushöhlung, bis nur noch $^1/_4$ cm über der Rinde stehen blieb (IV), sank die EMK auf 0,020 Volt, und blieb nur noch Rinde übrig (V), so blieben nur noch 0,01 Volt.

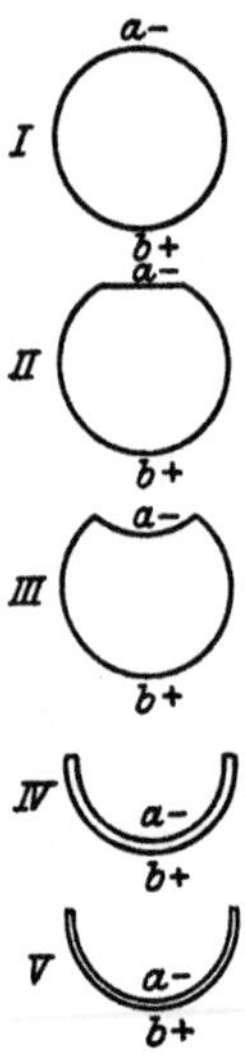

Abb. 26. (Nach Beutner.)

Dagegen trat der Konzentrationseffekt, wenn man die Konzentrationen der ableitenden Lösung an der unverletzten Stelle variiert, in allen Fällen fast genau wie beim unverletzten Apfel auf.

Die Deutung der Erscheinung ist nur möglich, wenn man annimmt, daß die Apfelschale nicht eine einheitliche Ölphase darstellt; eine solche ist nur die alleräußerste Schalenhaut. Diese gibt dann auch (V), zwischen zwei gleich konzentrierte Salzlösungen geschaltet, keinen Strom. Die Versuche II—IV sind nur dann zu erklären, wenn man die Zusammensetzung der Apfelschale in ihren verschiedenen Schichten als verschieden annimmt, und zwar in dem Sinne, daß die äußersten Schichten eine organische Säure in der Ölphase enthalten, die tieferen nicht oder weniger.

60. Potentiale an Niederschlagsmembranen.

Die Theorie der Zellmembranpotentiale beruht somit auf der Analogie, die zwischen einer „Ölphase“ und der Zellhaut angenommen wird. Nun gibt es aber für die Zellmembran ein viel älteres Modell, welche ihre Permeabilitätseigenschaften sehr gut nachahmt, die Niederschlagsmembranen von M. Traube, welche in Form der Pfefferschen Zellen qualitativ und quantitativ die Vorstellungen vom osmotischen Druck und von der Semipermeabilität bekanntlich erst ermöglicht haben. Gerade die Tatsache, daß solche Membranen aus Ferrocyankupfer dieselbe Undurchlässigkeit für viele gelöste Stoffe zeigen, wie man sie zur Erklärung der Schrumpfungs- und Quellungserscheinungen in anisotonischen Lösungen bei Zellen annahm, gab der ganzen Lehre der Semipermeabilität eine große Stütze, und ohne sie hätte auch niemals die Vorstellung entstehen können, daß irgend eine Membran für Kationen permeabel, für Anionen impermeabel sei oder dgl. Es entsteht daher die Frage, ob auch solche Niederschlagsmembranen der Sitz von Potentialunterschieden sein können, ob auch diese den Zellmembranpotentialen analog sind, und ob die Beutnersche Theorie auf sie übertragbar ist, oder ob hier wirklich die ältere Vorstellung von der spezifischen Durchlässigkeit für bestimmte Ionenarten an ihre Stelle treten muß.

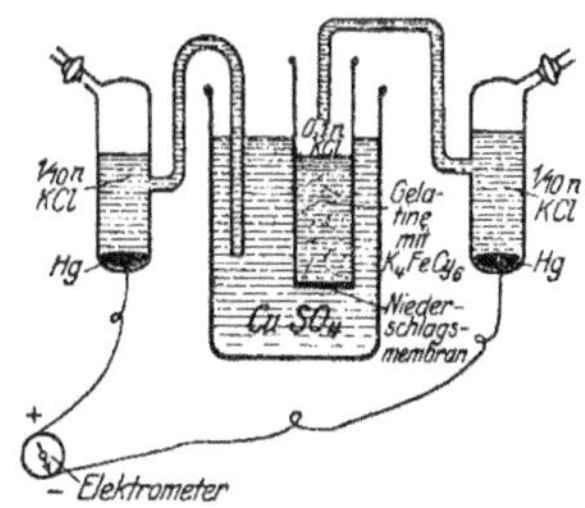

Abb. 27.

Abgesehen von älteren Untersuchungen von Brüning[1]) unternahm Beutner die Untersuchungen solcher Ketten. Seine Anordnung war folgende:

Eine $^1/_{40}$ mol warme Lösung von Ferrocyankalium in $10\,^0/_0$iger Gelatine wurde in das beiderseits offene Glasrohr (Abb. 27) eingefüllt, erstarren gelassen, und in ein Becherglas mit $^1/_{20}$ mol $CuSO_4$-Lösung getaucht. An der Berührungsstelle bildet sich sofort eine Niederschlagsmembran von braunem Ferrocyankupfer, anfangs kaum sichtbar, später an Dicke zunehmend. Das obere Ende der Gelatinesäule und die äußere Cu-Lösung wurden mit

[1]) Brüning, Pflügers Arch. f. d. ges. Physiol. **117**, 409 (1907).

Kalomelelektroden abgeleitet. Es zeigte sich eine EMK von 0,10—0,12 Volt, das $CuSO_4$ ist positiv. Nun wurde die Zusammensetzung der äußeren Lösung variiert, der osmotische Druck derselben wurde durch Zucker stets gleich gehalten, um die Membran nicht mechanisch durch osmotische Druckunterschiede außen und innen zu zerstören. Wurde zunächst nur die Konzentration des $CuSO_4$ variiert, so ergab sich keine sicher reproduzierbare, zeitlich konstante Änderung der EMK. Wurde aber bei konstanter Konzentration der $CuSO_4$ etwas KCl hinzugegeben, so zeigten sich elektromotorische Kräfte, welche in eindeutiger und umkehrbarer Weise von der Konzentration des KCl abhingen, z. B. folgende Mittelwerte:

		Änderung beob.	Berechnet
$^1/_{40}$ mol. $CuSO_4$ + $^1/_{40}$ mol KCl	0,020 Volt		
$^1/_{200}$ „ „	0,061 „	0,041	0,040
$^1/_{1000}$ „ „	0,098 „	0,037	0,040
$^1/_{\infty}$ [1]) „ „	0,12 „		

Also fast genau der Wert einer KCl-Konzentrationskette! (0,040 Volt.)

Das gleiche zeigte sich mit NaCl, HCl, NH_4Cl, wenn man ihre Konzentrationen wechselt; vergleicht man Ketten, welche verschiedene Chloride in gleicher Konzentration enthalten, so zeigen sich wiederum Unterschiede. Kurz: die Kette ist in jeder Beziehung analog der Kette

Salzlösung I	Salicylaldehyd + Salicylsäure	Salzlösung II

und stellt eine für beliebige Kationen reversible Kette dar. Das Anion erwies sich als praktisch belanglos, genau so wie eine Kette mit einem sauren Öl als Mittelleiter. Die Analogie mit der Ölkette mit saurem Mittelleiter ist so vollkommen, daß es berechtigt ist, die gleiche Theorie für beide anzuwenden. Diese Theorie gestaltet sich folgendermaßen.

Die Bildung des Ferrocyankupfer erfolgt nach der Gleichung:

$$2\,CuSO_4 + K_4FeCy_6 = 2\,K_2SO_4 + Cu_2FeCy_6$$

Es bildet sich also K_2SO_4, und zwar ist dies auf beiden Seiten der Membran vorhanden. Zwar betrachtet man die Membran als

---

1) Zu erwarten wäre in diesem Falle EMK ∞. Aber kleine Mengen K-Salze (K_2SO_4) diffundieren durch die Membran in die Lösung (vgl. weiter unten); daher die endliche und nicht ganz genau reproduzierbare und nicht konstante EMK.

undurchlässig für Salze, jedoch ist das sicherlich nicht in absolutem Sinne zu verstehen. Der Umstand, daß die Membran im Laufe der Zeit dicker wird, beweist, daß auch Salze etwas durchtreten können. In der K_4FeCy_6-Lösung ist nun das Hinzutreten von etwas K_2SO_4 belanglos; in der $CuSO_4$-Lösung ist es nur dann belanglos, wenn diesem von vorneherein eine größere Menge eines K-Salzes zugefügt ist; andernfalls ist gerade die Spur K_2SO_4, welche hineindiffundiert, maßgeblich für die EMK. Die Kette ist also nach dem Schema gebaut:

K˙-Ionenlösung c_1	Membran	K˙-Ionenlösung c_2

Zur Erklärung des Konzentrationseffekts muß man annehmen, daß die Membran eine Phase darstellt, in der ebenfalls K˙-Ionen vorhanden sind, aber in nahezu invariabler Konzentration, wie in einem säurehaltigen Öl. Man braucht zu diesem Zweck nur anzunehmen, daß die Membran nicht aus ganz reinem Cu_2FeCy_6 besteht. Diese amorphen Substanzen „reißen bei ihrer Ausfällung einen Teil der löslichen Salze mit"; es bildet sich irgend eine Verbindung von Cu_2FeCy_6 mit etwas K_2SO_4. Auch analytisch nachweisbar enthält Cu_2FeCy_6 immer Alkalisalze. Es sei hier ganz dahingestellt, ob es sich um Adsorption, feste Lösung oder chemische Bindungen handelt. Die Tatsache, daß die Membran in fester Weise K-Salze gebunden hält, genügt uns. Bei dem säurehaltigen Öl war es die Affinität der Säure zu den Kationen (oder Basen), welche eine fast invariable Konzentration an Kationen im Öl bei Berührung mit der salzhaltigen wäßrigen Elektrolytlösung bewirkte. Bei der Niederschlagsmembran ist es eine Affinität der amorphen Membransubstanz zum Salz, welches ähnliches bewirkt. Es gelingt also, die Membranpotentiale unter demselben Bilde zu erklären, wie die Ölpotentiale. Ob diese Vorstellung die einzig richtige ist, wird die Zukunft ergeben, sie hat jedenfalls den Vorteil, daß sie in leicht übersichtlicher Weise an andere Vorstellungen anknüpft. Wir werden sogleich sehen, daß Membranen noch durch einen ganz anderen Mechanismus zur Ursache für elektrische Erscheinungen werden können.

61. Die Polarisationserscheinungen an Phasengrenzflächen.

Alle bisherigen Betrachtungen der Grenzphasenpotentiale beziehen sich auf den Zustand, wo, wenigstens an den sich berührenden Grenzschichten, chemisches Gleichgewicht herrscht. Diese

Potentialdifferenzen sind also vergleichbar der elektromotorischen Kraft einer ungeschlossenen oder in Kompensationsschaltung befindlichen, stromlosen galvanischen Kette. Schließt man eine galvanische Kette, so tritt — je nach den Bedingungen bald mehr oder weniger — durch die Wirkung des Stromes selbst eine Konzentrationsänderung der Lösungen, und somit auch eine Änderung der elektromotorischen Kraft ein, welche man als Polarisation bezeichnet; entweder bewirkt der von der elektromotorischen Kraft dieser Kette selbst erzeugte Strom diese Polarisation, oder aber, man kann sie auch durch einen aus einer äußeren elektromotorischen Kraft erzeugten, durch jene andere Kette geschickten Strom hervorrufen. So kann auch bei Phasengrenzketten, wenn sie entweder längere Zeit kurz geschlossen sind, oder wenn ein anderer elektrischer Stromstoß durch sie geschickt wird, eine Polarisation, also eine Änderung des Phasengrenzpotentials auftreten. Die Theorie und Beobachtung dieser Polarisationserscheinungen verdanken wir Nernst und Riesenfeld[1]).

Es seien von links nach rechts hintereinander geschaltet 1. Wasser, gesättigt mit Phenol, 2. Phenol, gesättigt mit Wasser, 3. wiederum Wasser, gesättigt mit Phenol; ein Elektrolyt sei zum Gleichgewicht zwischen diesen Phasen verteilt, und wir wollen ferner der Einfachheit halber annehmen, das Phasenpotential sei $= 0$. Es wird nun ein elektrischer Strom von links nach rechts durch dieses System geschickt, und zwar so lange, bis 1 Faraday (96 540 Coulombs) durch jeden Querschnitt geflossen sind. Der gelöste Elektrolyt bestehe aus zwei einwertigen Ionen mit den Beweglichkeiten u (für das Kation) und v (für das Anion). Im allgemeinen wird nun u im Wasser und im Phenol nicht gleich sein; es sei im Wasser u_1, im Phenol u_2; ebenso unterscheiden wir v_1 und v_2. Betrachten wir zunächst irgendeinen Querschnitt des Stromweges im Wasser, so beteiligen sich die Kationen an dem Transport des 1 Faraday mit dem Bruchteil $\frac{u_1}{u_1 + v_1}$; dieser Bruch heißt die Überführungszahl des Kations, n_1. Und die Anionen beteiligen sich mit dem Bruchteil $\frac{v_1}{u_1 + v_1} = m_1$. Es ist also $n_1 + m_1 = 1$. Im Phenol dagegen beteiligen sich die Kationen

[1]) Nernst und Riesenfeld, Ann. d. Physik [4], 8, 600 (1902).

mit dem Betrage $\frac{u_2}{u_2 + v_2} = n_2$, und die Anionen mit dem Betrage $\frac{v_2}{u_2 + v_2} = m_2$, wo wiederum $n_2 + m_2 = 1$.

Betrachten wir jetzt denjenigen Querschnitt der linken wäßrigen Phase, welcher das Phenol unmittelbar berührt. Durch diesen wandern die Kationen von links nach rechts, die Anionen von rechts nach links. In diesen Querschnitt hinein wandern von links her n_1 Kationen; nach rechts heraus n_2 Kationen. Ist $n_1 > n_2$, so häufen sich also $n_1 - n_2$ Kationen in diesem Querschnitt an. Andererseits wandern in diesen Querschnitt von rechts her hinein m_2-Anionen, nach links hinaus m_1-Anionen. Wenn $n_1 > n_2$ war, so muß $m_1 < m_2$ sein, und es häufen sich in diesem Querschnitt $m_2 - m_1$-Anionen an. Im ganzen häufen sich also in diesem Querschnitt $n_1 - n_2$-Kationen und $m_2 - m_1$-Anionen an. Da nun $m_2 = 1 - n_2$, und $m_1 = 1 - n_1$, so ist $m_2 - m_1 = n_1 - n_2$, d. h. der gesamte Elektrolyt häuft sich in der Menge $n_1 - n_2$ in diesem Querschnitt an. Dieselben Betrachtungen kann man auch für die Grenzschicht des Phenol anstellen, und man findet dort eine Verarmung des Querschnittes um den gleichen Betrag. Derselbe Vorgang findet auch an den beiden Grenzschichten der rechten Seite statt, und es ergibt sich, daß durch den Strom eine **Konzentrationserhöhung** im Wasser und eine -verminderung im Phenol an beiden Grenzschichten eintritt. Wegen der spontanen Diffusion, welche zwischen Stellen verschiedener Konzentration sogleich einsetzt, wird die Konzentrationserhöhung an den Grenzflächen übrigens nicht völlig den erwarteten Betrag erreichen. Ist, umgekehrt, $n_1 < n_2$, so tritt die Konzentrationserhöhung im Phenol ein, die -verminderung im Wasser. War nun zu Anfang des Versuchs das Grenzphasenpotential $= 0$, so kann es nach dem Stromdurchgang infolge der Konzentrationsänderung nicht mehr $= 0$ sein, es entsteht also als Polarisationserscheinung an den Grenzflächen eine Potentialdifferenz, die beiden entgegengesetzt gerichteten Potentialdifferenzen der beiden Grenzflächen wirken als elektromotorische Kraft der Polarisation, welche den elektrischen Strom vermindern muß, genau so wie bei der Polarisation einer Elektrolytlösung zwischen zwei Platinelektroden.

D. Membranpotentiale.

Inhaltsübersicht.

Werden zwei wäßrige Elektrolytlösungen durch eine Membran getrennt, welche für eine der vorhandenen Ionenarten undurchlässig ist, so entsteht zwischen beiden Seiten der Membran ein Potentialunterschied und eine ungleiche Verteilung sogar der durchgängigen Ionenarten. Dieser Effekt wird mit steigendem Elektrolytgehalt der Lösungen immer geringer. Es wird die Beziehung dieser Potentiale zu den im vorigen Abschnitt abgehandelten Phasengrenzpotentialen erörtert.

62. Die Membran als Ursache eines Potentials.

In einem nahen Zusammenhang mit den soeben beschriebenen Phasengrenzpotentialen stehen gewisse Potentialdifferenzen, die wir als Membranpotentiale zusammenfassen wollen.

Die Anregung zu der Idee, daß Impermeabilität von Membranen für einzelne Ionenarten die Quelle von elektrischen Potentialdifferenzen sein könne, ist von Wilhelm Ostwald ausgegangen, wie schon im vorigen Abschnitt erwähnt wurde. Die Theorie dieser Potentiale ist zuerst von Donnan[1]) entwickelt worden, und seine Arbeiten haben sich von großer Fruchtbarkeit erwiesen. Seine Ableitung bezieht sich zunächst auf folgenden, möglichst einfach konstruierten Fall. Eine Lösung enthalte nur das Na-Salz einer für die Membran undurchgängigen Säure, und zwar sei diese Säure sowohl in Form ihrer Ionen wie ihrer etwa vorhandenen undissoziierten (Säure- oder Salz-) Moleküle nicht imstande, die Membran zu durchwandern. Eine zweite Lösung enthalte nur NaCl, und zwischen beiden befinde sich die Membran, die in folgendem Schema durch einen Strich angedeutet ist:

$Na^{\cdot}$	$Na^{\cdot}$
R'	Cl'
(1)	(2)

R' ist das Anion der impermeablen Säure. Dieser Anfangszustand des Systems wird sich durch die Diffusion bald ändern und, zunächst qualitativ betrachtet, zu der Verteilung führen:

$Na^{\cdot}$	$Na^{\cdot}$
R'	
Cl'	Cl'
(1)	(2)

[1]) F. G. Donnan, Zeitschr. f. Elektrochemie, 17, 572 (1911).

Da auf beiden Seiten Elektroneutralität in der Lösung herrschen muß, also $[Na^{\cdot}]_1 = [R'] + [Cl']_1$ und andererseits $[Na^{\cdot}]_2 = [Cl']_2$ sein muß, so kann weder $[Na^{\cdot}]_1 = [Na^{\cdot}]_2$ noch $[Cl']_1 = [Cl']_2$ sein, wenn das Diffusionsgleichgewicht eingetreten ist. Dieses Gleichgewicht muß dadurch charakterisiert sein, daß die maximale Arbeit, die beim reversiblen und isothermen Transport einer sehr kleinen Menge $Na^{\cdot}$-Ionen in der einen Richtung gewonnen werden kann, gleich der Arbeit sein muß, welche zum reversiblen Transport der Cl'-Ionen in der gleichen Richtung aufgewendet werden müßte, oder mit anderen Worten: die algebraische Summe der Arbeit δA, die beim gleichzeitigen Transport einer sehr kleinen Menge, δn, von $Na^{\cdot}$-Ionen und der gleichen Mengen von Cl'-Ionen gewonnen werden kann, muß $= 0$ sein (Prinzip der virtuellen Verschiebung). Die Arbeit, welche beim Transport von δn-Molen $Na^{\cdot}$ gewonnen werden kann, wenn diese aus einem Raum, wo sie die Konzentration $[Na^{\cdot}]_1$ haben, in einem Raum mit der Konzentration $[Na^{\cdot}]_2$ transportiert werden, ist $= \delta n . RT \ln \frac{[Na^{\cdot}]_2}{[Na^{\cdot}]_1}$; ähnliches gilt für die Cl'-Ionen, und es muß, wenn Gleichgewichtsverteilung eingetreten ist,

$$\delta n \cdot RT \ln \frac{[Na^{\cdot}]_2}{[Na^{\cdot}]_1} + \delta n \cdot RT \ln \frac{[Cl']_2}{[Cl']_1} = 0$$

sein. Hieraus folgt, daß auch

$$[Na^{\cdot}]_2 \cdot [Cl']_2 = [Na^{\cdot}]_1 \cdot [Cl']_1$$

sein muß.

Gewisse Schwierigkeiten, welche Donnan bei der Berücksichtigung der etwa vorhandenen undissoziierten NaCl-Moleküle hatte, können heute als überwunden gelten; sie beruhen nur auf den unzutreffenden Vorstellungen, mit denen man früher zu arbeiten genötigt war, wenn man die auf Grund von Leitfähigkeitsdaten berechneten Dissoziationsgrade der starken Elektrolyte benutzte. Wir brauchen deshalb auf diese Schwierigkeiten nicht mehr einzugehen.

Da nun in der Lösung (2) $[Na^{\cdot}]_2 = [Cl']_2$ sein muß, in der Lösung (1) aber $[Na^{\cdot}]_1$ nicht $= [Cl']_1$ sein kann, so kann man schreiben:

$$[Na^{\cdot}]_1 \cdot [Cl']_1 = [Na^{\cdot}]_2^2 = [Cl']_2^2$$

Im folgenden wollen wir uns aber mehr im Anschluß an das vorige Kapitel halten und eine etwas andere Darstellung als Donnan wählen.

Denken wir uns zwei wäßrige Elektrolytlösungen durch eine Membran getrennt, welche für eine einzige der beteiligten Ionenarten undurchlässig ist; um ein Beispiel zu nehmen: die Membran sei Kollodium, die eine Lösung NaCl, die andere das Chlorid einer Base, welche nicht durch Kollodium diffundieren kann. Es wird dann eine Diffusion eintreten, die zu einem bestimmten Gleichgewichtszustand führt. An dieser Diffusion kann sich aber die durch die Membran nicht diffundierende Base bzw. ihr Kation nicht beteiligen. Hatte die Lösung zu Anfang die Zusammensetzung

Kolloid-Chlorid (dissoziiert in Koll.-Kationen) + Cl′	Membran	KCl (dissoziiert in K˙-Ionen, Cl′-Ionen)

so wird alsbald eine Diffusion durch die Membran hindurch beginnen [1]).

Es diffundiert K˙ von rechts nach links, Cl′ diffundiert je nach den Umständen von rechts nach links oder umgekehrt; das Kolloidkation diffundiert nicht. Es besteht nun nicht die Möglichkeit, daß die Konzentration des K˙ in den beiden Lösungen einander gleich wird, und ebensowenig die der Cl′; denn wäre das geschehen, so enthielte die Lösung links wegen der Kolloidkationen mehr Kationen als Anionen, und das widerspricht dem Gesetz der Elektroneutralität. Vielmehr wird das Kolloidkation einen Teil der Cl′-Ionen zurückhalten; im Gleichgewicht muß nämlich die Konzentration sämtlicher Kationen links (Kolloidkation + K˙) gleich der Summe der Anionen links (Cl′) sein; und rechts muß die Konzentration des K˙ gleich der des Cl′ sein. Die Ungleichheit in der Konzentration der entgegengesetzten Ionen kann nur unmeßbar klein sein; sie bewirkt eine Potentialdifferenz zu beiden Seiten der Membran. Wir finden also e r s t e n s eine analytisch nachweisbare Verschiedenheit der Cl′-Konzentration links und rechts, z w e i t e n s einen Potentialunterschied. Diese beiden Erscheinungen stehen nun in einem Zusammenhang, den man berechnen kann.

Stecken wir nämlich nach spontanem Eintritt des Endzustands der Diffusion in jede der beiden Lösungen eine für Cl′ reversible Elektrode (sei es eine gasförmige Pt-Cl_2-Elektrode, oder eine für Cl′ reversible Hg-Kalomelelektrode) und verbinden die Elektroden metallisch, so kann kein Strom fließen, weil das ganze System ja im Gleichgewicht ist. Nun sind aber die Elektroden-

[1]) Der Ausdruck „Kolloid“ soll hier nicht bedeuten, daß die Substanz nicht molekulardispers gelöst sei, sondern nur, daß sie nicht durch die Membran diffundiert.

potentiale einander nicht gleich. Ist nämlich nach Eintritt des Gleichgewichts die Cl'-Konzentration links $= c_1$, rechts $= c_2$, so ist der Potentialunterschied der beiden Elektroden $= RT \ln \frac{c_1}{c_2}$. Damit die ganze Kette stromlos sei, müssen wir also annehmen, daß an der Membran die Potentialdifferenz $-RT \ln \frac{c_1}{c_2}$ herrscht.

Nehmen wir nun an, daß außer KCl auch HCl zugegen ist, so wird sich ein anderes Gleichgewicht einstellen. Auch dieses können wir berechnen. Bezeichnen wir auch in diesem Fall die nach Eintritt des Gleichgewichts ermittelten Cl'-Konzentrationen mit c_1 und c_2 (welche also verschieden sein werden von den vorigen c_1 und c_2), so wird die Potentialdifferenz sein $-RT \ln \frac{c_1}{c_2}$. Wir können uns aber auch vorstellen, daß wir zwei Wasserstoffelektroden in die Lösungen stecken. Auch dann muß die Kette stromlos sein. Das ist nur möglich, wenn das Membranpotential $= RT \ln \frac{h_1}{h_2}$ ist. So ist es auch bei Anwesenheit beliebig vieler gewöhnlicher Ionenarten neben dem einen Kolloid. Bestimmen wir nach Eintritt des Gleichgewichts die Konzentration irgend e i n e r Ionenart, z. B. die der H'-Ionen, welche ja immer da sind und immer leicht zu bestimmen sind, so können wir daraus berechnen:

1. das Membranpotential;
2. die Verteilung jeder einzelnen Ionenart zwischen den beiden Lösungen. Sind alle Ionen einwertig und ist das Verhältnis der H-Ionenmenge links zu rechts $= \gamma : 1$, so ist

1. das Potential $= RT \ln \gamma$;
2. das Verhältnis der Konzentrationen jeder einzigen von den anderen diffusiblen positiven Ionenarten links und rechts ist ebenfalls $= \gamma$, bzw. wenn es negative Ionen sind, $= \frac{1}{\gamma}$.

Der einfachste Fall ist es, wenn nur e i n diffusibler Elektrolyt vorliegt, z. B.

Kolloidbase HCl	HCl

Nach dem soeben entwickelten Prinzip muß das Verhältnis der H'-Konzentrationen rechts und links, $[H^{\cdot}]_1$ und $[H^{\cdot}]_2$, gleich dem Verhältnis der Cl'-Konzentration links zu rechts sein:

$$\frac{[H^{\cdot}]_2}{[H^{\cdot}]_1} = \frac{[Cl']_1}{[Cl']_2}$$

Da nun rechts $[H^{\cdot}]_2 = [Cl']_2$ ist, so ist

$$[H^{\cdot}]_2^2 = [Cl']_2^2 = [H^{\cdot}]_1 \cdot [Cl']_1 \qquad (I)$$

Wir wollen nun für einen möglichst einfachen Fall entwickeln, wie wir die Ionenverteilung näher definieren können. Es sei folgender Fall. Im Inneren der Kollodiumhülse sei das Chlorid einer nicht diffundierenden, aber molekulardispersen Base in der Konzentration a. Ferner $H^{\cdot}$- und Cl'-Ionen in der Konzentration h_1 bzw. cl_1 und außerhalb sei HCl in der Konzentration $h_2 = cl_2$ an $H^{\cdot}$- bzw. Cl-Ionen, aber kein Kolloid. Alle Elektrolyte seien total dissoziiert. Wir nehmen $h_2 = cl_2$ als gegeben an und betrachten h_1 und cl_1 als Unbekannte. Dann bestehen folgende Beziehungen:

$$a + h_1 = cl_1$$
$$h_2 = cl_2$$
$$\frac{h_1}{h_2} = \frac{cl_2}{cl_1} \quad \text{nach der soeben gegebenen Beweisführung}$$

oder auch

$$a + h_1 = cl_1 \qquad (1)$$
$$h_1 \cdot cl_1 = cl_2^2 \qquad (2)$$

Aus (1) und (2) ergibt sich eine quadratische Gleichung für cl_1:

$$cl_1^2 - a\, cl_1 - cl_2^2 = 0$$

woraus folgt

$$cl_1 = \frac{a}{2} + \sqrt{\frac{a^2}{4} + cl_2^2} \qquad (3)$$

Daß nur die Lösung mit dem positiven Vorzeichen Geltung haben kann, erkennt man daraus, daß für $a = 0$ sich ergeben muß $cl_1 = cl_2$, und nicht: $cl_1 = -cl_2$.

Durch Einsetzen in (1) ergibt sich

$$h_1 = -\frac{a}{2} + \sqrt{\frac{a^2}{4} + cl_2^2} \qquad (4)$$

Wie man sieht, ist $cl_1 > h_1$, d. h. das positive Kolloidion zieht gleichsam negative Cl-Ionen an und stößt positive $H^{\cdot}$-Ionen nach außen durch die Membran weg.

Nehmen wir nun an, daß außer HCl auch noch NaCl in der Lösung sei; innen herrsche die Konzentration a, h_1, cl_1, n_1 (wo n_1 die Natriumkonzentration ist); außen h_2, cl_2, n_2.

Dann bestehen folgende Beziehungen:

$$\left.\begin{array}{ll}(I) & a + n_1 + h_1 = cl_1 \\ (II) & n_2 + h_2 = cl_2\end{array}\right\} \text{Gesetz der Elektroneutralität}$$

$$\left.\begin{array}{ll}(III) & h_1 : h_2 = cl_2 : cl_1 \\ (IV) & h_1 : h_2 = n_1 : n_2\end{array}\right\} \text{Gesetz der Ionenverteilung nach Donnan}$$

Wir wollen nun aus diesen Gleichungen h_1 derart ausdrücken, daß h_1 als eine Funktion nur von a und von mit dem Index 2 versehenen Größen erscheint. Wir lösen (III) nach h_1 auf, eliminieren cl_1 vermittels (I) und n_1 vermittels (IV) und erhalten so

$$h_1 = \frac{cl_2 \cdot h_2}{a + \frac{h_1}{h_2} \cdot n_2 + h_1}$$

Dies führt auf eine quadratische Gleichung für h_1, deren Lösung ist:

$$h_1 = -\frac{a \cdot h_2}{2\,cl_2} + \sqrt{\left(\frac{a \cdot h_2}{2\,cl_2}\right)^2 + h_2^2}$$

Hieraus folgt:

$$\frac{h_1}{h_2} = -\frac{a}{2\,cl_2} + \sqrt{1 + \left(\frac{a}{2\,cl_2}\right)^2} \qquad (5)$$

Hieraus ergibt sich aus (III) sofort auch cl_1/cl_2, und aus (IV) n_1/n_2; die gesamte Ionenverteilung und somit auch das Potential läßt sich ausdrücken als eine Funktion der zwei Variablen a (Kolloidkonzentration) und cl_2 (Außenkonzentration irgendeiner Ionenart, die die entgegengesetzte Ladung wie das Kolloid-Ion hat).

Betrachten wir zunächst, wie h_1/h_2 von a abhängt. Aus (V) ergibt sich, daß für $a = 0$ (d. h. bei Abwesenheit von Kolloid) $h_1/h_2 = 1$ und das Potential daher $= RT \ln 1 = 0$ ist; je größer a wird, um so verschiedener wird h_1/h_2 von 1, und um so größer das Potential.

Fragen wir weiter nach der Abhängigkeit des h_1/h_2 von cl_2. Sie ist derart, daß h_1/h_2 mit steigendem cl_2 stetig und ohne Bildung eines Maximums oder Minimums steigt, und zwar ist der größte Wert von $h_1/h_2 = 1$, nämlich für $cl_2 = \infty$, und der kleinste Wert ist 0, nämlich für $cl_2 = 0$.

Denn schreiben wir (5) in der Form

$$y = -x + \sqrt{x^2 + 1}$$

und nehmen wir an, daß x sehr groß (d. h. cl_2 sehr klein) gegen 1 wird, so können wir für $\sqrt{x^2 + 1}$, nach Entwicklung in eine Binomialreihe, schreiben

$$x + \frac{1}{2x} - \frac{1}{8x^3} \ldots, \text{ und es wird } y = \frac{1}{2x} - \frac{1}{8x^3} \ldots$$

Für $x = \infty$ (d. h. für $cl_2 = 0$) wird y (d. h. h_1/h_2) = 0.

Nun kann in einer Versuchsreihe (mit konstantem a) die Außenkonzentration des Chlor, cl_2, dadurch vergrößert werden, daß man dem ganzen System HCl oder ein beliebiges Chlorid zugibt. Hieraus folgt

1. h_1/h_2 nähert sich dem Wert 1 (also das Potential dem Wert 0), wenn man mehr HCl hinzufügt;

2. dasselbe ist der Fall, wenn man ein beliebiges Chlorid, z. B. NaCl zugibt. Daraus ergibt sich folgende physiologisch wichtige Folgerung:

Alle Membranpotentiale werden durch Hinzufügung von Neutralsalzen herabgedrückt; in elektrolytreichen Kolloidlösungen können sich nur kleine Membranpotentiale bilden.

Es ist von Interesse, welche Potentiale man bei gewissen Annahmen zu erwarten hat. Setzen wir die Konzentration des molekulardispers gedachten, impermeablen Kations, a = 0,01 n, so finden wir für verschiedene Außenkonzentrationen cl_2 unter Benutzung der Formel (5) S. 193 die Tabelle 1; setzen wir a = 0,1 n, so gilt Tabelle 2.

cl_2 (in Normalität)	h_1/h_2	π bei 20° C in Millivolt
1	0,995	0,1
0,1	0,95	1,3
0,01	0,62	12,2
0,001	0,10	58
0,0001	0,01	116
0,00001	ca 0,001	ca 174

Tabelle 1

cl_2	h_1/h_2	π Millivolt
1	0,93	1,3
0,1	0,62	12,2
0,01	0,10	58
0,001	0,01	116
0,0001	0,001	174
0,00001	0,0001	232

Tabelle 2

Hat das Kolloid den Charakter eines Anions, so können wir die Betrachtungen glatt übertragen, wenn wir überall oh für h und n für cl schreiben. Da $oh_1/oh_2 = h_2/h_1$ ist, so ist dann

$$\frac{h_2}{h_1} = -\frac{a}{2n_2} + \sqrt{1 + \left(\frac{a}{2n_2}\right)^2}$$

Die beiden Tabellen behalten für diesen Fall ihre Gültigkeit, wenn man für h_1/h_2 liest h_2/h_1, und für cl_2 liest n_2.

Versuchen wir, von diesen Betrachtungen die physiologischen Nutzanwendungen zu ziehen, soweit das bisher möglich ist. Denken wir uns eine Zelle, deren Inhalt eine 0,01—0,1 molare Lösung von Eiweiß darstelle, welches wir, soweit es in Ionenform ist, als molekulardispers betrachten wollen. Das Eiweiß ist bei der h der Gewebssäfte wohl als Anion zu denken, soweit es überhaupt ionisiert ist. Die Zelle sei von einer für Eiweiß undurchlässigen Membran umgeben und werde umspült von einer eiweißfreien NaCl-Lösung von etwa 0,1 n. Dann hätten wir ein Membranpotential zwischen 1,3 und 12,2 Millivolt zu erwarten; der letzte Wert wäre aber der denkbar größte; so günstige Bedingungen (0,1 mol. Eiweißkonzentration; total molekulardisperse und ionisierte Lösung desselben; Eiweißfreiheit der umspülenden Flüssigkeit) dürften sich im lebenden Organismus kaum finden, und es ist daher recht fraglich, ob das Donnansche Prinzip der Ionenverteilung und der Potentialbildung im Organismus in dieser Form eine wesentliche Rolle spielt. Für gewisse experimentelle Bedingungen der Kolloidchemie ist es dagegen von großer Bedeutung, und zwar besonders unter Berücksichtigung folgender Überlegung.

Es ist nicht unbedingt erforderlich, daß die Trennung der kolloiden Lösung von der kolloidfreien Lösung durch eine wirkliche Membran geschieht. Procter[1]) hat zuerst darauf hingewiesen, daß ein Stück feste Gelatine, welche in eine wäßrige Lösung gesteckt wird und in dieser einen bestimmten Quellungszustand annimmt, sich genau ebenso verhält. In den Maschen des Gels ist eine Lösung eingeschlossen; das Gel selbst stellt je nach der h, infolge seiner amphoteren Natur, eine nicht diffusionsfähige Säure oder Base dar. Infolgedessen muß, wenn ein Stück Gelatine in verdünnter HCl-Lösung quillt, im Gleichgewicht h in der Außenlösung größer sein als im Gel, und dieser Unterschied muß vermindert werden, wenn man NaCl hinzufügt. Jacques Loeb[2]) hat diese Anschauung experimentell geprüft, und wir werden bei dem Kapitel über die Kolloide hier wieder anknüpfen müssen.

63. Die Beziehung der Membranpotentiale zu den Phasengrenzpotentialen.

Wenn es auch scheint, daß die biologische Bedeutung dieser Potentiale in der lebenden Zelle nicht groß zu veranschlagen ist, so ist es doch möglich, daß Membranpotentiale aus einer anderen

[1]) H. R. Procter, Journ. of the chem. soc. **105**, 313 (1914); H. R. Procter und J. A. Wilson, Journ. of the chem. soc. **109**, 307 (1916).

[2]) Jacques Loeb, Journ. of gen. physiol. **3**, 667; **3**, 691; **3**, 827; **4**, 33; **4**, 97 (1921).

Quelle für den lebenden Organismus in Betracht kommen. Die Untersuchungen vieler Physiologen haben zu der Anschauung geführt, daß die Membran vieler Zellen eine eigenartige elektive Permeabilität für Ionen zeigt, welche nichts mit einem etwaigen kolloidalen Charakter dieser Ionen zu tun hat. Insbesondere vertritt R. Höber die Anschauung, daß die Zellmembran allgemein für Kationen und Anionen eine verschiedene Permeabilität besitzt. Seit den grundlegenden Untersuchungen von Pfeffer und de Vries an Pflanzenzellen und von Hamburger an tierischen Zellen nahm man an, daß die meisten in Wasser gelösten Substanzen, wie insbesondere Zucker und NaCl, die Zellmembran nicht durchdringen können. Diejenigen Substanzen, welche eindringen können (Harnstoff, Narkotika) sind nach der Meinung von Overton und von Hans Meyer die lipoidlöslichen. Diese Meinung hat sich nicht völlig aufrecht erhalten lassen. Viele Untersuchungen zeigten, daß Anionen durch die Membran der Blutkörperchen frei diffundieren, und nur die Kationen der Salze impermeabel sind. Es ist an dieser Stelle nicht der Ort, diese Frage genauer zu erörtern. Aber wenn diese Anschauung zu Recht besteht, so sind damit alle Bedingungen für die Bildung von Membranpotentialen gegeben. Nur ist das impermeable Ion nicht ein Eiweißion, sondern ein gewöhnliches Alkali-Metall-Kation. Da diese sich in der Gewebsflüssigkeit in viel höheren molaren Konzentrationen befinden als die Eiweißkörper, so ist es wohl möglich, daß erhebliche Membranpotentiale durch sie hervorgerufen werden. Die Schwierigkeit liegt nur darin, daß es bisher nicht möglich gewesen ist, irgend ein künstliches Modell für diese Vorgänge zu schaffen, irgend eine Membran nachzuahmen, welche für Kationen allein „impermeabel" im eigentlichen Sinne des Wortes wäre, während doch die Nachahmung der Phasengrenzpotentiale so gut gelungen ist. Es liegt deshalb eine Vermutung nahe:

Denken wir an die Habersche Glaskette oder die Beutnerschen Ölketten zurück, so betrachteten wir sie als nur „für Kationen bzw. nur für Anionen reversible" Ketten. Wir könnten statt dessen auch sagen, die Ölmembran sei allein für Kationen (bzw. Anionen) „permeabel". Diese Impermeabilität ist allerdings nicht von derselben Art wie die einer Kollodiummembran gegen Eiweiß. Im letzteren Fall erklären wir sie durch ein räumliches Mißverhältnis zwischen den Poren der Membran und den diffundierenden Molekeln; im ersteren Falle beruht sie darauf, daß die

Löslichkeit der Ionen der wäßrigen Lösung in der Substanz des Öles beschränkt ist. Im ersten Fall denken wir uns die Membran als ein System von feinen Kanälen, durch welche alle (nichtkolloiden) Moleküle, das Lösungsmittel sowohl wie die gelösten Stoffe, frei zirkulieren, das Lösungsmittel in den Poren ist aber ebenfalls Wasser, im zweiten Fall ist die Membran eine zwischengeschaltete fremde Phase, ein anderes Lösungsmittel als das in den beiden Lösungen. Sollte diese letztere Auffassung auch für die Zellen zutreffen, so wäre es allerdings vorteilhafter, ihre Potentialdifferenzen als Grenzphasenpotentiale zu behandeln und den Begriff der Membranpotentiale zu beschränken auf jene anderen Fälle.

Hiermit kommen wir auf den ersten Satz dieses Abschnittes (S. 188) zurück, welcher die nahe Verwandtschaft der Phasengrenzpotentiale und Membranpotentiale hervorhob. Eine zwischen zwei wäßrige Phasen geschaltete Schicht eines Öls verhält sich nämlich unter Umständen wie eine für gewisse Ionenarten undurchlässige Membran, und es wäre möglich, die Gleichgewichtsverteilung auf beide Weisen zu betrachten. Es scheint mir jedoch, daß die Behandlung als Phasengrenzpotential die umfassendere ist; die Donnansche Betrachtung sollte man auf den Fall beschränken, wo die Impermeabilität wirklich auf einem Mangel an Diffusionsvermögen beruht, wo die Ursache der Erscheinung in letzter Linie ein in der wäßrigen Lösung vorhandenes Kolloid ist, wo man sich die Membran unter dem Bilde eines Kanalsystems vorstellen kann, durch welches alle Stoffe (außer dem Kolloid) frei zirkulieren, wo insbesondere das in diesen Kanälen zirkulierende Lösungsmittel das gleiche ist wie in den angrenzenden Lösungen; in diesem Fall ist die Donnansche Betrachtung allerdings unersetzlich, und sie ist daher ein wichtiges Glied in der Lehre der kolloiden Systeme geworden.

E. Adsorptionspotentiale und elektrokinetische Erscheinungen.

Inhaltsübersicht.

Als Adsorption wird die Erscheinung definiert, wenn ein in einer Phase gelöster Stoff sich an der Grenzfläche gegen eine andere Phase anreichert, unabhängig davon, durch welche Kräfte dies geschieht. Betrifft diese Adsorption gelöste Elektrolyte, so kann die ungleiche Adsorption der positiven und negativen Ionen einen Potentialsprung an der Grenzfläche hervorrufen. Durch das Studium der Elektrolytadsorption an der Kohle kann man einen Einblick in die Adsorbierbarkeit der verschiedenen Ionenarten gewinnen. Die H˙- und OH′-Ionen erweisen sich als besonders stark adsorbierbar. Die adsorbierenden Oberflächen können nach ihrer Fähigkeit, H˙- oder OH′-Ionen zu binden, in Acidoide, Basoide und Ampholytoide eingeteilt werden. Diese Einteilung deckt sich in der Regel mit der nach rein chemisch-konstitutiven Gesichtspunkten getroffenen Einteilung in wasserunlösliche Säuren, Basen und Ampholyte. Alle Kationen treten mehr oder weniger mit den H˙-Ionen, alle Anionen mit den OH′-Ionen bei der Adsorption in Konkurrenz, durch gegenseitigen Austausch von ionogenen Radikalen des Adsorbens und gelösten Ionen entstehen die Austauschadsorptionen, die man schon fast rein nach chemischen Gesichtspunkten betrachten kann. Die Ionenadsorption ist die Ursache von elektrischen Aufladungen der Phasengrenzfläche. Diese Potentialdifferenzen äußern sich in den Erscheinungen der Endosmose und Kataphorese, deren Geschichte und Theorie dargelegt wird. Es handelt sich hier überall um tangentiale Verschiebungen der Doppelschichten gegeneinander; die im Wasser befindliche Ionenschicht nimmt bei ihren Bewegungen die Wasserteilchen mit. Je nachdem durch mechanische Bedingungen das Wasser oder die festen Teilchen in ihrer Lage fixiert sind, entsteht die Kataphorese oder die Endosmose. Der Einfluß der im Wasser gelösten Elektrolyte auf Endosmose oder Kataphorese in bezug auf ihre Größe und Richtung gestattet einen Schluß auf Größe und Vorzeichen des Adsorptionspotentials, und die Resultate decken sich mit den nach der Ionenadsorption zu erwartenden. Man findet auch hier, daß die Adsorbentien in stets negative (Acidoide), stets positive (Basoide) und umladbare (Ampholytoide) unterschieden werden können. Unter den acidoiden gibt es solche, die, wenn auch nicht durch H˙-Ionen, so doch durch dreiwertige Kationen umgeladen werden können. Mit der Elektroendosmose des Wassers ist Konzentrationsänderung der gelösten Elektrolyse vor und hinter dem Diaphragma verbunden, welche besonders die H˙-Ionen betrifft.

Eine andere Äußerungsart der Adsorptionspotentiale sind die Strömungspotentiale.

Die Adsorptionspotentiale sind elektromotorisch unwirksam. Versucht man sie wie die früheren Phasengrenzpotentiale zu elektrischen Meßinstrumenten abzuleiten, so äußern sich immer nur jene Phasengrenzpotentiale elektromotorisch. Das Adsorptionspotential ist nur eine Stufe desjenigen Potentialunterschiedes, dessen Gesamtheit das Phasengrenzpotential darstellt. Man stellt sich daher das Phasengrenzpotential besser nicht als einen unstetigen Potentialsprung, sondern als eine allmähliche Potentialänderung im Bereich einer zwar dünnen, aber meßbaren Schicht vor.

Zum Schluß wird versucht, die Coehnsche Regel mit diesen Erscheinungen in Beziehung zu setzen, und es wird der theoretische Zusammenhang der Grenzpotentiale mit der Kolloidchemie vorbereitet.

64. Definition der Adsorption.

Es soll hier der Versuch gemacht werden, eine Reihe von biologisch höchst wichtigen, aber auch dem reinen Physiker ebenso interessanten elektrischen Erscheinungen unter dem Begriff der

Adsorptionspotentiale zusammenfassen. Wir beginnen hiermit ein Gebiet, von dessen endgültiger Klärung wir noch weiter entfernt sind als bei jedem der vorangegangenen. Vielleicht trägt die von mir gewählte Darstellung zu seiner Klärung dadurch etwas bei, als sie den Charakter der Einheitlichkeit trägt und gleichzeitig die Lücken aufdeckt. Die ganze Art der Darstellung möge daher nur als ein Versuch betrachtet werden, Tatsachen und Theorien verschiedener Herkunft zu einem einheitlichen Bau zu verschmelzen. Die Zukunft muß erweisen, was von diesem Bau weitergeführt werden kann. Der Ausgangspunkt soll die Erscheinung der Adsorption, insbesondere derjenigen von Ionen, sein.

Zu dem Zweck müssen wir zunächst den Begriff der Adsorption selbst in dem Sinne, wie wir ihn hier brauchen wollen, definieren. Dieser Begriff hat nämlich bei verschiedenen Autoren einen verschiedenen Inhalt. Wir wollen darunter die Erscheinung verstehen, daß ein Stoff an der Grenzfläche zweier Phasen sich zu höherer Konzentration anreichert als er innerhalb dieser beiden Phasen vorhanden ist. Wir lassen in dieser Definition absichtlich offen, durch welche Kräfte die Anreicherung geschieht, d. h. wir lassen es dahingestellt, ob diese Anreicherung infolge physikalischer oder der sog. chemischen Kräfte geschieht. In einer Zeit, in der das Rutherfordsche Atommodell den gemeinsamen Unterbau für die physikalischen und chemischen Eigenschaften der Moleküle täglich fester stützt, scheint es ein vergebliches Bemühen, zwischen mechanischen Adhäsionskräften und chemischen Anziehungen grundsätzlich zu unterscheiden. Wir benutzen also das Wort Adsorption nicht in dem Sinne eines Gegensatzes zu chemischer Bindung und verstehen darunter ebensogut Fälle, welche auch der reine Chemiker zweifellos als chemische Umsetzungen anerkennen würde, wie auch Fälle, in denen ein Forscher, der in der älteren Denkweise erzogen ist, keine Spur einer chemischen Affinität erkennen kann, wie z. B. die Adsorption eines in Wasser gelösten Alkohols durch Kohle. Wesentlich ist für uns nur, daß dieser Bindungsprozeß sich nur an der Grenzfläche zweier Phasen, aber nicht im Innern derselben abspielt.

Diese Definition der Adsorption führt zu einer eigenartigen Konsequenz. Da nach dem Gibbsschen Prinzip in Wasser gelöste, oberflächenaktive Stoffe sich in der Oberflächenschicht des Wassers anreichern müssen, auch wenn kein besonderes „Adsorbens“ vorhanden ist, sondern wenn das Wasser an einen Gasraum (einen im Vergleich zum Wasser fast leeren Raum) grenzt, so wäre nach unserer Definition der Gasraum das „Adsorbens". Eine solche Ausdrucksweise wäre zwar nur eine übertragene, aber sie ist nicht zu verwerfen. Hat man zwei Phasen A und B und in einer derselben, A, einen Stoff C gelöst, der in der anderen entweder gar nicht löslich ist oder zum Gleichgewicht verteilt ist, so wird die Zusammensetzung der Grenzschicht durch die Interferenz folgender Molekularanziehungen bestimmt: 1. Die zwischen Molekülararten A—A, 2. A—B, 3. A—C, 4. B—B, 5. B—C, 6. C—C. Ist die Phase B fast masselos (ein Gas), so kommen die Kräfte A—B, B—B, B—C nicht in Betracht. Trotzdem findet durch die Interferenz der übrig bleibenden Kräfte eine Anreicherung des Stoffes C in der Oberfläche der Phase A statt. Man könnte nun definieren: in diesem Fall fehlt das Adsorbens; also ist ein Adsorbens ein Stoff, welcher diesen Verteilungszustand ändert. Da wir aber die Menge von C, welche in der freien Oberflächenschicht angesammelt ist, experimentell nicht bestimmen können, ist es praktisch eigentlich vorteilhafter, als Ausgang der Betrachtung denjenigen Zustand zu wählen, wo der gelöste Stoff C in A überall gleichmäßig verteilt ist, und jede Anreicherung in der Oberfläche als Adsorption zu bezeichnen. Hat man gegebenenfalls Veranlassung, diese Adsorption gegen die gewöhnliche begrifflich abzugrenzen, so kann man sie als „scheinbare Adsorption" bezeichnen. In diesem Sinne wäre auch der leere Raum ein Adsorbens. Durch diese Definition wird die formale Darstellung der Erscheinungen erleichtert.

Ist nun der zu adsorbierende Stoff (das Adsorbendum) ein Elektrolyt, so können mit seiner Adsorption an der Oberfläche des Adsorbens elektrische Erscheinungen verbunden sein. Wird das positive Ion des Elektrolyten stärker oder schwächer adsorbiert als das negative, so ist mit der Adsorption die Entstehung eines elektrischen Potentialunterschiedes verbunden. Zur Einleitung in dieses Kapitel wollen wir zunächst berichten, was wir von der Adsorption der Ionen wissen, ohne die dabei auftretenden elektrischen Potentiale zunächst zu berücksichtigen.

65. Die Adsorption der Elektrolyte durch Kohle.

Die Frage in ihrer reinsten Form bezieht sich somit auf die Adsorption der einzelnen Ionenarten. Da wir aber die Lösung einer einzelnen Ionenart nicht herstellen können, sondern immer nur die Lösung eines Elektrolyten, d. h. die Mischung einer positiven und einer negativen Ionenart, so können wir in Wirklichkeit immer nur die Adsorption eines Elektrolyten experimentell untersuchen, und unsere Aussage über die Adsorption einer einzelnen Ionenart, welche sich der chemischen Analyse vollkommen entzieht, kann nur durch eine Schlußfolgerung mit mehr oder weniger großer Sicherheit erkannt werden. Wir finden z. B., wenn wir die Adsorption verschiedener Na-Salze untersuchen (NaCl, NaBr, NaJ) gewisse quantitative Unterschiede in der Adsorption. Untersuchen wir nun die Ca-Salze derselben Anionen, so finden wir zwar dem absoluten Betrag nach andere Werte; aber die relativen Unterschiede in der Reihe der Anionen finden sich in derselben Weise wieder. Wir dürfen daraus schließen, daß die auf die Adsorption bezüglichen Eigenschaften eines Elektrolyten sich aus denen der Anionen und Kationen additiv zusammensetzen. Aber auch die Natur des Adsorbens hat einen Einfluß auf die Adsorption, und natürlich auch die Natur des Lösungsmittels. Als dieses wollen wir das Wasser festhalten. Dann haben wir also in den Versuchen zu variieren 1. das Adsorbens, 2. das Kation, 3. das Anion. Wir betrachten zunächst das Adsorbens Kohle[1]), den Prototypen der sog. chemisch indifferenten Adsorptionsmittel, und variieren die Anionen und Kationen.

Systematische Untersuchungen hierüber habe ich, nach einigen gemeinsam mit Lachs ausgeführten früheren Versuchen, gemeinschaftlich mit P. Rona ausgeführt und folgendes Resultat[2]) erhalten.

Von den Neutralsalzen werden mit Ausnahme der Alkalisulfate alle in analytisch nachweisbarer Menge adsorbiert. In allen Fällen wird bei echten Neutralsalzen gleichviel vom Kation wie vom Anion adsorbiert; eine hydrolytische Spaltung durch die Adsorption bei echten Neutralsalzen kommt in meßbarem Betrage nicht vor. Die Adsorption eines Salzes ist eine additive Eigenschaft seiner Ionen; d. h. z. B. alle Rhodanide werden stärker adsorbiert als die entsprechenden Chloride.

Infolgedessen kann man eine Reihe der Anionen und eine Reihe der Kationen nach Maßgabe ihrer Adsorbierkeit aufstellen. In dieser Reihe können wir aber auch die $H^{\cdot}$- und OH'-Ionen unterbringen, indem wir z. B. die Adsorption von HCl mit der anderer Chloride, und die Adsorption von NaOH mit der von Na-Salzen bei gleicher Konzentration vergleichen. Diese Reihen sind:

---

[1]) Hier ist immer Blutkohle gemeint; Retortenkohle, Zuckerkohle u. a. zeigen nicht in allen Stücken das gleiche Verhalten.

[2]) Lachs u. Michaelis, Koll.-Z. **9**, 275 (1911); Zeitschr. f. Elektrochemie **17**, 1 und 917 (1911); Rona u. Michaelis, Bioch. Zeitschr. **94**, 240; **97**, 85; **103**, 19 (1920); Michaelis u. Rona, Bioch. Zeitschr. **94**, 225; **97**, 57; **102**, 268 (1920); Kolloid-Zeitschr. **25**, 225 (1919).

					Organische Farbbasen
Na, K, NH_4	Ca	Mg	$Al^{\cdot\cdot\cdot}$, $Cu^{\cdot\cdot}$		$H^{\cdot}$, Ag
SO_4	Cl	Br	J	CNS	OH', Organische Farbsäuren

Das auffälligste Prinzip in dieser Reihe ist die Entladungsspannung; je edler das Metall, um so leichter wird es als Ion adsorbiert. Aber auch die Wertigkeit hat einen gewissen Einfluß. Die hohen Oxydationsstufen ($Fe^{\cdot\cdot\cdot}$, $Hg^{\cdot\cdot}$) sind exzeptionell stark absorbierbar, ebenso die Salze gewisser organischer Basen und Säuren, wie Farbstoffe, Chinin u. dgl. Bei den Halogenionen fällt die Abnahme der Entladungsspannung mit der Zunahme des Atomgewichts zusammen.

Zwischen den einzelnen Alkalikationen ist ein sicherer Unterschied nicht bemerkbar. Dies wurde noch besonders von Hartleben [1]) bestätigt.

Die prozentische Adsorption ist bei den Salzen ebenso, wie es auch von den Nichtelektrolyten her bekannt ist, um so größer, je geringer die Konzentration der Lösung ist. Vergleichen wir alle Salzlösungen in 0,1 äquivalent-normaler Konzentration und wenden auf je 100 ccm Lösung 15 g stets der gleichen Kohlensorte (Blutkohle von Merck) an, so läßt sich aus der zitierten Arbeit von Rona und Michaelis als Beispiel nebenstehende Tabelle zusammenstellen. Die Zahlen bedeuten die Prozente des ursprünglichen Salzgehalts, die durch die Adsorption der Lösung entzogen wurden [2]).

66. Die Ausnahmestellung der $H^{\cdot}$- und OH'-Ionen.

Unsere Aufmerksamkeit wird hier nun wieder besonders durch die $H^{\cdot}$- und OH'-Ionen gefesselt; sie nehmen eine Ausnahmestellung ein und gehören zu den weitaus stärkst adsorbierbaren Ionen. Nur die edelsten Metallionen, einige mehrwertige ($Fe^{\cdot\cdot\cdot}$)

---

[1]) Hans Hartleben, Bioch. Zeitschr. **115**, 46 (1921).

[2]) Die Zahlen der Originalarbeit wurden in folgender Weise umgerechnet. Aus den angegebenen Daten der Roh-Analyse wurde eine Korrektur angebracht, welche der Wassergehalt der angewendeten Kohle (30 $^0/_0$) erforderte. Ferner wurden alle Konzentrationen auf Äquivalentgehalt umgerechnet, während sie im Original zum Teil in Molarität angegeben sind.

Tabelle über die Adsorption der Kohle aus 0,1 n. Lösungen.

	$^1/_2$ SO_4	Cl	CNS	OH
$Na^{\cdot}$	0	6	29	39
$K^{\cdot}$	0	6	—	—
$NH_4^{\cdot}$	0	7	36	—
$^1/_2$ $Ca^{\cdot\cdot}$	—	13	55	—
$^1/_2$ $Mg^{\cdot\cdot}$	6	14	—	—
$^1/_2$ $Zn^{\cdot\cdot}$	—	21	—	—
$^1/_3$ $Al^{\cdot\cdot\cdot}$	—	27	63	—
$^1/_2$ $Cu^{\cdot\cdot}$	—	38	—	—
$H^{\cdot}$	47	59	—	—

Eine ähnliche Tabelle für 0,05 normale Lösungen ist folgende:

	$^1/_2$ SO_4	Cl	CNS	OH
$Na^{\cdot}$	0	11	35	68
$NH_4^{\cdot}$	0	11	—	—
$^1/_2$ $Mg^{\cdot\cdot}$	16	—	—	—
$^1/_3$ $Al^{\cdot\cdot\cdot}$	47	—	73	—
$H^{\cdot}$	70	—	—	—

und einige organische Ionen wetteifern mit den H-Ionen, nur die bestadsorbierten organischen Farbsäure-Ionen sind mit den OH'-Ionen vergleichbar. Hier drängt sich sofort eine Analogie zu den chemischen Verbindungen der Ionen untereinander auf. Die Mehrzahl der Ionen bindet sich in wäßriger Lösung nur wenig, d. h. die meisten Salze sind „starke", weitgehend dissoziierte Elektrolyte, nur unter den Säuren und Basen gibt es zahllose schwache Elektrolyte, d. h. die H'- und OH'-Ionen binden sich von allen Ionen am festesten mit anderen Ionen. Genau so wird auch von der Kohle von den gewöhnlichen Kationen das H', von den gewöhnlichen Anionen OH' am stärksten gebunden. Freilich können wir der Kohle niemals allein H'-Ionen zur Adsorption anbieten, sondern immer nur Säuren, HCl, HNO_3 usw. Die Adsorption der H-Ionen kann nicht bis zu ihrem eigentlichen Adsorptionsgleichgewicht erfolgen, weil sie von den viel weniger adsorbierbaren Cl-Ionen in der Lösung zurückgehalten werden; andererseits werden mehr Cl-Ionen adsorbiert als ihrem eigentlichen Adsorptionsgleichgewicht entspricht, sondern sie werden von den besser adsorbierbaren $H^{\cdot}$-Ionen mitgeschleppt. Das wirklich entstehende Adsorptionsgleichgewicht ist also ein Mittelding zwischen dem eigentlichen Gleichgewicht der beiden Ionen. Es wäre nun von Interesse, die Adsorbierbarkeit der $H^{\cdot}$- und OH'-Ionen an sich festzustellen. Wir müßten dazu den Versuch so einrichten, daß die Einstellung dieses Gleichgewichts möglichst wenig durch Gegenkräfte gehindert wird. Das kann man nun angenähert dadurch erreichen, daß man die Adsorption von HCl bei einem Überschuß von KCl untersucht. Die Ursache hierfür ist folgende:

Es sei ein chemisches System gegeben, bestehend aus der verdünnten wäßrigen Lösung einer unelektrischen Molekülart (z. B. Aceton) und einem festen Adsorbens, wie Kohle. Das Adsorptionsgleichgewicht sei eingetreten. Die Ausdehnung der Phasen sei so groß, daß Hinzufügung oder Wegnahme von 1 Mol Aceton aus der Lösung keine meßbare Konzentrationsänderung hervorrufe.

Das Gleichgewicht ist dann dadurch charakterisiert, daß es keiner Arbeit bedarf, um eine geringe, relativ sehr kleine Menge, also z. B. 1 Mol Aceton von der Kohlenoberfläche in die Lösung zu befördern. Nehmen wir aber an, daß kein Gleichgewicht besteht, sondern, daß die Lösung verdünnter sei, als dem auf der Oberfläche befindlichen Aceton entspricht, so würde die Tendenz bestehen, ein Gleichgewicht herzustellen. Hierbei würde, wenn der Prozeß reversibel geleitet werden könnte, Arbeit gewonnen werden können. Um die Größe derselben zu berechnen, denken wir uns den Prozeß der Gleichgewichtseinstellung in zwei Etappen zerlegt. Zunächst komprimieren wir die Lösung mit Hilfe eines osmotischen Stempels auf diejenige Konzentration, welche mit der Kohle in Gleichgewicht stehen würde; die Konzentration sei zuerst c, nachher c_0. Dazu müssen wir die Arbeit $n\,RT \ln \frac{c_0}{c}$ aufwenden, wo n die Zahl der Mole Aceton in der Lösung bedeutet. Nunmehr lassen wir 1 Mol Aceton aus der Kohlenoberfläche in die Lösung gehen. Das geschieht kräftefrei, da es in der Gleichgewichtskonzentration geschieht. Schließlich diluieren wir die Lösung mit Hilfe des osmotischen Stempels auf die alte Konzentration, wobei wir die Arbeit $(n + 1)\,RT \ln \frac{c_0}{c}$ gewinnen, da jetzt $n + 1$ Mole Aceton in Lösung sind. In Summa gewinnen wir also die Arbeit

$RT \ln \frac{c_0}{c}$. Die Arbeit hängt also von dem Verhältnis der gegebenen Konzentration zur Gleichgewichtskonzentration ab.

Wenn ein Elektrolyt wie HCl adsorbiert wird, haben wir einen ähnlichen Fall realisiert. Das leicht adsorbierbare H˙-Ion muß das schwer adsorbierbare Cl-Ion mit an die Kohle schleppen, so daß mehr Cl′ adsorbiert wird, als dem wahren Cl′-Adsorptionsgleichgewicht entsprechen würde. Dazu muß eine gewisse Arbeit geleistet werden, welche wiederum nur von dem Verhältnis der gegebenen Cl′-Konzentration der Lösung zu derjenigen Cl′-Konzentration abhängt, welche dem speziellen Cl′-Adsorptionsgleichgewicht entsprechen würde. Wenn eine bestimmte Menge Cl′ an die Oberfläche der Kohle mitgeschleppt werden soll, so nähert sich das Verhältnis der anfänglichen Cl′-Konzentration und der Konzentration nach vollzogener Adsorption um so mehr dem Wert 1, je größer die Cl′-Konzentration ist. Das H˙-Ion wird also aus einer sehr Cl′-reichen Lösung die notwendigen Cl′-Ionen fast kräftefrei mitschleppen, und es wird sich das wahre Adsorptionsgleichgewicht der H˙-Ionen einstellen. Wenn die Theorie richtig ist, muß die Adsorption von HCl durch Zusatz von KCl erhöht werden. Das hat sich experimentell bestätigt[1]. Das war durchaus nicht selbstverständlich. Denn bisher hatte man immer nur beobachtet, daß die Gegenwart eines zweiten Stoffes die Adsorption eines ersten vermindert (Adsorptionsverdrängung)[2]; hier ist das Umgekehrte der Fall. Durch immer weitere Steigerung des KCl-Zusatzes zu einer 0,01 n HCl kommt man so zu einem Grenzwert für die Adsorption der HCl, welcher nach dieser Theorie das wahre Adsorptionsgleichgewicht der H˙-Ionen darstellt. Die Theorie wird dadurch bestätigt, daß die Adsorption von HNO_3 bei steigendem Zusatz von KNO_3 zu dem gleichen Grenzwert der H˙-Adsorption führt. Ebenso kann man in NaOH durch Zusatz von NaCl das wahre Adsorptionsgleichgewicht der OH-Ionen ermitteln. Es hat sich nun das überraschende Resultat ergeben, daß die H˙-Ionen und die OH′-Ionen praktisch die gleiche Adsorbierbarkeit besitzen.

Die quantitative Beweiskraft des Versuches ist nur dann vollgültig, wenn man annehmen kann, daß die K˙-Ionen im Vergleich zu den H˙-Ionen

---

[1] Rona u. Michaelis, Bioch. Zeitschr. **97**, 85 (1919).

[2] Michaelis u. Rona, Bioch. Zeitschr. **15**, 196 (1908); **16**, 489 (1909); Masius, Über die Adsorption in Gemischen. Diss. Leipzig 1908; Freundlich u. Masius, Gedenkboek van Bemmelen 1910.

so schlecht adsorbierbar sind, daß sie trotz ihrer hohen Konzentration die Adsorption der H˙-Ionen nicht hemmen, sie nicht „verdrängen". Das kann als praktisch richtig angenommen werden, da ja die Geringfügigkeit der Adsorbierbarkeit der K-Ionen im Vergleich zu der der H˙-Ionen aus den vergleichenden Versuchen mit reinen Lösungen von KCl und von HCl erwiesen ist. Für Säuren mit sehr stark adsorbierbaren organischen Anionen gilt dies nicht; so wird z. B. Sulfosalicylsäure viel stärker adsorbiert[1]) als HCl, offenbar, weil das organische Anion derselben noch besser adsorbiert wird als H˙-Ionen.

So fanden sich folgende Zahlen. Der Grenzwert der Adsorption von HCl, HNO_3, H_2SO_4, KOH, NaOH bei Überschuß der entsprechenden Salze ist: aus 0,01 n-Lösung werden durch 1 Gewichtsprozent einer bestimmten Kohlensorte (Merck sche Blutkohle) 40—45% adsorbiert (während aus 0,01 n. NaCl-Lösung unter gleichen Bedingungen schätzungsweise vielleicht 2%, höchstens 5% adsorbiert werden!).

67. Die Auffassung der Kohle als unlöslicher Ampholyt; der Begriff Acidoid, Basoid, Ampholytoid, Saloid.

Wir hatten oben (S. 14—16) als Säure eine Molekülart definiert, welche OH′-Ionen (unter Erhaltung der negativen Ladung) bindet, als Base eine solche, welche H˙-Ionen bindet; als Ampholyten also eine solche, welche beide Ionenarten je nach den Umständen bindet. Diese Definition könnten wir nun auch auf nichtmolekulardisperse Stoffe übertragen. Dann könnten wir sagen: die Kohle ist ein nicht molekulardisperser, absolut unlöslicher Ampholyt, der H˙- und OH′-Ionen fast gleich stark bindet; dessen isoelektrischer Punkt also bei annähernd neutraler Reaktion liegt. Wir werden bei dem Kapitel der Elektroendosmose sehen, wie vollkommen diese Theorie mit den Beobachtungen über die Ladung der Kohle vereinbar ist.

Die Übertragung des Begriffes Säure, Base und Ampholyt auf einen absolut unlöslichen Stoff kann aber zu Mißverständnissen führen. Denn eigentlich gehört zu diesem Begriff der Säure usw. auch die Eigenschaft der Stromleitung in wäßriger Lösung. Diese Eigenschaft geht zwar den nicht molekulardispersen „Säuren usw." nicht ganz ab; in Gestalt der Elektrophorese werden wir alsbald ihren Anteil an der Stromleitung kennen lernen. Um aber Mißverständnisse zu vermeiden, ist es besser, die Begriffe „Säure, Base, Ampholyt, Salz" auf wasserlösliche echte Elektrolyte zu beschränken, und wir werden deshalb die nicht molekulardispersen

[1]) Unveröffentlichte Versuche.

Stoffe, welche infolge ihres Adsorptionsvermögens für OH'-Ionen den Säuren analog sind, als *Acidoide* bezeichnen, und wir definieren:

Ein *Acidoid* ist ein nicht molekulardisperser Stoff, welcher OH'-Ionen adsorbiert (oder $H^{\bullet}$-Ionen abdissoziiert) unter Erhaltung der negativen Ladung (oder $H^{\bullet}$-Ionen adsorbiert unter Neutralisierung seiner vorher negativen Ladung). Analog definieren wir das *Basoid*, und Kohle ist ein *Ampholytoid. Zwischen einer echten Säure* (Base, Ampholyt) *und einem grobdispersen Acidoid* (Basoid, Ampholytoid) *bilden die kolloiden Säuren alle denkbaren Zwischenstufen.*

Ein Acidoid bildet durch Adsorption einer gelösten Base eine salzartige Oberflächenverbindung, die wir als *Saloid* bezeichnen wollen (weil das Wort Haloid schon vergeben ist). Die Kohle, als ein Ampholytoid, bildet sowohl mit Säuren wie mit Basen Saloide. Aber sie bildet auch, wie ein echter Ampholyt, mit KCl ein Doppel-Saloid, ebenso wie eine Aminosäure mit KCl eine wenigstens in festem Zustande wohl charakterisierte Verbindung gibt; ganz analog ist es auch, daß die Tendenz, HCl oder KOH zu binden, sowohl bei der Aminosäure wie bei der Kohle viel größer ist, als KCl zu binden.

Die gemeinsame Betrachtung sog. „chemisch reaktionsunfähiger" Stoffe wie Kohle und der Ampholyte wird nicht überall auf sofortige Zustimmung rechnen können, und ich bin überzeugt, daß der Begriff der Adsorption sich auch weiterhin noch lange mit dem Nimbus eines Gegensatzes zur chemischen Bindung umgeben wird. Im Zeitalter des Atommodells und der Zurückführung der chemischen Affinitäten und der Kohäsionskräfte auf die gleichen elektrostatischen Kräfte scheint es mir aber angebracht, diese Schranke zu durchbrechen. Wird man auch weiterhin gut daran tun, von Adsorptionen zu reden, so sollte man sich doch klar sein, daß diese einen prinzipiellen Gegensatz zu chemischen Bindungen nicht bedeuten. Von Adsorption spricht man, wenn eine Reaktion sich auf die Grenzfläche zweier Phasen beschränkt, so daß die präparative Darstellung der entstandenen Verbindung in reinem Zustand nicht möglich ist und stöchiometrische Verhältnisse daher nicht gefunden werden können.

Hier müssen wir nun zurückgreifen auf die erweiterte Definition der Adsorption von S. 200. Wenn die Substanz der nichtwäßrigen Phase weder zu $H^{\bullet}$- noch zu OH'-Ionen irgend eine merkliche Molekularattraktion zeigt, so verhält sie sich gegenüber einer $H^{\bullet}$- oder $OH^{\bullet}$-haltigen Lösung gleichsam wie ein massefreier Raum, und in diesem Fall muß eine Anreicherung von

$H^{\cdot}$- oder OH'-Ionen in der Oberfläche einfach nach dem Gibbsschen Prinzip erfolgen. Man kann nicht von vornherein sagen, ob die $H^{\cdot}$- oder die OH'-Ionen die oberflächenaktiveren sind. Aber die Erfahrung lehrt, daß zahlreiche nicht wäßrige Stoffe, welche ihrer chemischen Natur nach weder Säuren noch Basen sind, sich gegen reines Wasser negativ laden. Das ist eine Teilerscheinung der Coehnschen Regel (s. weiter unten). Die Gemeinschaftlichkeit aller dieser Erscheinungen macht es wahrscheinlich, daß in diesen Fällen die nichtwäßrige Phase unbeteiligt ist an der $H^{\cdot}$-OH'-Verteilung an der Grenzfläche und daß diese Verteilung so erfolgt, als wenn das Wasser gegen den leeren Raum grenzte. Die negative Ladung der nichtwäßrigen Phase gegen die wäßrige spricht dafür, daß die OH'-Ionen stärker oberflächenaktiv sind als die $H^{\cdot}$-Ionen, daß also OH'-Ionen in die Grenzfläche des Wassers gehen, und das Wasser daher positiv gegen seine Oberfläche bzw. gegen das andere Medium wird. Wollen wir nun unsere erweiterte Definition der Adsorption auch hier anwenden, so müßten wir sagen, daß solche chemisch indifferenten, organischen Stoffe wie Ester, Benzonitril, Öle, Kohlenwasserstoffe u. dgl. OH'-Ionen besser absorbieren als $H^{\cdot}$-Ionen, also zu den Acidoiden zu rechnen sind. Aber auch chemisch nicht indifferente Stoffe sind gegen Wasser viel häufiger negativ als positiv; so ist nach Freundlich und Gyemant[1]) Anilin gegen Wasser (bzw. gegen anilingesättigtes Wasser) negativ. Man könnte vielleicht erwarten, daß Anilin als Base $H^{\cdot}$-Ionen adsorbieren müßte ($C_6H_5NH_2 + H^{\cdot} = C_5H_6NH_3^{\cdot}$) und daher auf alle Fälle $H^{\cdot}$-Ionen besser adsorbieren müsse als OH'-Ionen. Jedoch ist das ein Trugschluß. Diejenigen wenigen Moleküle Anilin, welche $H^{\cdot}$ gebunden haben, sind nunmehr wasserlösliche Anilin-Ionen, und es ist ohne weiteres kein Grund, gerade in der Grenzschicht eine wesentliche Menge von diesen zu erwarten. Im übrigen verhält sich Anilin wie ein indifferenter Stoff, und der Anreicherung der Grenzfläche mit OH'-Ionen nach dem Gibbsschen Prinzip steht kaum etwas im Wege. Man könnte wohl auch sagen: das in Wasser nicht gelöste Anilin hat den Charakter eines sehr schwachen Acidoids. Wir werden ja bei jeder Nomenklatur auf Erscheinungen stoßen, für die sie im eigentlichen Sinne versagt. Wir helfen uns dann mit „Erweiterungen" der Definitionen. Hierfür bietet uns die strengste aller Wissenschaften, die Mathematik, genügend Beispiele. Die Definition „$a-b$ ist die Summe der Größen $+a$ und $-b$" ist ein lehrreiches Beispiel dafür, denn nach der ursprünglichen Definition der Summe ist $a-b$ keine Summe, sondern genau das Gegenteil, eine Differenz. So werden wir es auch hinnehmen können, daß wir Anilin je nach dem Standpunkt als eine Base oder ein Acidoid bezeichnen.

Ob für die Acidoid- oder Basoidnatur eines Stoffes seine chemische Natur als Säure oder Base maßgeblich ist oder nicht, hängt offenbar von der Stärke dieser chemischen Natur als Säure oder als Base ab. Die sehr schwache Base Anilin ist deshalb ein Acidoid, die viel stärkere Base Al (OH_3) ist gegen reines Wasser ein Basoid. Nur Stoffe von sehr ausgeprägtem basischem Charakter können daher Basoide sein, und deshalb sind Basoide verhältnismäßig sehr viel seltener als Acidoide, und die meisten von ihnen

[1]) H. Freundlich und A. Gyemant, Zeitschr. f. physikal. Chem. **100** (1922).

sind nur gegenüber einer neutralen oder sauren Lösung Basoide, weil sie ihrer chemischen Natur nach Ampholytoide mit einem isoelektrischen Punkt sind, wie z. B. Al_2O_3, Fe_2O_3, ZnO u. a.

68. Die äquivalente Adsorption von Ionen eines Salzes durch Kohle; der Neutralisationseffekt der Kohle.

Die Eigenschaft der $H^{\cdot}$-Ionen, stärker von der Kohle adsorbiert zu werden als andere Kationen, führt zu folgender bemerkenswerten Konsequenz. Eine Lösung, welche aus beliebig viel Ionenarten besteht und sauer reagiert, kann durch Schütteln mit Kohle niemals saurer, sondern immer nur weniger sauer werden; umgekehrt kann eine alkalische Lösung durch Kohle immer nur weniger alkalisch werden [1]). Jede Lösung nähert sich also bei Behandlung mit Kohle der Neutralität, und eine neutral reagierende Lösung kann durch Kohle niemals deutlich sauer oder alkalisch werden. Ebenso kann sich ja die Reaktion irgend einer wäßrigen Lösung durch Hinzufügung eines echten Ampholyten, dessen isoelektrischer Punkt bei neutraler Reaktion liegt, immer nur der Neutralität nähern. Daher werden, wie wir experimentell noch vor dem theoretischen Einblick in die Sache fanden, von einem Neutralsalz, ja sogar von einem organischen Farbsalz, in reiner wäßriger Lösung immer nur äquivalente Mengen des Anions und des Kations adsorbiert, d. h. das Salz wird als Ganzes adsorbiert. Wir nannten das die äquivalente Ionenadsorption der Salze [2]), und stellten fest, daß eine hydrolytische Spaltung von Salzen durch die Adsorption an Kohle nicht beobachtet werden kann. Die oben abgeleitete zweite Tatsache, daß eine saure oder eine alkalische Lösung durch Behandlung mit Kohle sich stets der Neutralität nähert, ist eine Konsequenz, die wir hieraus ziehen konnten, aber zunächst noch nicht erkannten. Sie wurde experimentell von W. Löffler und E. Spiro (l. c.) gefunden, und wir können die Erscheinung als den Neutralisationseffekt der Kohle bezeichnen.

69. Andere Adsorbentien.

Die Kohle hat die Besonderheit, daß sie selbst keine Ionen liefert. Sobald das Adsorbens ionogene Radikale enthält, muß

---

[1]) W Löffler und K. Spiro, Helvet. chim. Acta **2**, 417 (1918) und **2**, Heft 5 (1919).

[2]) Michaelis u. Rona, Bioch. Zeitschr. **94**, 225; **97**, 57; **102**, 268 (1920).

man damit rechnen, daß das Adsorbens selbst eine Tendenz zur Ionenbildung oder zum Ionenaustausch mit der Lösung zeigen kann. Der einfachste Fall ist, daß das Adsorbens den Charakter einer unlöslichen Säure (Kieselsäure, Mastix-Harzsäure) oder Base (Metalloxyde) hat. Es hat sich nun gezeigt, daß in solchen Fällen die Adsorption von Elektrolyten genau den Gang geht, wie wir ihn auf Grund altbekannter chemischer Vorstellungen haben. Es ist ganz vergeblich, hier einen Gegensatz von chemischen Umsetzungen und Adsorptionen zu konstruieren. Beispielsweise adsorbiert Eisenoxyd Pikrinsäure oder Eosin, weil pikrinsaures oder eosinsaures Eisenoxyd unlöslich ist. Kieselsäure adsorbiert Methylenblau, weil Methylenblausilicat unlöslich ist. Freilich ist die experimentelle Erforschung dieses Gegenstandes kaum zu vermutenden Schwierigkeiten ausgesetzt, weil es beinahe unmöglich ist, derartige „unlösliche Basen oder Säuren" zu erhalten, welche nicht schon an der Oberfläche ein Ion, mit dem sie ein unlösliches Salz bilden, adsorbiert hätten; es gibt kein Kieselsäurepräparat, welches frei von $Ca^{\cdot\cdot}$ ist[1]) und kein Eisenoxyd, welches frei von Cl' (oder einem je nach der Darstellungsweise anderen Anion) ist, mit dem es ein unlösliches basisches Salz bildet. Deshalb sind für die experimentelle Arbeit geeigneter solche ionogenen Adsorbentien, welche als unlösliche „Salze" aufgefaßt werden können. Als Typus eines solchen kann man Kaolin (kieselsaure Erden) und sog. Eisenoxyd (basisches Ferrichlorid) nennen. Solche Adsorbentien treten ganz nach den Gesetzen der chemischen Reaktionen in einen Ionenaustausch mit den in Wasser gelösten Elektrolyten. Eine Lösung von Methylenblauchlorid reagiert mit Kaolin nach dem Schema

Kieselsaure Erde + Mlb-Chlorid $\rightleftarrows$ kieselsaures Methylenblau + Erdchlorid.

Da Mlb-Silicat unlöslich, Erdchlorid löslich ist, so tauscht das Kaolin sein Erdalkaliion (besonders das stets vorhandene $Ca^{\cdot\cdot}$) gegen das Methylenblaukation aus, und das dem Methylenblau angehörige Chlor findet sich ganz in der Lösung wieder, aber nicht als HCl, sondern als $CaCl_2$. Ein Ionenaustausch von Kaolin gegen NaCl ist analytisch nicht nachzuweisen, wenn er auch zweifellos nach allgemeinen Gesetzen in einem ganz minimalen Betrage wohl stattfinden könnte. Von dem so gut „färbenden" Eosin oder der Pikrin-

[1]) Michaelis u. Rona, Bioch. Zeitschr. **97**, 57 (1919), vgl. S. 71.

säure wird von Kaolin keine Spur adsorbiert; der Ionenaustausch würde hier nicht zur Bildung eines unlöslichen Salzes führen.

Sehr interessant wäre es, das Adsorptionsvermögen eines indifferenten Stoffes wie Cellulose (Filtrierpapier, Baumwolle) zu studieren. Der Erforschung sind hier die größten experimentellen Schwierigkeiten in den Weg gestellt. Es ist nicht möglich, auch nach bester Reinigung mit HCl, FH usw. eine ganz aschefreie Cellulose zu erhalten. Stets enthält sie noch etwas Kieselsäure und Kalk. Bei der Adsorption von Farbstoffen durch Cellulose fanden Michaelis und Rona[1]) immer nur Austauschadsorption; nach der Adsorption von Methylenblauchlorid fand sich nur das Kation adsorbiert, das Chlor fand sich als Neutralsalz (Ca-Salz) in der Lösung; bei Adsorption von Eosin-Ammonium fand sich das Eosinanion adsorbiert, das $NH_4^{\cdot}$ mindestens zu 70% als irgend ein Neutralsalz in der Lösung. Da die „Austauschadsorption" der Aschebestandteile einen so großen Einfluß hat, ist es analytisch bisher kaum möglich zu entscheiden, welchen Anteil die Cellulose selbst an der Adsorption hat; äußerst geringfügig ist er auf jeden Fall, und die Färbbarkeit der technischen Cellulose (Baumwolle, gewöhnliches Papier) beruht zweifellos auf einem Ionenaustausch mit ihren Aschebestandteilen, die möglicherweise gar einen konstitutiven Bestandteil der Cellulose-Struktur bilden. Jedenfalls sind die Eigenschaften der Cellulose weit von denen der Kohle entfernt, bei der diese Verunreinigungen zwar auch nicht fehlen, aber durch das hohe Adsorptionsvermögen der Kohle selbst in den Hintergrund gedrängt werden.

Es ist nicht die Aufgabe dieses Buches, die Frage der Ionenadsorption zu erschöpfen. Sie sollte nur als Einleitung zu dem Thema der Adsorptionspotentiale dienen, und dafür mag diese Skizze genügen.

70. Die Aufladung an Phasengrenzflächen durch Ionenadsorption.

Nach den Erläuterungen des vorigen Abschnittes haben wir das Recht, jeder Ionenart eine eigene Adsorbierbarkeit zuzuschreiben. Da nun aber die elektrostatischen Kräfte verhindern, daß die beiden Ionen eines Elektrolyten in meßbar verschiedener Menge der Lösung entzogen werden können, so stellt sich in

---

[1]) Michaelis u. Rona, Bioch. Zeitschr. **103**, 19 (1920).

Wahrheit ein Adsorptionsgleichgewicht ein, welches zwischen dem hypothetischen Gleichgewicht der positiven und dem der negativen Ionen liegt. Gleichzeitig bildet sich aber auch ein Potentialunterschied an der Phasengrenzfläche aus. Das stärker adsorbierbare Ion wird, wenn auch nicht in einem analytisch, so doch auf eine andere Weise nachweisbarem Betrage stärker absorbiert als das andere. Kohle in Berührung mit verdünnter HCl-Lösung adsorbiert etwas mehr H-Ionen als Cl-Ionen. Die Differenz ist allerdings analytisch nicht nachweisbar, aber sie ist dadurch erkennbar, daß die Kohle positiv gegen die Lösung geladen ist. Der Überschuß der H-Ionenadsorption erreicht einen solchen Betrag, daß die durch die Ionentrennung entstehende Potentialdifferenz das Trennungsbestreben der Ionen gerade kompensiert. Auf diese Weise können wir uns die seit langem bekannte Tatsache erklären, daß ganz allgemein an der Grenzfläche zweier Phasen eine Potentialdifferenz entsteht. Um diese Ladungen zu erkennen, stehen uns zunächst zwei äußerlich sehr verschiedene, aber innerlich zusammenhängende Methoden zur Verfügung: die elektrische Endosmose (Elektroendosmose) und die elektrische Kataphorese (Elektrophorese).

Indem wir hiermit in die Erörterung der sog. elektrokinetischen (Helmholtz) oder elektroosmotischen (v. Smoluchowski) Erscheinungen eintreten, verlieren wir zunächst scheinbar den Faden mit dem vorangehenden Kapitel, werden ihn aber schließlich wieder anknüpfen.

71. Die ältere Geschichte der Elektroendosmose.

Reuß[1]) beobachtete im Jahre 1808 folgendes: Wenn man in feuchten Ton zwei mit Wasser gefüllte Röhren steckt und durch diesen mit Hilfe von metallischen Elektroden einen galvanischen Strom schickt, so steigt das Wasser an der Kathodenseite in die Höhe und fällt an der Anodenseite. Das ist die Entdeckung der Elektroendosmose. Gleichzeitig lösen sich Tonpartikel ab und wandern nach der Seite der Anode, indem sie das Wasser trüben, und das ist die Entdeckung der Elektrophorese. Beide Erscheinungen sind der Ausdruck der positiven Ladung des Wassers gegen den Ton. Denkt man sich den Ton als ein mechanisch festes Filter oder Diaphragma für das Wasser, so ist nur eine Bewegung

---

[1]) F. Reuß, Mém. de la Soc. imp. des Naturalistes de Moscou. 2, 327 (1809).

des positiv geladenen Wassers zur Kathode möglich. Tonpartikel aber, die frei beweglich im Wasser schweben, zeigen ihre negative Ladung durch Wanderung zur Anode.

Die Deutung der Endosmose war unklar; sie wurde zunächst wenig beachtet; sie wurde 1816 von Porret[1]) für Sandfilter von neuem beschrieben, ferner von Becquerel, Armstrong, Daniell. Die elektrische Kataphorese wurde ferner von Faraday[2]) an Gewebsfasern, von Du Bois-Reymond[3]) an Stärkekörnchen, von Heidenhain und Jürgensen[4]) an Carmin und Stärkekörnchen beschrieben. Die ersten genauen Untersuchungen über die Endosmose stammen von Wiedemann[5]), und der Beginn einer theoretischen Behandlung des Gegenstandes in dem Sinne, der sich der heutigen nähert, sind die Arbeiten von Quincke[6]). Den Anstoß zu dieser modernen theoretischen Behandlung gab die Beobachtung, daß das Wasser nicht immer in der Richtung des Stromes, sondern bisweilen in umgekehrter Richtung bewegt wird. Hiermit hatte er erwiesen, daß die anfängliche Vorstellung, daß das Wasser „vom elektrischen Strom einfach mitgeführt" würde, unrichtig war. Quincke stellte dafür die Theorie der elektrischen Doppelschicht auf, die sich weiterhin so fruchtbar gezeigt hat. Er nahm an, daß an der Grenze der Flüssigkeiten des festen Körpers zwei Schichten freier Elektrizität, eine positive und eine negative, in sehr geringer aber endlicher Entfernung einander gegenüberstehen; die eine bildet eine den festen Körper fest adhärierende Belegung, die andere befindet sich schon in dem flüssigen Medium und kann daher durch einen tangential gerichteten Zug elektrischer Kräfte gegen die erste gleitend verschoben werden. Ist der feste Körper ein in der Flüssigkeit schwebendes Teilchen, so äußert sich diese Verschiebung in einer Bewegung des festen Teilchens unter der Einwirkung eines elektrischen Stromfeldes. Ist der feste Körper ein festes, poröses, den Flüssigkeitsweg versperrendes Diaphragma, so wandert in einem Stromfeld das Wasser in umgekehrter Richtung durch die Poren des Diaphragma.

---

1) R. Porret, Gilb. Ann. **66**, 272 (1816).
2) M. Faraday, Exp. Res. Nr. 1562, 1838.
3) E. Du Bois-Reymond, Berl. Ber. 1860. p. 895.
4) E. Heidenhain u. Jürgensen, Arch. f. Anat. u. Physiol. 1860. p. 573.
5) Wiedemann, Ann. d. Phys. u. Chem. **87**, 321 (1852).
6) Quincke, Ann. d. Phys. u. Chem. **113**, 513 (1861).

Die quantitative Theorie dieser Erscheinungen wurde von Helmholtz[1]) entwickelt.

72. Theorie der Elektroendosmose von Helmholtz[2]).

Denken wir uns in eine mit Flüssigkeit gefüllte Röhre ein aus kapillaren Poren bestehendes, festes Diaphragma eingeschaltet, und leiten wir einen elektrischen Strom durch diese Röhre, so wird eine Bewegung des Wassers eintreten, und nach kurzer Zeit wird sich eine Strömung des Wassers mit konstanter Geschwindigkeit ausbilden, sobald man dafür Sorge trägt, daß durch die Wanderung des Wassers keine hydrostatischen Druckdifferenzen entstehen. Diesen stationären Zustand betrachten wir jetzt. Der stationäre Zustand ist dadurch charakterisiert, daß die durch den elektrischen Zug hervorgerufene Bewegung durch die Reibung gleichförmig gemacht wird. Nun ist die elektrische Kraft proportional der elektrischen Dichte der Doppelschicht, σ, und der elektrischen Feldstärke H, welcher die Doppelschicht ausgesetzt ist. Bei Wahl absoluter Maßeinheiten ist also die elektrische Kraft einfach

[1]) H. v. Helmholtz, Ann. d. Phys. u. Chem. 7, 337 (1879); Ges. Abhandlungen I, p. 855 (1882).

[2]) Die Theorie ist nicht in der Originalfassung von Helmholtz wiedergegeben, welche ein sehr hohes Niveau von Kenntnis der theoretischen Physik voraussetzt, sondern in einer vereinfachten Weise, die Perrin angegeben hat. Die Helmholtzsche Darstellung hat den Vorzug größerer Strenge, insbesondere was die absolute Größe der Proportionalitätsfaktoren betrifft. Diese ist bei der Perrinschen Darstellung nicht so zweifellos einleuchtend. Da aber die der Helmholtzschen Rechnung zugrunde liegenden Annahmen vielleicht nicht streng erfüllt sind (vgl. die Theorie von Lamb und später in § 78) und die experimentellen Daten, die bisher vorliegen, nicht ausreichend sind, um die Theorie quantitativ einwandfrei zu bestätigen, so dürfte vorläufig diese Art der Darstellung dem Physiologen genügen.

Die Schwierigkeit der experimentellen quantitativen Bestätigung der Theorie liegt in folgendem. Die Adsorptionspotentiale können bisher auf keine andere Weise als durch die elektrokinetischen Erscheinungen (Elektrophorese, Elektroendosmose, Strömungsströme und Ströme fallender Teilchen) erkannt werden. Die Helmholtzsche Theorie berechnet nun z. B. aus der Größe der Elektroendosmose das Wandpotential. Eine Bestätigung der Theorie könnte nun nur darin bestehen, daß man den aus elektrokinetischen Versuchen berechneten Wert des Potentials vergleicht mit einem experimentell nach einer von den elektrokinetischen Methoden ganz unabhängigen Methode gefundenen Wert für das Wandpotential. Eine solche Methode besitzen wir aber noch nicht. Und so schwebt die quantitative Seite der Theorie noch in der Luft, so brauchbar sie auch in qualitativer Weise ist.

$= \sigma \cdot H$. Diese ist während des ganzen Vorganges konstant. Wäre keine Reibung vorhanden, so würde sie eine gleichmäßig beschleunigte Bewegung des Wassers hervorrufen. Es tritt aber eine Hemmung der Bewegung durch die Reibung ein, und diese verwandelt die gleichmäßig-beschleunigte in eine gleichförmige Bewegung. Die Kraft der Reibung ist proportional der spezifischen Reibungskonstanten des Wassers, η, der Geschwindigkeit v und umgekehrt proportional der Entfernung der in Bewegung gesetzten Schicht von der Wand. Es muß also im stationären Zustand sein:

$$\sigma H = \eta \cdot \frac{v}{d}$$

wo d die Entfernung der beweglichen elektrischen Schicht von der unbeweglichen, also die Dicke der Doppelschicht ist.

Wenn man anderseits das Volumen φ der in der Zeiteinheit verschobenen Flüssigkeitsmenge mißt, so kann man die Geschwindigkeit v durch folgende Gleichung ausdrücken, unter der Voraussetzung, daß das Diaphragma durch eine einzige Kapillare von kreisrundem Querschnitt mit dem Radius r dargestellt wird:

$$\pi r^2 v = \varphi$$

woraus folgt:

$$\sigma d = \frac{\eta}{\pi r^2} \cdot \frac{\varphi}{H}$$

Diese Gleichung setzt uns instand, aus der Geschwindigkeit des Wassertransports die Potentialdifferenz ζ an der Phasengrenzfläche zu berechnen. Der Potentialunterschied der beweglichen und unbeweglichen Schicht ist nach den Gesetzen der theoretischen Physik

$$\zeta = \frac{1}{K} \cdot 4 \pi \sigma d$$

Hier bedeutet K die Dielektrizitätskonstante des Wassers (Helmholtz hatte diese Größe ausgelassen; die Korrektur wurde erst von Pellat und Perrin angebracht), und so ergibt sich

$$\zeta = \frac{4\pi}{K} \cdot \frac{\eta}{\pi r^2} \cdot \frac{\varphi}{H}$$

Besteht das Diaphragma aus einer großen Zahl, n, von gleichartigen Kapillaren mit dem Radius r, mit dem gesamten Querschnitt s, und beträgt die in der Zeiteinheit übergeführte Wassermenge Φ, so ist entsprechend:

$$\zeta = \frac{4\,\pi}{K} \cdot \frac{\eta}{s} \cdot \frac{\Phi}{H}$$

Hieraus folgt, daß der Wassertransport proportional der Feldstärke und dem Querschnitt des Diaphragma ist, aber unabhängig von der Länge der Kapillaren, d. h. von der Dicke des Diaphragma, sofern nur im Diaphragma die Feldstärke, d. h. der Spannungsabfall pro cm, der gleiche bleibt. Mit anderen Worten: Die in einem Diaphragma übergeführte Wassermenge ist der Gesamtstromintensität proportional und unabhängig von der Länge und von der Porenweite des Diaphragma. Wohl aber hängt sie von der Substanz des Diaphragma wie von der Natur der Flüssigkeit ab.

Diese Gesetze aber sind es gerade, die Wiedemann vorher experimentell festgestellt hatte.

Hierbei ist die Annahme gemacht, daß die adhärierende Schicht völlig unbeweglich ist. Sollte dies nicht exakt zutreffen, so würde das nach der obigen Gleichung berechnete ζ zu groß berechnet werden. Ferner ist die Annahme gemacht, daß die Dielektrizitätskonstante D in der Grenzschicht des Wassers dieselbe sei wie die gewöhnliche Dielektrizitätskonstante des Wassers. Außerdem darf die Reibungskonstante η nur angewendet werden, wenn man annimmt, daß die Entfernung λ der Doppelschichten zwar klein, jedoch groß im Verhältnis zur Größe eines Moleküls ist. Lamb[1]) hat eine Theorie entwickelt, bei der er diese Annahmen fallen läßt. Da aber formal eine ganz ähnliche Gleichung herauskommt und daher nur der absolute Betrag von ζ durch sie beeinflußt wird, wollen wir uns hierauf beschränken.

Auch erfordert die Theorie von Helmholtz, daß das Diaphragma aus lauter gleichartigen längs- und parallelgerichteten Kapillaren besteht. v. Smoluchowski hat die Theorie für ein Diaphragma aus beliebig gerichteten Kapillaren erweitert und gefunden, daß eine wesentliche Abweichung der Helmholtzschen Gesetze dabei nicht auftritt.

Die ganze Erscheinung der Elektroendosmose können wir uns unter folgendem Bilde vorstellen: Durch das Kraftfeld des elektrischen Stromes wird eine dünne, den Porenwänden des Diaphragma anliegende Wasserschicht tangential längs der Porenwände verschoben, und diese Schicht nimmt infolge der Kohäsion die von der Wand entfernteren Wasserschichten mit. Das Wasser wird gewissermaßen an seiner Grenzhaut tangential gezerrt.

73. Die Theorie der Elektrophorese.

Denken wir uns ein breites U-Rohr, gefüllt mit Wasser, in welchem feine unlösliche (feste oder flüssige) Teilchen schwebend

[1]) H. Lamb, Phil. Mag. **25**, 52 (1888).

suspendiert sind, so wird, umgekehrt wie vorher, der Zug auf die oberflächliche Schicht der schwebenden Teilchen ausgeübt, und die Teilchen in umgekehrter Richtung, als vorher das Wasser, bewegt. Das ist die elektrische Kataphorese oder Elektrophorese. Solange wir ein breites U-Rohr mit Wasser haben, ist diese Erscheinung die einfache Umkehrung der Endosmose. Wollen wir aber die Erscheinung in schmalen, zur mikroskopischen Beobachtung geeigneten Kammern studieren, so ergeben sich eigentümliche Komplikationen. Sie rühren daher, daß nicht nur die suspendierten Teilchen eine Relativbewegung gegen das Wasser, sondern auch das Wasser eine Relativbewegung gegen die Kammerwand ausführt; denn auch an der Grenze der aus Glas oder Quarz bestehenden Kammerwand gegen das Wasser bildet sich eine Doppelschicht; das Wasser der Kammer wird nach Anlegung der äußeren elektrischen Spannung an seiner oberflächlichen, an die Kammerwand angrenzenden Haut gezerrt. Die unter dem Mikroskop beobachtete Bewegung der suspendierten Teilchen gegen den Objekttisch ist also die algebraische Summe der kataphoretischen Bewegungen, welche die Teilchen gegen das Wasser ausführen, und der Bewegung, welche die Teilchen infolge der soeben geschilderten Strömung des Wassers ausführen. Die Theorie dieser Erscheinung, durch die experimentellen Arbeiten von R. Ellis[1]) begründet, ist von v. Smoluchowski in eleganter Weise vervollkommnet worden. Wir wollen nur das Resultat dieser Untersuchungen mitteilen.

Die Theorie ist am einfachsten für eine enge Kammer, welche allseitig geschlossen ist, aus der also das Wasser bei seiner Bewegung nicht ausströmen kann. Wir denken uns etwa einen Raum wie eine mikroskopische Zählkammer, in welche beiderseits vermittels Durchbohrungen die Elektroden luftdicht eingelegt sind. Der Wasserstrom, welcher an den Grenzschichten der Kammer entsteht, muß dann zu einem Rückstrom des Wassers in den inneren Kammerschichten führen, und so ist die Bewegung des Wassers keine konstante Größe, sondern in ihrer Größe, ja sogar in ihrer Richtung von der Entfernung des betrachteten Wasserteilchens von der Kammerwand abhängig. Wir nehmen nun an, daß in einer so engen Kammer nur lamellare Strömungen des Wassers möglich sind, d. h. daß jedes Wasserteilchen sich nur von rechts nach links oder umgekehrt,

---

[1]) Risdale Ellis, Zeitschr. f. physikal. Chem. 78, 321 (1911).

aber weder von vorn nach hinten, noch von oben nach unten bewegt. Der Rückstrom des Wassers macht sich dann nur in wirbelfreien, reinen Rechts-Links-Rückströmungen bemerkbar. Hat das Wasser in unmittelbarer Nähe der oberen oder unteren Kammerwand eine gewisse Geschwindigkeit, so muß diese in den von der Wand entfernteren Schichten schnell abnehmen, Null werden und sich dann umdrehen. Die Geschwindigkeit v ist somit eine Funktion der Entfernung der Wasserlamelle von der Kammerwand, x, oder einfacher: eine Funktion der „Tiefe". Die Dicke der Kammer sei $= d$. Dann muß diese Funktion symmetrisch um die Mitte der Kammertiefe, $x = d/2$, gruppiert sein.

Die beobachtete Bewegung eines Teilchens hängt also von x ab, und ist die algebraische Summe seiner eigentlichen kataphoretischen Bewegung und der an der Stelle x herrschenden Wasserströmung. Nur in derjenigen Tiefe x beobachten wir die wahre Kataphoresgeschwindigkeit, in der die Wasserströmung $= 0$ ist, und das ist nach v. Smoluchowski der Fall für die beiden Schichten

$$x = d\left(\frac{1}{2} \pm \frac{1}{\sqrt{12}}\right)$$

oder $x =$ etwa $0{,}2\,d$ und $0{,}8\,d$.

Es ist beachtenswert, daß die Tiefe der Kammer, d, beliebig sein kann; es muß nur die Bedingung erfüllt sein, daß sie ziemlich gering ist, so daß nur lamellare Strömungen und keine Wirbel[1]) möglich sind. In makroskopischen Überführungsapparaten gilt sie nicht; hier spielt die Eigenströmung des Wassers keine merkliche Rolle.

Ist auf diese Weise die wahre kataphoretische Geschwindigkeit ermittelt, so kann unter Zugrundelegung der Helmholtzschen Annahmen und der Erweiterung der Helmholtzschen Theorie durch v. Smoluchowski nach dem letzten Autor das Wandpotential ζ, also die Potentialdifferenz zwischen der Oberfläche der wandernden Teilchen und der Lösung, nach folgender Gleichung berechnen

$$\zeta = \frac{4\pi \cdot v \cdot \eta}{K \cdot H} \quad \text{oder} \quad v = \frac{\zeta \cdot K \cdot H}{4\pi \cdot \eta}$$

wo v die kataphoretische Geschwindigkeit in cm/sec ist und η, H und K die frühere Bedeutung haben. Das Wichtigste daran

[1]) Die Bedingungen, unter denen dies der Fall ist, hat O. Reynolds (Phil. Transact. **174**, 935 [1883]) entwickelt.

ist, daß (bei gleichbleibender Viscosität) das Potential der Kataphoresgeschwindigkeit proportional ist. (Drückt man ζ in Volt, V in cm/sec, H in Volt/cm aus, so muß man noch mit dem Faktor $(1/300)^2$ multiplizieren, zur Reduktion des absoluten Maßsystems des Potentials auf Volt.)

Es geht hieraus hervor, daß die Wanderungsgeschwindigkeit von der Korngröße unabhängig ist, was mit den Versuchen von Burton[1]) an kolloiden Silberlösungen verschiedener Teilchengröße übereinstimmt.

Vor einer irrtümlichen Deutung der Kataphoreseerscheinung muß gewarnt werden. Da die Beobachtung lehrt, daß in der Flüssigkeit suspendierte Teilchen nach Anlegung eines äußeren Potentials nach dem einen Pol wandern, so könnte es den Anschein haben, als ob jedes Teilchen sich wie ein Körper mit freier elektrischer Ladung verhielte und von dem entgegengesetzten Pol angezogen würde, wie ein geladenes Härchen von einem geladenen Stück Siegellack angezogen wird. Diese Auffassung wäre falsch. Die suspendierten Teilchen sind als Ganzes betrachtet elektrisch neutral; die Ladungen der positiven und negativen Doppelschicht sind einander gleich. Man könnte in einer gewissen Beziehung die Anziehung vergleichen mit der eines elektrischen Siegellackstückes auf ein unelektrisches Metallkügelchen. Man sagt dann, daß das Metallkügelchen unter dem Einfluß des elektrischen Feldes des Siegellackes durch Influenz geladen oder „polarisiert" werde. Aber dieser Vergleich ist doch nicht zutreffend, weil das Metallkügelchen von einem positiven und einem negativen Pol gleich gut angezogen wird, während das kataphoretisch wandernde Teilchen stets in der Richtung von einem Pol zum anderen wandert. Es hat keine „freie" Ladung; diese müßte sich erkennen lassen, wenn man eine Flüssigkeit, welche suspendierte Teilchen enthält, einem Elektroskop nähert. Das äußere Kraftfeld einer solchen Suspension oder kolloiden Lösung ist aber natürlich = 0. Die Wirkung des von außen angelegten Feldes ist nur eine tangentiale, gleitende Verschiebung der beiden Lagen einer Doppelschicht.

Der Mechanismus der Kataphorese ist folgendermaßen zu denken. In Abb. 28 A sei a ein Kügelchen, welches mit einer Doppelschicht umgeben ist, einer fest adhärierenden negativen und einer verschieblichen positiven Schicht. Die Richtung der

---

[1]) E. F. Burton, Phil. Mag. 11, 439 (1906).

Kraftlinien des äußeren elektrischen Feldes ist durch die mit Pfeilen bezeichneten Linien angedeutet. Alsdann muß sich das Kügelchen mit seiner festen negativen Schicht nach rechts, die äußere positive Schicht nach links verschieben, so daß — wie man sich einen Augenblick vorstellen möge — der Zustand B entsteht. Die rechts defekt gewordene positive Schicht regeneriert sich aber sofort, noch ehe der in B gezeichnete Zustand erreicht

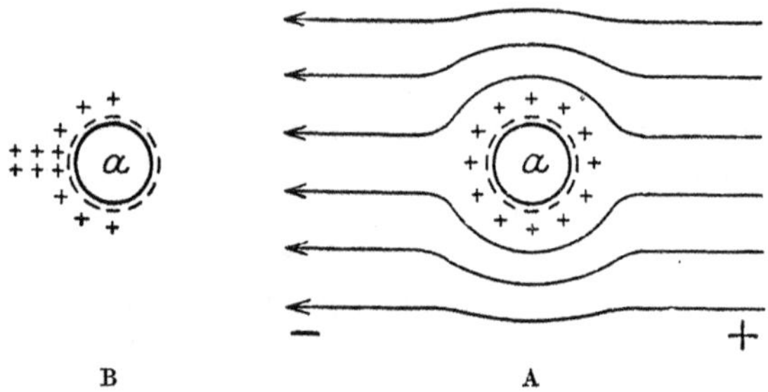

Abb. 28.

ist, aus den inzwischen durch den äußeren elektrischen Strom herbeigeführten positiven Ionen, und ebenso finden die frei gewordenen positiven Ionen am linken Ende ihre elektrische Äquivalenz in den inzwischen herbeigeführten negativen Ionen (oder sie dienen zum Ersatz der inzwischen fortgeführten positiven Ionen). Wie man sieht, nimmt das ganze Kügelchen an der Leitung des elektrischen Stromes teil.

74. Beziehung dieser Erscheinungen zur Ionenlehre.

Soweit die physikalischen Untersuchungen. Bei ihnen handelte es sich darum, wenn das Diaphragma und die Lösung ihrer chemischen Natur nach als gegeben vorausgesetzt war, die Größe der Endosmose bzw. Kataphorese in Zusammenhang mit physikalischen Größen, wie Stromstärke, dem elektrischen Feld, der Porenweite usw. zu bringen, und aus der Größe der Kataphorese oder Endosmose bei gegebenen Bedingungen der Stromstärke usw. die Potentialdifferenz zwischen der festen Wand und der Flüssigkeit zu berechnen. Wir wenden uns nun zu der Frage, wie die Endosmose und Kataphorese sowie das Wandpotential von der chemischen Zusammensetzung der Wand und der Lösung abhängt. Gleichzeitig entsteht die Frage nach dem stofflichen, chemischen Substrat der elektrischen Doppelschicht, welche bei Helmholtz noch offen gelassen ist. Wir werden nach unseren heutigen Vorstellungen sofort daran denken, diese Doppelschicht als Ionenschichten aufzufassen, wie wir ja auch die Doppelschicht der Elektroden- und Phasengrenzpotentiale als Doppelschichten aus freien Ionen auffaßten. Und hiermit knüpfen wir den Faden der Ionen-Adsorption wieder an.

Daß die Größe, ja das Vorzeichen der durch die Doppelschicht repräsentierten Aufladung von der chemischen Natur der Substanzen abhängen, wurde zwar früher nicht völlig übersehen, konnte aber vor der Ionentheorie nicht zu einem erfolgreichen Schluß geführt werden. Mit der Entwicklung der physikalischen Chemie wurde das Interesse diesem Gegenstand gewidmet, und vor allem den Arbeiten von Perrin verdanken wir die Beschreibung und Deutung der Grundgesetze in dieser Beziehung.

Der Grundgedanke, diese ganzen Erscheinungen mit der Ionenlehre in Zusammenhang zu bringen, rührt von Nernst her und ist eigentlich derselbe wie derjenige, den wir auch zur Erklärung der Phasengrenzpotentiale heranzogen. Man stellt sich vor, daß beide sich berührenden Phasen Ionen enthalten. Dann wird im allgemeinen das Verteilungsgleichgewicht der einzelnen Ionenarten nicht vorhanden sein; das Bestreben, dasselbe zu erreichen, führt wegen der elektrostatischen Gegenkräfte nicht bis zu diesem Ziel, sondern nur zur Entstehung einer Potentialdifferenz. Die beiden Lagen der Doppelschicht sind also Schichten freier Ionen. Helmholtz hatte es offen gelassen, sich materielle Vorstellung von der Natur der elektrischen Teilchen der Doppelschicht zu machen. Heute können wir sagen: sie muß entweder aus Elektronen oder aus Ionen bestehen. Die Möglichkeit, daß auch reine Elektronen wenigstens die eine der beiden Schichten bilden können, könnte höchstens zugegeben werden, wenn eine Phase ein Metall ist. Zunächst rechnen wir nur mit Doppelschichten aus freien Ionen, und damit ist die Erscheinung der Endosmose und Kataphorese ein Teilgebiet dieses Kapitels über die „Ionen als Quellen elektrischer Potentialdifferenzen“ geworden.

Hieraus ist die Bewegungserscheinung der Elektrophorese ohne weiteres verständlich. Für dieselbe muß man noch folgende Annahme hinzunehmen. Der Angriffspunkt der Kräfte des elektrischen Feldes ist die bewegliche Ionenschicht. Diese nimmt bei ihrer Bewegung das Wasser mit. Schon bei der Lehre von der

Leitfähigkeit gelöster Elektrolyte hatten wir gesehen, daß die Ionen sich im Wasser nicht bewegen können, ohne eine große Zahl von Wassermolekülen mitzuschleppen. Diese starke Anziehung der Ionen zum Wasser bewirkt es, daß auch hier die Verschiebung einer Ionenschicht sich äußerlich durch die Verschiebung einer Wasserschicht offenbart.

Es liegt nahe, die Analogie zwischen der Mitschleppung des Wassers durch die Ionen bei der einfachen Stromleitung eines gelösten Elektrolyten und bei der Elektroendosmose vollkommen zu machen, d. h. die gewöhnliche elektrolytische Stromleitung als eine Kataphorese von suspendierten Teilchen molekularer Dimensionen aufzufassen. Denken wir uns ein beiderseits offenes U-Rohr mit einer Elektrolytlösung gefüllt und einen elektrischen Strom hindurchgeschickt. Dann werden die Anionen nach der einen Seite wandern und eine bestimmte Menge Wasser mitschleppen, und die Kationen nach der anderen Seite wandern und eine gewisse, von der ersten verschiedene Wassermenge mitschleppen. Das Wasser wird also nach der einen Seite in die Höhe steigen müssen. Da aber in einem offenen U-Rohr hydrostatische Druckunterschiede sich nicht ausbilden können, muß das in jedem Augenblick durch die elektrischen Kräfte in die Höhe gezogene Wasser durch die Schwere wieder zurücksinken, und das verschiedene Wasserbindungsvermögen der Ionen hat als einzig erkennbare Erscheinung die verschiedene Beweglichkeit der Ionen und die damit zusammenhängende Konzentrationsverschiebung in der Elektrolytlösung zur Folge, welche wir zahlenmäßig als die Überführungszahl des Elektrolyten ausdrücken. Bei dem Endosmoseversuch gestattet die Zwischenschaltung des Diaphragma bei günstiger Anordnung die Ausbildung hydrostatischer Druckdifferenz und daher kommt die Verschiebung des Wassers direkt zur Beobachtung. Rein qualitativ erscheint somit die Analogie beider Erscheinungen vollkommen, worauf v. Smoluchowski aufmerksam gemacht hat. Ob die Theorie auch quantitativ zutrifft, ist noch nicht ausgemacht.

Wir werden in der Tat in § 78 sehen, daß unter geeigneten Umständen, nämlich durch Einschaltung eines engporigen Diaphragmas, welches aber kein Wandpotential gegen die Lösung hat, die durch den elektrischen Strom hervorgerufene Wasserverschiebung in einer Elektrolytlösung experimentell nachweisbar ist.

Die ersten zielbewußten Versuche, welche den Zusammenhang zwischen der Ionenadsorption und der Endosmose ermöglichten, stammen von Perrin.

75. Die Versuche von Perrin.

Perrin[1]) führte seine Versuche mit dem nebenstehenden Apparat aus. Das Diaphragma wird durch die Glasröhre M

[1]) Jean Perrin, Mécanisme de l'Eléctrisation de content et solutions colloidales. Journ. Chim. Phys. 2, 601 und 3, 50 (1904 u. 1905).

dargestellt, die mit der pulverförmigen Substanz ausgefüllt ist. A und B sind die Elektroden, die Bewegung des Wassers erkennt man an der Niveauänderung des Wasserstandes in dem beinahe horizontalen Steigrohr G. Das elektrische Feld ist in der Regel dadurch charakterisiert, daß zwischen den Elektroden ein Potentialabfall von etwa 10 Volt pro cm besteht. Perrin fand nun zunächst, daß nur gut ionisierende Flüssigkeiten eine starke Elektroosmose zeigen. Flüssigkeiten mit kleinen Dielektrizitätskonstanten, welche selbst schlecht leiten und gelöste Elektrolyte nur wenig zur Dissoziation bringen, zeigen keine oder nur schwache Elektroosmose. Chloroform, Petroläther, Benzol, Terpentinöl, CS_2, zeigten gar keine Endosmose. Wohl aber Nitrobenzol, Aceton, Äthylalkohol, Methylalkohol und vor allem Wasser.

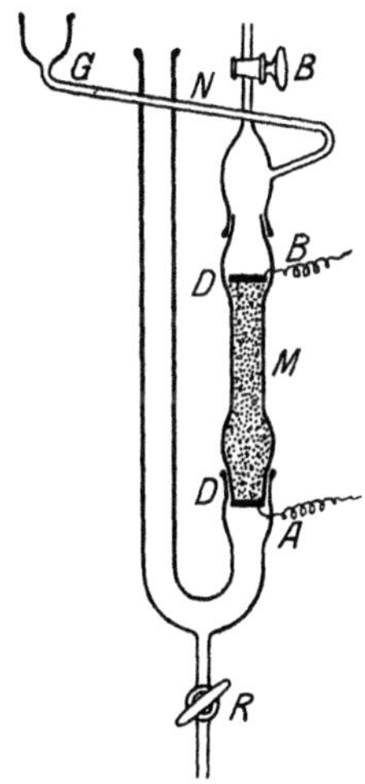

Abb. 29.

Die im Wasser gelösten Elektrolyte haben einen großen Einfluß auf Größe und Richtung der Endosmose. Von diesen Elektrolyten sind von besonders großem Einfluß die Säuren und Laugen, also die H- und die OH-Ionen. Perrin fand eine ganze Reihe von Pulvern, bei denen die Richtung der Endosmose in schwach saurem Wasser umgekehrt war, wie in schwach alkalischem. In saurer Lösung wanderte das Wasser stets zur Anode, in schwach alkalischer zur Kathode, d. h. das Pulver war gegen saure Lösung positiv, gegen alkalische negativ geladen. Solche Substanzen waren Kohle, Schwefel, Karborund, Naphthalin, Salol, $CrCl_3$, AgCl, $BaSO_4$, ZnO, CuO, Gelatine u. a. Die Tabelle auf S. 224 gibt die Größe der Ausschläge für einige Substanzen bei einem Querschnitt des Diaphragma von 1,4 cm, in cmm Wasser pro Minute.

Aus dieser Tabelle sieht man, daß die untersuchten Substanzen durchschnittlich bei saurer Reaktion eine positive, bei alkalischer eine negative Ladung haben. Der Umkehrpunkt ist allerdings nicht überall die neutrale Reaktion. Perrin glaubte zwar als Ursache hierfür sekundäre Störungen des Experimentes ansprechen zu dürfen; z. B. allmähliche Auflösung des Pulvers, und dadurch hervorgerufene Veränderung der Acidität, oder

Natur des Diaphragma	Natur und molare Konzentration der Lösung	Ladung der Wand	Bewegung des Wassers in cmm pro Minute
Al_2O_3	$^1/_{500}$ NO_3H	+	110
	$^1/_{2500}$ HCl	+	70
	$^1/_{500}$ NaOH	—	55
	$^1/_{250}$ NaOH	—	90
$C_{10}H_4$ (Naphthalin)	$^1/_{50}$ HCl	+	38
	$^1/_{100}$ HCl	+	39
	$^1/_{1000}$ HCl	+	28
	$^1/_{5000}$ HCl	+	3
	$^1/_{5000}$ KOH	—	29
	$^1/_{1000}$ KOH	—	60
	$^1/_{50}$ KOH	—	60
$CrCl_3$	$^1/_{1000}$ HCl (oder HBr oder NO_3H usw.)	+	95
	$^1/_{500}$ KOH (oder LiOH usw.	—	85
AgCl	$^1/_{500}$ HCl	+	30
	$^1/_{500}$ KOH	—	50
SO_4Ba	$^1/_{500}$ HCl	+	9
	$^1/_{250}$ KOH	—	7
BO_3H_3 (Borsäure)	Gesättigte Lösung, mit HCl angesäuert	+	2
	Gesättigte Lösung ohne Zusatz	—	10
Schwefel	$^1/_{50}$ HCl	+	22
	$^1/_{500}$ HCl	?	0
	$^1/_{500}$ KOH	—	65
	$^1/_{50}$ KOH	—	92
Salol	$^1/_{50}$ HCl	+	18
	$^1/_{500}$ HCl	?	0
	$^1/_{10000}$ HCl	—	10
	$^1/_{4000}$ KOH	—	50
	$^1/_{50}$ KOH	—	65
Karborundum	$^1/_{50}$ HCl	+	10
	$^1/_{125}$ HCl	?	0
	$^1/_{500}$ HCl	—	15
	dest. Wasser	—	50
	$^1/_{5000}$ KOH	—	60
	$^1/_{500}$ KOH	—	105
Gelatine	$^1/_{50}$ HCl	+	22
	$^1/_{100}$ KOH	—	35
Cellulose	$^1/_{50}$ HCl	?	0
	$^1/_{500}$ HCl	—	20
	$^1/_{500}$ KOH	—	70

Anwesenheit von Spuren mehrwertiger Ionen, welche, wie wir gleich sehen werden, einen großen Einfluß auf die Erscheinung haben. Er kam zu folgendem Gesetz:

Jede nicht metallische Substanz ist (bei Abwesenheit mehrwertiger Ionen) positiv in einer sauren Lösung und negativ in einer alkalischen Lösung.

Allerdings bemerkte er selbst, daß der Umkehrpunkt der elektrischen Ladung nicht immer genau die neutrale Reaktion ist. Die Tabelle zeigt dies in auffälliger Weise für Cellulose. Bei dieser wie auch bei Jodoform war selbst in $^1/_{30}$ n HCl keine positive Ladung zu erreichen. Der genaue Einblick in diese Verhältnisse erfordert offenbar dieselben Überlegungen wie die Theorie des isoelektrischen Punktes für gelöste Ampholyte, welche zur Zeit von Perrins Untersuchungen noch nicht entwickelt waren. Immerhin war Perrin so weitsichtig, daß er das obige Gesetz nur als ein angenähertes erkannte und als streng gültig nur folgende Regel aufstellte:

Das elektrische Potential irgend einer Wand gegen eine Lösung wird stets erhöht durch die Hinzufügung einer (einwertigen) Säure und stets erniedrigt durch die Hinzufügung einer (einwertigen) Base.

76. Der isoelektrische Punkt der Diaphragmen; Diaphragmen mit und ohne isoelektrischen Punkt.

Weitere Untersuchungen von Bethe und Toropoff[1]), von Glixelli[2]) und von Gyemant[3]) mit etwas anderer Methodik, welche die genaue Aufrechterhaltung der h an den Elektroden gestattete, zeigten, daß es prinzipiell unzutreffend ist, den Umkehrpunkt allgemein bei der neutralen Reaktion zu suchen. Freilich wurde dies für Kohle, Gelatine und einige andere Substanzen als einigermaßen zutreffend bestätigt. Jedoch fanden sich eine ganze Reihe von Körpern, welche bei noch so stark saurer Reaktion keine positive Ladung, sondern im höchsten Fall eine Vernichtung der vorher negativen Ladung zeigen, z. B. Cellulose,

---

[1]) A. Bethe und Th. Toropoff, Zeitschr. f. physikal. Chem. **88**, 686 (1914) und **89**, 597 (1915).

[2]) S. Glixelli, Über die Abhängigkeit der Elektroosmose von den chemischen Eigenschaften des Diaphragmas. Bull. de l'Acad. des Sciences de Cracovie. Série A. Heft von April—Juni. 1917, S. 102.

[3]) A. Gyemant, Kolloid-Zeitschr. **28**, 103 (1921).

Kollodium, Agar, Kaolin; auch Retortenkohle gehört nach Bethe und Toropoff hierher; aber auch Gelatine (d. h. gelatinierte Kollodiummembranen nach dem Vorschlag von Jacques Loeb[1]) oder Membranen aus erstarrter Gelatine) zeigte den Umkehrpunkt nicht bei genau neutraler Reaktion, sondern bei derjenigen h, welche ich[2]) früher durch Kataphoreseversuche mit gelöster Gelatine als den isoelektrischen Punkt derselben gefunden hatte.

Folgende Tabelle gibt einige Resultate von Glixelli[3]). Er fand zunächst einige Diaphragmenstoffe, welche wie die meisten der Perrinschen Substanzen eine Umkehrung der Ladung beim Übergang von saurer zu alkalischer Reaktion zeigten; sehr deutlich liegt aber der Umkehrpunkt meist nicht bei der genau neutralen Reaktion, z. B.:

BeO	v (Endosmosegeschwindigkeit)
dest. Wasser . . .	— 1,59
0,0001 nNaOH . .	— 0,87
0,00016 „ . .	+ 0,21
0,001 „ . .	+ 1,84
ZnO	
dest. Wasser . . .	— 0,31
0,0002 nNaOH . .	— 0,22
0,0003 „ . .	+ 0,16
0,0004 „ . .	+ 0,24
$Mg(OH)_2$	
0,0006 nNaOH . .	— 0,64
0,01 „ . .	— 0,05
0,02 „ . .	+ 0,90

Isoelektrischer Punkt bei einer bestimmten h (meist bei alkalischer Reaktion)

Kieselsäure (SiO_2, nH_2O)	v (Endosmosegeschwindigkeit)
dest. Wasser . . .	+ 0,63
0,03 $nHNO_3$ . . .	+ 0,33
0,05 nHCl	+ 0,30
0,47 $nHNO_3$. . . .	+ 0,12
Antimonsäureanhydrid Sb_2O_5	
dest. Wasser . . .	+ 1,27
0,076 nHCl	+ 1,27
0,63 „	+ 1,08
Wolframsäure (H_2WO_4)	
dest. Wasser . . .	+ 2,66
0,045 nHCl	+ 1,12
0,207 „	+ 0,28
0,8 „	0

Auch bei extrem saurer Reaktion noch keine Umladung.

Die Versuche, welche Gyemant[4]) in meinem Laboratorium anstellte, ergaben folgendes:

[1]) Jacques Loeb, Journ. of gen. physiol. 2, 225 (1920).
[2]) L. Michaelis u. W. Grineff, Bioch. Zeitschr. 41, 373 (1912).
[3]) S. Glixelli, Bull. de l'Acad. de Sc. Cracovie (1917).
[4]) A. Gyemant, Kolloid-Zeitschr. 28, 103 (1921).

Membran	Elektrolytlösung	Ladung der Membran	p_h nach der Adsorption	Relative Geschwindigkeit der Endosmose	Bemerkungen
Kollodium	dest. Wasser	—		1,6	Stets negativ, selbst in HCl und $AlCl_3$; durch die beiden letzteren jedoch fast entladen.
	0,01 nHCl	—		1,0	
	0,001 nNaOH	—		15,2	
	0,001 nNaCl	—		12,4	
	0,001 $mCaCl_2$	—		8,8	
	0,001 $mAlCl_3$	—		1	
	0.001 mNa_2SO_4	—		18,1	
Kaolin	dest. Wasser	—		38	Fast stets negativ; durch sehr viel HCl schließlich entladen; nur durch $AlCl_3$ positiv umgeladen.
	0,001 nHCl	—		61,7	
	0,01 nHCl	—		6,5	
	0,1 nHCl	0		0	
	0,001 nNaOH	—		182,5	
	0,001 nNaCl	—		259	
	0,001 $mCaCl_2$	—		145,8	
	0,001 mNa_2SO_4	—		288,8	
	0,001 $mAlCl_3$	+		202,7	
Blutkohle	0,001 nNaCl	—		12,8	Isoelektrischer Punkt bei $p_h = 4$; Salze laden bald +, bald — auf.
	0,001 mNa_2SO_4	—		46	
	0,001 $mAlCl_3$	+		39,5	
	0,0025 nHCl	—	4,35	4,2	
	0,0005 nHCl	+	3,95	7	
	0,001 nHCl	+	3,78	14	
	0,01 nHCl	+	2	26	
	0,002 $nAgNO_3$	+		10,2	
2% Agargallerte	0,001 nNaCl, Membran 1 cm dick	—		70	Stets negativ, wie Kollodium, sogar bei $AlCl_3$.
	„ „ 2 „ „	—		69	
	„ „ 3 „ „[1]	—		78	
	0,002 mol. $AlCl_3$	—		13	
	0,001 nHCl	—		54	
Fe_2O_3	Wasser	+		10,5	Isoelektrischer Punkt bei leicht alkalischer Reaktion; negativ nur durch OH'-Ionen.
	0,001 nHCl	+		67	
	0,001 nNaOH	—		16	
	0,001 nNaCl oder RCbl	+		23	
	0,001 $mCaCl_2$ oder $BaCl_2$	+		62	
	0,001 $mAlCl_3$	+		103	

[1]) Da bei der Versuchsanordnung von Gyemant die Dicke der Membran nur einen kleinen Teil des Stromweges zwischen den Elektroden ausmacht, wird die Stromstärke durch Variation der Dicke der Membran nicht merklich beeinflußt.. Unter diesen Bedingungen muß die Endosmose von der Dicke der Membran unabhängig sein (vgl. S. 216), was der Versuch bestätigt.

77. Anwendung der Acidoid-Theorie auf die Ladungserscheinungen der Diaphragmen.

Der große Einfluß der H- und OH-Ionen, den Perrin fand, veranlaßte ihn zu der Annahme, daß die elektrische Doppelschicht immer nur von den Ionen des Wassers gebildet werde. Die eine Schicht besteht nach ihm aus H-Ionen, die andere Schicht aus OH-Ionen. Andere (einwertige) Ionenarten glaubte er ganz unbeteiligt an der Bildung der Doppelschicht. Wir wollen ihm in dieser Annahme zunächst folgen; wie wir ja auch bei der Theorie der gelösten Elektrolyte von der vereinfachenden Annahme ausgegangen waren, daß keinerlei Kationen mit den H-Ionen und keinerlei Anionen mit den OH-Ionen in Konkurrenz treten. Kombinieren wir nun die Annahme von Perrin mit der Theorie der Ionenadsorption, so kommen wir zu folgender Vorstellung: Die Aufladung einer Wand beruht darauf, daß sie die H- und die OH-Ionen in verschiedenem Maße adsorbiert. Eine Wand, welche überhaupt nur OH-Ionen adsorbieren kann, kann daher immer nur eine negative Ladung erhalten (Cellulose, Kollodium, Agar); eine Wand, welche immer nur H-Ionen adsorbieren kann, kann immer nur eine positive Ladung haben (solche Wände sind bisher nicht bekannt). Eine Wand, welche je nach den Umständen beide Arten von Ionen binden kann, ist je nach der Art der Lösung bald positiv, bald negativ. Der Umkehrpunkt muß durchaus nicht die neutrale Reaktion sein. Er kann es nur dann sein, wenn die Wand für H- und OH-Ionen bei neutraler Reaktion das gleiche Adsorptionsvermögen hat. Diese Bedingung haben wir nun aber gerade für Kohle als ungefähr zutreffend erwiesen. Bei der Gelatine würden die Verhältnisse folgendermaßen liegen: Bei $h = 2 \cdot 10^{-5}$ ist Gelatine im isoelektrischen Zustand. Bei einer größeren h adsorbiert sie H-Ionen. Man kann dann mit gleichem Recht sagen: die Gelatinewand besteht aus unelektrischen Gelatinemolekülen, welche durch Adsorption von H-Ionen eine Ladung angenommen haben; oder: die Wand besteht aus positiven Gelatineionen, denn ein Molekül, welches ein H-Ion unter Erhaltung der Ladung gebunden hat, ist nach den früheren Erläuterungen (S. 14) ein positives Ion. Ist h kleiner als dem isoelektrischen Punkt entspricht, also oh größer, so bindet die Gelatine OH'-Ionen unter Erhaltung der negativen Ladung; völlig äquivalent ist es, wenn man sagt, die Gelatine dissoziiert ein $H^{\cdot}$-Ion ab, welches die äußere Doppelschicht bildet, während negativ geladene Gelatineionen die innere Belegung bilden.

Ein Gelatineion, welches ein $H^{\cdot}$-Ion gebunden hat (oder, wenn man vom unelektrischen Hydrat ausgeht, ein OH'-Ion abdissoziiert hat) kann man nicht mehr gut als eine „Gelatinewand mit einer Belegung von $H^{\cdot}$-Ionen bezeichnen"; man nennt ein $H^{\cdot}$-Ion, welches an einen unelektrischen Körper gebunden ist (wie $NH_3 + H^{\cdot} = NH_4^{\cdot}$) nicht mehr gern ein „H-Ion". Insofern erscheint es bei unserer Darstellungsweise etwas gezwungen, die Auffassung von Perrin durchzuführen, daß die Ladung der Wand immer nur auf einer „Belegung" mit $H^{\cdot}$-Ionen oder mit OH'-Ionen beruht. Aber sachlich ist kein Gegensatz vorhanden; es ist ein rein formaler Unterschied. Wenn man sich entschließen wollte, das $NH_4^{\cdot}$-Ion als ein „mit einem $H^{\cdot}$-Ion belegtes" NH_3-Molekül aufzufassen, so kann man die Perrinsche Deutung auch für Gelatine und jede andere Wand gelten lassen. Zweckmäßig ist eine solche Ausdrucksweise nicht. Wenn wir den Gedanken, der der Perrinschen Regel zugrunde liegt, in eine unserer Auffassung adäquate Form bringen wollen, so könnten wir sagen: Eine Wand lädt sich dadurch auf, daß sie entweder

> $H^{\cdot}$-Ionen unter Erhaltung der Ladung bindet (adsorbiert); äquivalent ist der Ausdruck: daß sie OH'-Ionen abdissoziiert, welche alsdann eine der Wand in endlicher Entfernung gegenüberstehende Ionenschicht bilden;

oder daß sie

> OH'-Ionen bindet (adsorbiert); äquivalent damit ist der Ausdruck: daß sie $H^{\cdot}$-Ionen abdissoziiert, welche sich als geladene Ionenschicht der Wand gegenüber ansammelt.

Verschmelzen wir diese Vorstellung mit den oben (S. 206) gegebenen Definitionen, so nimmt das Gesetz folgende Form an:

Eine Wand hat stets eine positive Ladung gegen eine wäßrige Lösung, wenn die Substanz der Wand ein Acidoid ist; stets eine negative Ladung, wenn sie ein Basoid ist; sie hat je nach der h bald positive, bald negative Ladung, wenn sie ein Ampholytoid ist. Wie bei einem echten Ampholyten, ist auch bei einem Ampholytoid die Ladung 0 nur im isoelektrischen Punkt vorhanden; mit steigender h wird sie stetig größer, mit fallender h stetig kleiner. Der isoelektrische Punkt liegt je nach der chemischen Natur der Wand bei saurer, neutraler oder alkalischer Reaktion, und er ist der Mittelpunkt einer bald schmalen, bald breiten isoelektrischen Zone. Die Breite dieser Zone hing bei einem gelösten Ampholyten von dem Produkt $k_a \cdot k_b$ ab. Einen diesem Produkt entsprechenden Begriff können wir für einen Ampholytoid vorläufig noch nicht definieren.

Überhaupt ist es vorläufig ein Mangel der Acidoid-Theorie, daß wir bisher keine Größe kennen, welche die Stärke der acidoiden bzw. basoiden Natur bestimmt. Für die echt gelösten Säuren und Basen besitzen wir in den Dissoziationskonstanten ein Maß für die Stärke. Dieses beruhte auf der Möglichkeit, auf derartige Fälle das Massenwirkungsgesetz anzuwenden. Diese Möglichkeit fällt hier fort. Es ist aber ein durchaus lösbares Problem für die Zukunft, die Stärke der sauren oder basischen Natur umfassender zu definieren, so daß die bisherige Definition als ein für den molekularen Dispersionszustand geltender Grenzfall erscheint.

Was für eine Wand gilt, trifft ebenso für irgendwelche in Wasser suspendierte Teilchen, für kolloide Lösungen zu, und somit sind die Ladungserscheinungen der kolloiden Lösung in vollkommene Parallele gestellt mit den Dissoziationserscheinungen der echt gelösten Elektrolyte. Diese Dissoziationsgesetze erscheinen somit als ein Grenzfall für die Bedingung, daß der gelöste Elektrolyt immer feinere und schließlich molekulare Dispersion annimmt; andererseits erscheinen die Ladungserscheinungen in einer kolloiden Lösung als ein Grenzfall für eine Elektrolytlösung, bei der der gelöste Elektrolyt immer größer dispers wird und schließlich den Charakter einer „Wand" annimmt.

78. Die Berücksichtigung der anderen Ionenarten.

Diese einfache, als erste Annäherung gedachte Darstellungsweise war, wie bei der Theorie der elektrolytischen Dissoziation, durch eine Hilfsannahme ermöglicht, welche den $H^{\cdot}$- und OH'-Ionen eine Ausnahmestellung zuschrieb. Wie wir dort zunächst annahmen, daß die Salze der Säuren und Basen stets total dissoziiert seien oder, mit anderen Worten, nicht existierten, so nahmen wir hier zunächst an, daß eine Wand immer nur $H^{\cdot}$- oder OH'-Ionen adsorbiert, aber niemals z. B. Cl' oder $Na^{\cdot}$. Die außerordentliche geringfügige Adsorbierbarkeit von NaCl an Kohle (S. 203) im Gegensatz zu NaOH oder HCl beweist, daß eine solche Annahme zur Erlangung eines angenäherten Gesetzes brauchbar sein muß. Die Vervollständigung der Theorie muß auch jetzt wieder darin bestehen, diese vereinfachenden Annahmen fallen zu lassen und die Adsorbierbarkeit der anderen Ionenarten mit zu berücksichtigen. Es ist zu erwarten, daß der Einfluß einer Ionenart um so größer ist, je besser sie adsorbierbar ist, je stärker sie also mit den H- oder OH-Ionen in Konkurrenz treten kann. Dem entspricht es nun, daß die gewöhnlichen einwertigen Ionen, welche am wenigsten adsorbiert werden können, auch den geringsten Einfluß auf die Ladung einer Wand haben. Immerhin ist dieser in höheren Konzentrationen deutlich erkennbar. Das zeigt folgender Versuch von Perrin. Die Zahlen der letzten Kolumne zeigen die Geschwindigkeit der Elektroosmose an, das Vorzeichen die Ladung der Wand.

Carborund	$^1/_{500}$ nKOH	— 105
„	dasselbe + 0,1 nNaBr . .	— 24
$CrCl_3$	$^1/_{150}$ nHCl	+ 100
	dasselbe + 0,1 n KBr. . .	+ 35

Auch bei der Adsorption hatten wir beschrieben (S. 204), daß die Adsorption von HCl oder von KOH durch Hinzufügung eines Neutralsalzes erhöht wird, und hatten das in dem Sinne gedeutet, daß die Gegenkräfte, welche sich der isolierten Adsorption der H- (bzw. OH-)Ionen entgegenstellen, durch die Gegenwart des Neutralsalzes vermindert werden. Ein anderer Ausdruck derselben Erscheinung ist es, wenn wir hier sehen, daß auch das Adsorptionspotential, welches bei der Adsorption von HCl oder KOH entsteht, durch ein Neutralsalz vermindert wird. Eine analytische Formulierung dieser Gesetzmäßigkeit ist noch nicht versucht worden.

Hiernach würde sich die Potentialverminderung der einwertigen Ionen erklären lassen, ohne daß man überhaupt ihre Adsorbierbarkeit in Betracht zieht. Sie besitzen aber zweifellos eine, wenn auch geringe Adsorbierbarkeit und konkurrieren in geringer Weise mit den $H^{\cdot}$-Ionen um die Adsorption an der Grenzfläche.

Viel stärker ist dieser konkurrierende Einfluß bei den viel stärker adsorbierbaren mehrwertigen Ionen. Wir geben zunächst einige Versuche von Perrin wieder.

a) Al_2O_3	$^1/_{1000}$ $nHNO_3$	+ 100
	$^1/_{1000}$ nHCl	+ 100
	$^1/_{1000}$ nH_2SO_4	+ 15
b) $CrCl_3$	$^1/_{1000}$ $nHNO_3$	+ 88
	$^1/_{1000}$ $nHNO_3$ + $^1/_{1000}$ $nMgSO_4$	+ 23
	$^1/_{1000}$ $nHNO_3$ + $^1/_{100}$ $nCdSO_4$	+ 4

c) $CrCl_3$	stark verdünnte HCl . .	+ 75
	KH_2PO_4 von gleichem p_h	+ 7
d) $CrCl_3$	schwach alkalisches Wasser	— 46
	dasselbe + $^1/_{1000}$ m$FeCy_4K_3$	— 46
e) $CrCl_3$	schwach saures Wasser .	+ 59
	dasselbe + $^1/_{1000}$ $FeCy_6K_3$.	+ 2
	dasselbe + $^1/_{50}$ $FeCy_6K_3$.	— 20
f) $CrCl_3$	$^1/_{1000}$ HCl	+ 86
	dasselbe + $^1/_{2000}$ $FeCy_6K_4$.	+ 1,5

Diese Versuche zeigen den Einfluß verschiedener mehrwertiger Ionen. Aus d) sieht man, daß, solange die Wand negativ geladen bleibt, selbst mehrwertige negative Ionen ohne jeden Einfluß sind. Bei positiv geladener Wand haben sie jedoch schon in niederen Konzentrationen einen stark vermindernden Einfluß auf das Potential. Bei höheren Konzentrationen kann sogar das Vorzeichen desselben umgekehrt werden (e). Die Wirkung steigt mit der Wertigkeit sehr bedeutend. Zweiwertige Ionen wirken viel stärker als einwertige, dreiwertige wieder viel stärker als zweiwertige. Die Wertigkeit des Anions macht sich auch in dem Versuch a) bemerkbar, wo das Anion nicht in Form eines Neutralsalzes hinzugefügt ist, sondern einen Bestandteil der Säure selbst bildet. Denn HCl und HNO_3 wirken ganz gleich; bei H_2SO_4 zeigt sich viel niedrigeres Potential.

Genau das Entsprechende zeigt sich bei den positiven Ionen: sie wirken nur, wenn die Wand eine negative Ladung hat, z. B.:

$CrCl_3$	schwach saures Wasser	+ 43
	dasselbe + $^1/_{1000}$ m$MgCl_2$	+ 43
$CrCl_3$	$^1/_{1000}$ nKOH	— 76
	dasselbe + $^1/_{1000}$ m$MgCl_2$	— 10
Al_2O_3	$^1/_{500}$ nNaOH	— 85
	dasselbe + $^1/_{500}$ $(NO_3)_2Ca$	— 18
Al_2O_3	in schwach saurem Wasser . . .	+ 41
	dasselbe + $^1/_{500}$ n$(NO_3)_2Ca$	+ 41,5
Mn_2O_3	in schwach alkalischem Wasser. .	— 40
	dasselbe + $^1/_{500}$ $Ba(NO_3)_2$	+ 18
Carborund	$^1/_{5000}$ nKOH	— 60
	dasselbe + $^1/_{1000}$ n$La(NO_3)$	— 0,7

An dem Beispiel des Mn_2O_3 sieht man, daß durch das zweiwertige $Ba^{\cdot\cdot}$ sogar eine Umkehrung der Ladung eintreten kann. Dasselbe würde $Al^{\cdot\cdot\cdot}$ oder $La^{\cdot\cdot\cdot}$ in noch höherem Maße zeigen, wenn es in alkalischer Lösung nicht so ungemein schwer löslich wäre, so daß man die zur Umladung erforderliche $La^{\cdot\cdot\cdot}$-Konzentration nicht herstellen kann. In anderen Versuchsanordnungen werden wir die starke umladende Wirkung der dreiwertigen Ionen später viel besser kennen lernen.

Aus den Untersuchungen anderer Autoren geht hervor, daß diejenigen Diaphragmen, welche auch bei extremsaurer Reaktion nicht positiv werden, in zwei Gruppen zerfallen, 1. in solche, welche durch dreiwertige Kationen ($Al^{\cdot\cdot\cdot}$, $La^{\cdot\cdot\cdot}$) positiv umgeladen werden, und 2. in solche, die nicht einmal durch diese umgeladen werden können. Aus der obigen Tabelle über die Versuche von Gyemant geht hervor, daß Agar und Kollodium durch $Al^{\cdot\cdot\cdot}$ nicht positiv umgeladen wird, wohl aber Kaolin. In bezug auf Kollodium ist dies eine Bestätigung der Versuche von Jaques Loeb. Die Umladung des Kaolin scheint mir leicht zu verstehen. Seine Oberfläche adsorbiert durch Austausch mit einem H-Atom der Kieselsäure $Al^{\cdot\cdot\cdot}$ und bildet dabei gewissermaßen ein basisches Silicat, d. h. ein H-Atom der Kieselsäure wird durch ein Al ersetzt, welches dann noch zwei Valenzen, bzw. in Falle des dissoziierten Zustandes zwei positive Ladungen frei hat. Im Falle des Kollodium oder Agar ist das nicht möglich, weil diese Stoffe keine substituierbaren H-Atome besitzen; ihre negative Ladung gegen reines Wasser kann nicht auf der Abdissoziation von H-Ionen, sondern nur auf der Adsorption von OH-Ionen beruhen. (Dies ist möglicherweise eine „scheinbare Adsorption", vgl. S. 200.) Heesch[1]) (unter Höber) fand gleichfalls, daß Agarmembranen selbst durch $La^{\cdot\cdot\cdot}$ nicht positiv geladen werden, während er bei Pergamentpapier durch höhere Konzentrationen von $La^{\cdot\cdot\cdot}$ oder andere stark adsorbierbare, organische Kationen (Histon, Clupein, Rhodamin S) soeben noch eine Umladung nachweisen konnte.

Übrigens können die nicht umladbaren Substanzen, wenn sie mit einer Adsorptionsschicht eines amphoteren Kolloids überzogen werden, durch $Al^{\cdot\cdot\cdot}$ umgeladen werden. So zeigte Loeb, daß Kollodium, welches mit einer Lösung von Gelatine oder Eiweiß

---

[1]) Heesch, Pflügers Arch. f. d. ges. Physiol. **190**, 210 (1920).

durchtränkt worden ist, durch H˙ und Al˙˙˙ umgeladen wird, wie diese Kolloide selbst.

Die Versuche über Kataphorese haben sich, wie zu erwarten war, als eine genaue Umkehrung der Endosmose erwiesen: dasselbe Material, welches als Diaphragma angewendet, das Wasser zur Kathode treibt, wandert als Suspension im Wasser zur Anode. Die Kataphorese leitet so unmittelbar zur Theorie der Kolloide über, daß wir ihre genaueren Ergebnisse erst im folgenden Bande bei den Kolloiden besprechen werden. Es soll nur auf einige besonders instruktive Fälle bezüglich der Umladung hingewiesen werden. R. Höber[1]) stellte fest, daß die gewöhnlich negativ geladenen Blutkörperchen durch dreiwertige Ionen (La˙˙˙) leicht umgeladen werden. Sie werden aber auch durch H-Ionen umgeladen, sind also Ampholytoide[2]). Putter[3]) fand, daß Bakterien in kolloidfreier wäßriger Aufschwemmung stets, auch in sauerster Lösung, negativ sind; sie werden aber durch Al˙˙˙ umgeladen. Bei Gegenwart von Pepton werden sie aber auch durch hohe H˙-Konzentrationen positiv geladen.

79. Zusammenfassung der Theorie der Aufladung von Diaphragmen oder Wänden.

1. Die Aufladung einer Wand gegen eine Lösung beruht auf der verschiedenen Adsorbierbarkeit der einzelnen Ionenarten. Die Ladung des adsorbierten Ions wird der Wand mitgeteilt. Die Reihenfolge der Adsorbierbarkeit der Ionenarten ist dieselbe, wie sie auf chemisch-analytischem Wege mit Kohle ermittelt werden kann. Da die H- und OH-Ionen besonders stark adsorbiert werden, kann man namentlich bei Abwesenheit mehrwertiger oder organischer Ionen die Aufladungen allein aus der Verschiedenheit der Adsorbierbarkeit der H˙- und der OH′-Ionen in erster Annäherung erklären. Bei genauerer Betrachtung muß man auch auf die anderen Ionenarten Rücksicht nehmen. Die Reihenfolge, mit der die verschiedenen Anionen von verschiedenen Adsorben-

---

[1]) R. Höber, Pflügers Arch. f. d. ges. Physiol. **101**, 627 (1904); **102**, 196 (1904).

[2]) S. darüber L. Michaelis u. Takahashi, Bioch. Zeitschr. **29**, 439 (1910); Calvin B. Coulter, Journ. of gen. physiol. **3**, 309 (1921).

[3]) E. Putter, Zeitschr. f. Immunitätsforsch. u. exp. Therap., **Orig.** (1921).

tien adsorbiert werden, ist wahrscheinlich für alle Adsorbentien die gleiche, z. B. (nach steigender Adsorbierbarkeit geordnet):

$$Cl' \quad J' \quad CNS' \quad OH'$$

und ebenso ist sie wahrscheinlich für die Kationen stets die gleiche, nämlich

$$Na^{\cdot} \quad Ca^{\cdot\cdot} \quad Al^{\cdot\cdot\cdot} \quad H^{\cdot}$$

Dagegen ist der absolute Betrag, in welchem einerseits Anionen und andererseits Kationen von einem Adsorbens adsorbiert werden, für die verschiedenen Adsorbentien durchaus verschieden. Kohle adsorbiert H- und OH-Ionen annähernd gleich stark, und wenn wir die beiden Ionenreihen so untereinander schreiben wollen, daß gleich stark adsorbierbare Ionen untereinander stehen, so würde die Reihe lauten (schematisch!):

Cl	J	CNS	OH
Na	Ca	Al	H

Für Al_2O_3 jedoch, welches $H^{\cdot}$-Ionen stärker adsorbiert[1]) als OH'-Ionen[2]), würde die Reihe schematisch wahrscheinlich lauten:

Cl	J	CNS	OH	
	Na	Ca	Al	H

Für Gelatine, welche OH'-Ionen stärker bindet[3]) als $H^{\cdot}$-Ionen[4]):

	Cl	J	CNS	OH
Na	Ca	Al	H	

Für ein ampholytartiges Adsorbens mit noch stärker sauren Eigenschaften:

		Cl	J	CNS	OH
Na	Ca	Al	H		

Für ein Adsorbens, welches selbst bei extrem saurer Reaktion noch negativ geladen bleibt (Kollodium):

				Cl	J	CNS	OH
Na	Ca	Al	H				

d. h. die Kationen rücken so weit nach links in der Reihe, daß ihre Adsorbierbarkeit praktisch gleich Null zu betrachten ist. Ein prinzipieller Unterschied zwischen einer Wand, den dispersen

---

[1]) $Al_2O_3 + 6\,H^{\cdot} = 2\,Al^{\cdot\cdot\cdot} + 3\,H_2O$.
[2]) $Al_2O_3 + 6\,OH' = 2\,(AlO_3)''' + 3\,H_2O$.
[3]) $HRNH_2 + H^{\cdot} = (HRNH_3)^{\cdot}$.
[4]) $HRNH_2 + OH' = (RNH_2)' + H_2O$.

Teilchen einer kolloiden Lösung und einzelnen gelösten Molekülen ist nicht vorhanden. Es ist ein völlig äquivalenter Vorgang, wenn wir feststellen, daß ein NH_3-Molekül ein $H^{\cdot}$ bindet, daß ein Glykokollmolekül ein $H^{\cdot}$ bindet, daß ein einzelnes Kaseinmolekül ein $H^{\cdot}$ bindet, daß die oberflächlich gelegenen Moleküle eines kolloiden Aggregats von Kasein $H^{\cdot}$ binden, daß die oberflächlichen Moleküle eines Stückes Kohle $H^{\cdot}$ binden.

Die Menge der gebundenen $H^{\cdot}$- und OH'-Ionen hängt von ihrer Konzentration ab. Diejenige h, bei welcher die $H^{\cdot}$- und OH'-Ionen in gleichem Betrage bei Abwesenheit anderer gut adsorbierbarer Ionen gebunden werden, nennen wir den isoelektrischen Punkt. Liegt dieser bei irgendeiner endlichen h, so sprechen wir von einem Ampholyten bzw. Ampholytoid. Liegt er bei $h = \infty$, so ist der Körper eine Säure bzw. ein Acidoid; liegt er bei $oh = \infty$, so ist der Körper eine Base bzw. ein Basoid.

Sobald neben den $H^{\cdot}$- und OH'-Ionen noch andere Ionen sich merklich an der Adsorption beteiligen (also entweder schlecht adsorbierbare Ionen in hoher Konzentration, oder gut adsorbierbare Ionen in beliebiger Konzentration), so werden die Verhältnisse mehr oder weniger verschoben; die Gegenwart eines gut adsorbierbaren Kations wirkt für die Aufladung in demselben Sinne, wie die Vermehrung der h; Gegenwart eines gut adsorbierbaren Anions in demselben Sinne, wie die Vermehrung der oh.

Die Zurückführung dieser Gesetze auf den Grenzfall, daß nur die $H^{\cdot}$- und OH'-Ionen als aktiv beteiligte Ionen zugegen sind, ist gewiß eine Willkürlichkeit. Man könnte theoretisch von jedem anderen Ionenpaar ausgehen. Aber diese Darstellung hat den Vorteil, daß sich der ideale Grenzfall — Abwesenheit anderer aktiver Ionenarten — praktisch oft sehr gut realisieren läßt, was für kein einziges anderes Ionenpaar möglich wäre. Die Willkürlichkeit ist nicht größer, als daß man von allen Elektrolyten die Säuren und Basen gegenüber sämtlichen Salzen als etwas Besonderes hinstellt.

80. Die Konzentrationsänderungen, insbesondere der $H^{\cdot}$-Ionen bei der Elektroendosmose.

Vergleicht man die Helmholtzsche Theorie der Endosmose mit der weiterhin entwickelten neueren Auffassung derselben, so fällt eine gewisse Inkongruenz der beiden auf. Helmholtz berechnet aus dem als gegeben angenommenen Potentialunterschied der Porenwand gegen das Wasser die Menge des durch eine gegebene äußere elektrische Kraft transportierten Wassers, und von den Eigenschaften des Wassers tritt nur seine innere Reibung in der Formel auf; es hat also danach den Anschein, als ob die im Wasser etwa gelösten Elektrolyte, welche ja die Viskosität kaum beeinflussen, nur insofern Einfluß auf die Endosmose haben können, als sie das Wandpotential ändern. Legen wir aber die hier entwickelte Anschauung zugrunde, daß der Zug der äußeren elektrischen Kraft primär auf die bewegliche Ionenschicht ausgeübt wird und diese das Wasser nur mitschleppt, so müssen wir berücksichtigen, daß die Menge des Wassers, welche von einem Ion mitgeschleppt wird, von der sog. Hydratation der betreffenden Ionenart (s. S. 105) abhängt, und die durch die Endosmose transportierte Wassermenge bei gegebenem Wandpotential hängt demnach mindestens so sehr von dem Wasserbindungsvermögen der an der Wand gleitenden Ionenart als von der inneren Reibung des Wassers ab. Ferner betrachtet die Helmholtzsche Theorie das Wasser bzw. die Lösung als etwas Ganzes und läßt nicht die Möglichkeit zu, daß die verschiedenen Bestandteile der Lösung, das Wasser und die einzelnen gelösten Ionenarten, in verschiedener Weise durch die Endosmose verschoben werden. Die Überlegenheit der neueren Auffassung könnte also dadurch erbracht werden, daß es gelänge, örtliche Konzentrationsveränderungen der gelösten Ionenarten durch die Endosmose nachzuweisen. Obwohl solche Konzentrationsänderungen schon früher beschrieben worden sind [1]), verdanken wir ihre genaue und zielbewußte Untersuchung erst den wichtigen Arbeiten von Bethe [2]). Die Grundbeobachtung von Bethe ist folgende. Während der Elektroendosmose durch eine Membran aus Kollodium, Pergament, Gelatine oder einem pulverförmigen Diaphragma tritt im allgemeinen an der Anodenseite des Diaphragma eine Säuerung, an der Kathodenseite eine Alkalisierung der ursprünglich neutralen Lösung ein (also umgekehrt wie bei der gewöhnlichen Elektrolyse einer neutralen Lösung zwischen Platinelektroden). Im übrigen tritt eine Konzentrationsänderung auch an den anderen Ionen-

---

[1]) Hittorf, Zeitschr. f. physikal. Chem. **39**, 9, 613 (1901).
[2]) A. Bethe, Zentralbl. f. Physiol. **23**, 1909, Nr. 9; Internat. Physiol. Kongr. Wien, 1910; Münch. med. Wochenschr. 1911, Nr. 23; A. Bethe und Th. Toropoff, Zeitschr. f. physikal. Chem. **88**, 686 (1914) und **89**, 597 (1915).

arten ein, aber am stärksten, und noch dazu am leichtesten nachweisbar, an den $H^{\cdot}$- und OH'-Ionen. Dies ist nun eine natürliche Konsequenz der jetzigen Theorie der Endosmose. Bethe und Toropoff entwickeln diese Theorie folgendermaßen.

In den Poren des Diaphragma werden, z. B. wenn die Wand negativ geladen ist, die Anionen als adhärierender Belag von der Wand festgehalten; ihnen verdankt die Wand ihre negative Ladung. Vor allem werden die OH'-Ionen festgehalten, sodann mehrwertige oder gut adsorbierbare organische Anionen, nur in geringem Grade die gewöhnlichen einwertigen Anionen. Sind nun die kapillaren Räume des Diaphragma eng genug, so werden unter Umständen fast alle OH'-Ionen, und vielleicht sogar überhaupt fast alle Anionen von der Wand festgehalten. Wird ein elektrischer Strom durch die Poren geschickt, so beteiligen sich diese festgehaltenen Ionen nicht an der Stromleitung, sondern nur die beweglich gebliebenen Ionen. Es wird also die durchschnittliche Beweglichkeit der Anionen vermindert, unter Umständen fast vernichtet, die der Kationen aber nicht gestört. Es sei ein Elektrolyt mit dem Anion A' und dem Kation $K^{\cdot}$ in Lösung, außerdem natürlich das Anion OH' und das Kation $H^{\cdot}$. Die beiden Anionen A' und OH' werden von der Wand gebunden, besonders das OH'-Ion. Dann wird, wenn wir die durchschnittliche Beweglichkeit jeder einzelnen Ionenart betrachten, die Beweglichkeit des Ions A' und noch mehr die des Ions OH' herabgesetzt. Schicken wir einen elektrischen Strom so lange durch das System, bis durch einen beliebigen Querschnitt 96 540 Coulombs = 1 Faraday geflossen sind, so beteiligen sich an dem Elektrizitätstransport die einzelnen Ionenarten in der freien Lösung in einem anderen Verhältnis zueinander als im Diaphragma. Bezeichnen wir das Produkt aus der Konzentration und der Beweglichkeit jeder einzelnen der 4 Ionenarten in der freien Lösung mit m, n, a, b, und im Diaphragma mit m_1, n_1, a_1, b_1, wobei wir den Maßstab für die Beweglichkeit so wählen, daß $m + n + a + b = 1$, und auch $m_1 + n_1 + a_1 + b_1 = 1$ wird, so beteiligen sich die einzelnen Ionenarten in folgenden Beträgen an der Stromleitung:

In der freien Flüssigkeit	im Diaphragma
$m\,K^{\cdot}$	$m_1\,K^{\cdot}$
$n\,H^{\cdot}$	$n_1\,H^{\cdot}$
$a\,A'$	$a_1\,A'$
$b\,OH'$	$b_1\,OH'$

(hier bedeutet also jeder kleine Buchstabe einen echten Bruch, und jeder große Buchstabe eine Ionenart).

Betrachten wir nun die Ionenwanderung während des Stromschlusses an der einen Grenze des Diaphragma, z. B. an der Anodenseite, so gewinnt die Grenzschicht aus der freien Flüssigkeit $m\,K^{\cdot}$-Ionen und $n\,H^{\cdot}$-Ionen, aus dem Diaphragma $a_1\,A^{\cdot}$-Ionen und $b\,OH'$-Ionen, und sie verliert an die freie Flüssigkeit $a\,A'$-Ionen und $b\,OH'$-Ionen, an das Diaphragma $m_1\,K^{\cdot}$-Ionen und $n_1\,H^{\cdot}$-Ionen:

	Freie Flüssigkeit	Grenzschicht	Diaphragma	
	$+\,m\,K^{\cdot}\ \rightarrow$		$\rightarrow m_1\,K^{\cdot}\ -$	
pos. Pol	$+\,n\,H^{\cdot}\ \rightarrow$		$\rightarrow n_1\,H^{\cdot}\ -$	neg. Pol
	$-\,a\,A'\ \leftarrow$		$\leftarrow a_1\,A'\ +$	
	$-\,b\,OH'\leftarrow$		$\leftarrow b_1\,OH'\ +$	

(Die Vorzeichen + und — zeigen an, ob die Grenzschicht das Ion gewinnt oder verliert.)

Das ergibt als Gewinnbilanz B für die Grenzschicht:

$$B = (m - m_1)\,K^{\cdot} + (a_1 - a)\,A' + (n - n_1)\,H^{\cdot} + (b_1 - b)\,OH' \qquad \text{(II)}$$

oder in Molekülen zusammengefaßt

$$B = (m - m_1)\,KA + (b_1 - b)\,H_2O + \left.\begin{matrix}[(a_1 - a) - (m - m_1)]\,A' \\ + [(n - n_1) - (b_1 - b)]\,H^{\cdot}\end{matrix}\right\} \qquad \text{(III)}$$

Nun ist nach der Definitionsbedingung $m + n + a + b = m_1 + n_1 + a_1 + b_1$, folglich

$$(a_1 - a) - (m - m_1) = (n - n_1) - (b_1 - b) \qquad \text{(I)}$$

folglich

$$B = (m - m_1)\,KA + (b_1 - b)\,H_2O + [(n - n_1) - (b_1 - b)]\,HA \qquad \text{(IV)}$$

HA ist freie Säure, KA das Salz. Es tritt also nicht nur eine Konzentrationsänderung des Salzes ein, sondern es entsteht oder verschwindet freie Säure, je nachdem der Faktor von HA positiv oder negativ ist; das hängt von n, n_1, b, b_1 ab.

Wir können die Formel (II) auch folgendermaßen in Molekülschreibung zusammenfassen:

$$B = (a_1 - a)\,KA + (n - n_1)\,H_2O + \left.\begin{matrix}[(m - m_1) - (a_1 - a)]\,K \\ + [(b_1 - b) - (n - n_1)]\,OH\end{matrix}\right\} \qquad \text{(V)}$$

Nach (I) ist nun

$$(m - m_1) - (a_1 - a) = (b_1 - b) - (n - n_1)$$

folglich

$$B = (a_1 - a)\,KA + (n - n_1)\,H_2O + [(b_1 - b) - (n - n_1)]\,KOH \qquad \text{(VI)}$$

und wir können hieraus die Zu- bzw. Abnahme der freien Laugenmenge KOH entnehmen.

Für den Fall z. B., daß die Anionen sämtlich von der Wandschicht festgehalten werden, die Kationen aber sämtlich frei beweglich sind, ist

$$m_1 + n_1 = 1; \quad a_1 = b_1 = 0; \quad m_1 > m; \quad n_1 > n$$

Dann geht Formel (VI) über in

$$B = -aKA - (n_1 - n)\,H_2O + (n_1 - n - b)\,KOH$$

Ist die Lösung anfänglich neutral, so muß n und b wegen der geringen Konzentration der $H^{\cdot}$- und OH'-Ionen klein gegen n_1 sein, und das Glied mit KOH in (VI) wird positiv, d. h. die Lösung wird an der Anodenseite alkalisch.

Ebenso muß unter gleichen Bedingungen die Diaphragmagrenze an der Kathodenseite sauer werden. Diese von der Theorie vorausgesagten Erscheinungen decken sich nun für die meisten Neutralsalze mit den Versuchen von Bethe und Toropoff.

Je höher die Konzentration der gelösten Elektrolyten ist, und auch — möchte ich hinzufügen — je weiter die kapillaren Räume sind, um so weniger trifft es zu, daß die adsorbierbare Ionenart in ihrer Gesamtheit von der Porenwand festgehalten wird; um so geringer wird daher die durch den Stromdurchgang hervorgerufene Konzentrationsänderung sein, wie wir ja früher sahen, daß auch der endosmotische Wassertransport durch Konzentrationserhöhung der Lösung vermindert wird.

Ist das Diaphragma nicht umladbar, sondern ein Acidoid (Kollodium), so binden die Porenwände immer nur OH'-Ionen, daneben auch andere Anionen, aber keine Kationen. Je nach der Adsorbierbarkeit der außer den OH'-Ionen noch vorhandenen Anionen werden diese anderen Anionen mehr oder weniger von der Wand festgehalten und beteiligen sich dementsprechend mehr oder weniger an der Stromleitung in den Poren. Je größer die Adsorbierbarkeit der Anionen ist, um so größer wird, ceteris paribus, die beim Stromdurchgang hervorgerufene Änderung der h vor und hinter dem Diaphragma sein. In der Tat fanden Bethe und Toropoff beim Vergleich der K-Salze oder der Na-Salze verschiedener Anionen die Störung der anfänglich neutralen Reaktion in abnehmendem Maße fast genau in der erwarteten Reihenfolge: Zitrat $>$ J $>$ Br $> SO_4 >$ Cl $> NO_3$.

Wurde bei konstant gehaltenem Anion das Kation variiert, so ergaben sich bei weitem nicht so deutliche, von der Anionenart unabhängige Reihen, wenigstens nicht für Kollodiummembranen. Pergamentmembranen zeigten deutlich die Reihe des abnehmenden Effekts $NH_4 > Li > K > Na > Mg > Ba > Ca$. Dieser Effekt bedürfte wohl noch weiterer Untersuchung.

Ampholytoide Diaphragmen zeigten, wie auch bezüglich der Wasserendosmose, eine Umkehrung des Effektes bei Überschreitung einer ganz bestimmten h. Diese h stellt einen Indifferenzpunkt für die Konzentrationsstörung dar. Die Versuche wurden von Bethe und Toropoff besonders an chromierter Gelatine durchgeführt, bei der nicht so störende Quellungserscheinungen auftreten, wie bei gewöhnlicher Gelatine. Dieser Indifferenzpunkt der Konzentrationsstörung war, wie zu erwarten, bei Gegenwart verschiedener Salze etwas verschieden, und zwar bei Anwendung von 0,01 mol. Lösungen bei folgendem p_h:

	p_h
Na_2SO_4	3,6
$Na_2C_2O_4$	4,0
NaCl, KCl	4,3
$BaCl_2$	4,8
$CO(NH_3)_6Cl$	7,0

Es bleibt nun noch die wichtige Frage zu erörtern, in welcher Beziehung dieser Indifferenzpunkt zum isoelektrischen Punkt steht. Nehmen wir an, die h der Lösung sei gleich dem isoelektrischen Punkt des Diaphragma, dann adsorbiert die Wand keine Ionen, das Wandpotential ist = 0, der Strom wird in den Poren ebenso wie in der freien Lösung transportiert. Aber nur wenn die Wasserbindung bzw. die Beweglichkeit der gelösten Anionen und die der Kationen gleich ist (besser gesagt für den Fall, daß mehrere Kationen in den Konzentrationen k_1, $k_2 \ldots$ mit den Beweglichkeiten u_1 $u_2 \ldots$, und mehrere Anionen in den Konzentrationen a_1, $a_2 \ldots$ mit den Beweglichkeiten v_1, $v_2 \ldots$ in Lösung sind: wenn $u_1k_1 + u_2k_2 \ldots = v_1a_1 + v_2a_2 \ldots$), wird kein Wasser transportiert werden. Andernfalls wird auch im isoelektrischen Punkt eine, wenn auch geringe, Wasserverschiebung eintreten. Der Indifferenzpunkt der Wasserbewegung ist also nicht genau gleich dem isoelektrischen Punkt, der letztere entspricht vielmehr dem Indifferenzpunkt der Konzentrationsstörung. In der Tat konnten Bethe und Toropoff zeigen, daß der Indifferenzpunkt der Wasserbewegung und der Konzentrationsstörung nicht immer genau zusammenfällt. Ein völliges Zusammenfallen dieser beiden Punkte ist nur möglich, wenn der gelöste Elektrolyt zwei Eigenschaften miteinander verbindet; 1. seine beiden Ionen dürfen keine merkliche Adsorbierbarkeit im Vergleich zu den H'- und OH'-Ionen besitzen, 2. seine beiden Ionen müssen die gleiche Beweglichkeit besitzen. Diese Bedingungen erfüllt von allen Elektrolyten am besten wohl KCl, die anderen binären einwertigen Elektrolyte, wie Na Cl, noch einigermaßen, aber z. B. Na_2SO_4 nicht. Alle früher erwähnten Beobachter betrachteten die Indifferenzbewegung der Wasserbewegung als den isoelektrischen Punkt des Diaphragma. Dies trifft also nach Bethe und Toropoff nicht genau zu.

81. Zur Geschichte des Adsorptionspotentials.

Die in diesem Abschnitt entwickelte Theorie der Adsorptionspotentiale findet sich in dieser Form in der Literatur bisher noch kaum. Daß Ionen adsorbiert werden können, ist zwar naheliegend und schon von mehreren Autoren geäußert worden, ohne daß ein allgemeiner Gesichtspunkt offenbar wurde. Die jetzige Darstellung geht hauptsächlich auf zwei Quellen zurück, durch deren Verschmelzung sie entstanden gedacht werden kann, auf eine frühere Darstellung von mir [1]) und von Freundlich [2]). Beginnen wir mit der ersteren, so faßte ich, fußend auf einer theoretischen Arbeit von Nernst [3]), ein in kolloidem Zustand in Wasser schwebendes Teilchen, z. B. einer Harzsäure (Mastix), als eine „binäre Elektrode" auf, welche im Gegensatz zu den einfachen Metallelektroden, nicht nur eine Ionenart in Lösung zu bringen tendiert, sondern gleichzeitig H'-Ionen und Säure-Anionen. Aus der verschiedenen Lösungstension dieser beiden Ionenarten, im Verein mit den verschiedenen Konzentrationen, welche in der wäßrigen Phase diese zwei Ionenarten im Zustand der echten Lösung haben, leitete ich das Potential der Doppelschicht an der Grenzfläche ab. Befindet sich in der Lösung irgend eine Ionenart, welche mit dieser Säure ein Salz bilden kann, so findet ein Ionenaustausch in der Doppelschicht statt, der ihr

---

[1]) L. Michaelis, Physik. Chemie der Kolloide, in Richter-Koranyis Handbuch: Physikalische Chemie und Medizin. Leipzig 1908. L. Michaelis, Dynamik der Oberflächen. Dresden 1909. S. 49 ff.

[2]) H. Freundlich, Kapillarchemie. Leipzig 1909. S. 243 ff.

[3]) W. Nernst, Zeitschr. f. physikal. Chem. 9, 137 (1892).

Potential ändert. Diesen Austausch erklärte ich schon damals als identisch mit der Ionenadsorption.

In einer theoretischen Ableitung des Ionengleichgewichts machte ich [1]) einen Fehler, auf den F. Haber [2]) aufmerksam machte, indem ich die Lösungstensionen der Ionen unberechtigterweise mit ihren Beweglichkeiten in Zusammenhang brachte. Die Lösungstension hat aber nichts mit der Beweglichkeit des Ions zu tun.

Die Auffassung von Freundlich geht von der Vorstellung aus, daß Ionen, wie gewöhnliche Molekülarten, von Grenzflächen adsorbiert werden können und daß die Adsorbierbarkeit der beiden Ionen eines Elektrolyten im allgemeinen nicht gleich groß ist; insbesondere schreibt auch er den $H^{\cdot}$- und OH'-Ionen eine besonders hohe Adsorbierbarkeit zu. Aus der verschiedenen Adsorptionstendenz des Anions und Kations leitet er das Adsorptionspotential ab. Den Adsorbentien, die von Natur aus den chemischen Charakter einer Säure oder Base haben, schreibt er die Tendenz zur Abdissoziation von $H^{\cdot}$- bzw. OH'-Ionen zu, welche zur Bildung der Doppelschicht führe. Dabei begeht er denselben Irrtum wie ich, daß er die Abdissoziation dieser Ionen mit ihrer hohen Beweglichkeit in Zusammenhang bringt. Freundlich hat aber gleichzeitig gezeigt, daß das Adsorptionspotential nicht identisch zu sein braucht mit dem Potential, welches dasselbe Adsorbens (wenn es z. B. ein Metall ist) gegen dieselbe Lösung zeigt, wenn es als Pol einer galvanischen Kette benutzt wird, was als eine sehr wichtige Erkenntnis bezeichnet werden muß. Diese Erscheinung wird erst in dem Kapitel „Spaltung von Potentialen“ verständlich werden.

Im allgemeinen scheint sich die Darstellung von Freundlich von der meinigen nicht viel zu unterscheiden. Ein Unterschied liegt jedoch in folgendem. Freundlich bemüht sich, die Adsorptionen an Grenzflächen von chemischen Reaktionen möglichst abzugrenzen; er betrachtet das Adsorbens im wesentlichen als ein Mittel, die Oberfläche der Lösung zu vergrößern und mißt der chemischen Individualität des Adsorbens keinen besonderen Wert bei. Diese Vorstellung tritt allerdings in den Kapiteln seines Buches, welche über die gewöhnliche Adsorption von Nicht-Elektrolyten handeln, deutlicher hervor als an der zitierten Stelle über das Adsorptionspotential; in diesem Kapitel kann Freundlich nicht

[1]) L. Michaelis, Zeitschr. f. Elektrochemie (1908). S. 353.
[2]) F. Haber, Ann. d. Physik. [4], 927 (1908); s. S. 948.

umhin, der „sauren“ oder „basischen“ Natur des Adsorbens besondere Wichtigkeit beizulegen. Jedoch geht es aus dem Kapitel nicht hervor, daß er hiermit die scharfe Trennung von Adsorption und chemischer Reaktion eigentlich aufgibt. Ich hatte dagegen von vornherein mich bemüht, den Gegensatz von Adsorption und chemischen Umsetzungen, zunächst wenigstens bei Adsorbentien von chemisch differentem (sauren oder basischen) Charakter zu verwischen. Die Unsicherheit in der Abgrenzung chemischer und physikalischer Anziehungen liegt hier offenbar in der Natur der Sache, und eine brauchbare Theorie ist wohl nur eine solche, welche dieser Abgrenzung nicht bedarf. Unter dem Einfluß aller dieser Vorstellungen ist der hier vorliegende Versuch einer einheitlichen Darstellung des Adsorptionspotentials entstanden.

82. Strömungspotentiale.

Auf S. 212 wurde gesagt, daß uns zur Erkennung der Adsorptionspotentiale zunächst die beiden Methoden der Elektroosmose und Elektrophorese zur Verfügung stehen. Wir müssen noch zwei andere Methoden hinzufügen, die Strömungsströme und die Ströme fallender Teilchen. Wir beginnen mit den ersteren.

Wenn man durch eine poröse Membran oder durch eine Kapillare Wasser hindurchpreßt, so entsteht zwischen den beiden Enden der Membran oder Kapillare eine elektrische Potentialdifferenz. Die Erscheinung ist die Umkehrung der Elektroendosmose; bei dieser wurde durch Anlegung einer Potentialdifferenz an den Enden des Diaphragma das Wasser hindurchgepreßt; bei jener wird durch das Durchpressen eine Potentialdifferenz erzeugt. Leitet man die beiden Enden der Kapillare mit Hilfe metallischer Elektroden ab, so erhält man einen elektrischen Strom, sobald das Wasser durch die Kapillare strömt. Man nennt deshalb diese elektrischen Ströme Strömungsströme, die sie erzeugenden Potentiale Strömungspotentiale. Die Erscheinung wurde von Quincke[1]) entdeckt. Eine Tonplatte wurde zwischen die eben abgeschliffenen Ende zweier Glasröhren eingekittet, oder ein Pulver als Diaphragma in eine Glasröhre eingestampft. Durch die Röhre mit dem Diaphragma wurde Wasser gepreßt und die Flüssigkeit vor und hinter dem Diaphragma mit Platinelektroden abgeleitet. Sobald das Wasser durch das Diaphragma gepreßt wurde, zeigte

[1]) G. Quincke, Pogg. Ann. d. Physik. **107**, 1 (1859); **110**, 38 (1860).

sich ein elektrischer Strom, dessen elektromotorische Kraft dem hydrostatischen Überdruck proportional war. Die elektromotorische Kraft war von der Bauart und Dicke des Diaphragma unabhängig, also eine vollkommene Analogie zu den Erscheinungen bei der Elektroendosmose. Dasselbe erhielt Zöllner[1]), Edlund[2]), Haga[3]), Clark[4]).

Die Theorie der Strömungsströme ist der der Elektroendosmose ähnlich; sie ist ihre Umkehrung. Durch den mechanischen Wasserstrom in der Kapillare wird die bewegliche Ionenschicht der Doppelschicht mitgerissen, und daher das untere Ende der Kapillare an den Ionen, welche diese Schicht bilden, angereichert; nicht in analytisch meßbarem Betrag, nur so weit, daß eine Potentialdifferenz zwischen den Enden der Röhre entsteht. Abb. 30 veranschaulicht das. Durch die Kapillare AA′ ströme die Flüssigkeit nach unten in das weitere Gefäß BB′. Solange das Wasser still steht, bildet sich eine elektrische Doppelschicht in der Weise, wie es an der Wand A angedeutet ist. Wenn das Wasser strömt (A′), reißt es die der Flüssigkeit zugehörige, bewegliche Ionenschicht mit, während die andere an der Wand adhärent bleibt. So wird das obere Ende negativ, das untere positiv.

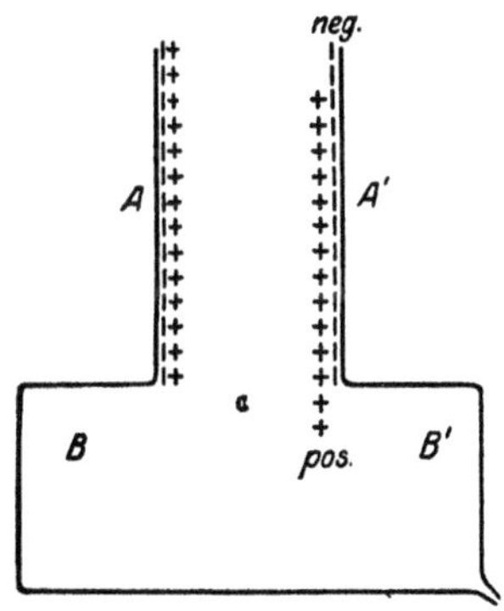

Abb. 30.

Die Größe der Potentialdifferenz zwischen den Enden Röhre E ist nach Helmholtz mit der Korrektur von Pellat und Perrin bezüglich der Dielektrizitätskonstante (s. S. 215)

$$E = \frac{\zeta \cdot P \cdot D}{4\pi \cdot \eta \lambda}$$

(η Viscosität der Flüssigkeit, λ spezifische elektrische Leitfähigkeit der Lösung, P der hydrostatische Überdruck zwischen den Enden der Röhre, D die Dielektrizitätskonstante, ζ das Potential

[1]) F. Zöllner, Pogg. Ann. d. Physik. **148**, 640 (1873).

[2]) E. Edlund, Pogg. Ann. d. Physik. **156**, 251 (1875); Wied. Ann. 1, 184 (1877) u. a.

[3]) H. Haga, Wied. Ann. **2**, 326 (1877); **5**, 287 (1878).

[4]) J. W. Clark, Wied. Ann. **2**, 335 (1877).

der Doppelschicht an der Wand der Kapillare, das „Adsorptionspotential"). Die elektromotorische Kraft des Strömungsstromes ist also proportional dem hydrostatischen Druck und dem Adsorptionspotential; sie ist umgekehrt proportional der Viscosität, denn je zäher die Flüssigkeit ist, um so weniger Ionen reißt sie bei gleichem Überdruck mit, weil sie um so langsamer strömt; und umgekehrt proportional der elektrischen Leitfähigkeit, denn je besser die Flüssigkeit leitet, um so weniger läßt sie Potentialdifferenzen an beiden Enden der Röhre zu [1]). E ist ferner proportional der Dielektrizitätskonstante, denn je größer diese, um so leichter können sich Ionen voneinander trennen. Der Proportionalitätsfaktor $\frac{1}{4\pi}$ dient dazu, den Wert auf elektrostatische Einheiten zu reduzieren. Man kann die Formel dazu benutzen, um nach Messung der elektromotorischen Kraft des Strömungsstromes E das Wandpotential ζ zu berechnen. Die Prüfung für die Richtigkeit der absoluten Größe dieser berechneten Potentiale scheitert an derselben Schwierigkeit wie bei der Endosmose; jedoch handelt es sich hierbei nur um die Richtigkeit des Proportionalitätsfaktors $\frac{1}{4\pi}$; die relative Gültigkeit der Formel dürfte wohl als erwiesen gelten.

Die Methode der Strömungsströme stellt somit wiederum eine Methode zur Erkennung und Berechnung von Adsorptionspotentialen dar, und auch sie ist angewendet worden, um den Einfluß der chemischen Natur von Wand und Lösung auf dieses Adsorptionspotential zu studieren. Insbesondere wurde dies für Strömungsversuche in Glaskapillaren versucht, und das Glas dürfte sich in seinen Eigenschaften anderen Silicaten wie Ton und Kaolin ähnlich verhalten. Es ist nun von Interesse, ob die mit dieser Methode erhaltenen Resultate sich mit denen durch Endosmose und Kataphorese gewonnenen Resultaten an Ton oder Kaolin decken. Von den nicht sehr zahlreichen Arbeiten über dieses Gebiet [2]) sind

---

[1]) Es ist zu beachten, daß bei der Elektroendosmose die Leitfähigkeit nicht direkt zum Ausdruck kam (s. S. 215); indirekt nur insofern, als die Leitfähigkeit der Flüssigkeit in den Poren des Diaphragma von Einfluß ist auf den Volt-Abfall, pro cm, der angelegten äußeren Spannung, oder auf die Stärke des elektrischen Feldes, welche in der Formel für die Elektroendosmose vorkam.

[2]) A. T. Cameron und E. Oettinger, Phil. Mag. [6] **18**, 586 (1909). A. Grumbacher, Ann. d. chim. et de phys. [8] **24**, 433 (1911); L. Riéty, Ann. d. chim. et de phys. [8] **30**, 1 (1913).

zur Beantwortung unserer Frage besonders zwei geeignet, von Kruyt[1]) und von Freundlich und Rona[2]). Man kann im allgemeinen sagen, daß die Erwartungen sich in hohem Maße bestätigt haben.

Zunächst zeigte sich, daß Glas sich gegen wäßrige Lösungen meist negativ ladet. Durch hohe h der Lösung wird das Strömungspotential bis auf 0 vermindert, aber nicht das Vorzeichen umgekehrt. Zweiwertige Kationen ($BaCl_2$) vernichten das Strömungspotential in geringeren Konzentrationen als einwertige; dreiwertige Kationen ($AlCl_3$) kehren das Vorzeichen des Strömungspotentials schon in niedersten Konzentrationen um; höhere Konzentrationen vernichten es wieder. Das zeigt folgender Versuch von Kruyt: Durch eine Glaskapillare wurden verschiedene Lösungen gepreßt und erzeugten dabei das in der Tabelle auf S. 248 angegebene Strömungspotential, wenn der Wasserdruck = 1 cm Quecksilber war: Die Konzentrationen sind in Mikromol (μ-Mol), d. h. Milliontel Molen angegeben; positives Vorzeichen von E bedeutet, daß das untere Ende der Kapillare positiv gegen das obere war. Das Wandpotential ζ wurde mit Hilfe der korrigierten Helmholtzschen Formel berechnet.

Von besonderem Interesse ist es, daß merkliche Strömungspotentiale nur in sehr elektrolytarmen Lösungen erhalten werden. Während in 10^{-5} n-KCl-Lösungen Potentiale von 20—40 Millivolt gemessen wurden, sind in 10^{-3} bis 10^{-2} n-Lösungen keine meßbaren Potentiale mehr vorhanden.

Nun hatten wir schon bei vielen Gelegenheiten berichtet, daß Überschuß von Neutralsalzen Potentiale vermindert (Diffusions-, Phasengrenz-, Membranpotentiale) und dasselbe war ja auch bei den Elektroendosmoseversuchen der Fall: Überschuß von Neutralsalz verringert die übergeführte Wassermenge. Jedoch handelt es sich in allen diesen Fällen um Salzüberschüsse ganz anderer Größenordnung. Strömungspotentiale können überhaupt nur in Elektrolytlösungen von der Größenordnung 10^{-6} bis 10^{-4} n gut beobachtet werden. Die Ursache dafür ist, daß das Strömungspotential von der Leitfähigkeit der Lösung abhängt. Durch Vermehrung der Salzkonzentration wird also erstens in der Regel schon das Adsorptionspotential ζ stark vermindert; zweitens wird das

[1]) H. R. Kruyt, Kolloid-Zeitschr. 22, 81 (1918).

[2]) H. Freundlich und P. Rona, Sitzungsber. d. preuß. Akad. d. Wiss. 1920, S. 397.

KCl Konzentration	In Millivolt E	In Millivolt ζ	$BaCl_2$ Konzentration	E	ζ	$AlCl_3$ Konzentration	E
0	+ ca. 350	—	0	+ ca. 350	—	0	+ ca. 350
50	102	19,9	10	139	10	0,5	+ 52
100	57	22,4	25	79	14,2	1	— 42
250	23	23,0	50	44	16,0	2	— 122
			100	25	18,1	3	— 129
500	13	23,3	200	9	12,7	4	— 100
1000	4,0	15,4	1000	1,1	7,6	10	— 52
			40000	Kein Polwechsel		100	— 6
						500	— 1,4

HCl Konzentration	E	ζ	p-Chloranilinchlorid Konzentration	E	ζ
0	+ ca. 350	—	0	+ ca. 350	—
25	77	22,1	31	114	13,9
50	43	24,8			
100	22	25,4	62	65	19,6
250	7,7	22,1	124	26	16,6
500	3,1	17,5	310	12,2	14,5
1000	1,2	13,6	500	4,9	11,8
50000	Kein Polwechsel		1000	1,8	9,7

durch ein gegebenes Adsorptionspotential bei gegebenem Überdruck erzeugte Strömungspotential E gewaltig herabgedrückt. In der Formel S. 245 steht ja die Leitfähigkeit λ unter dem Bruchstrich.

Wenn man aus dem Strömungspotential E das Wandpotential des Glases gegen die Lösung ζ nach der (korrigierten) Helmholtzschen Formel berechnet, so erhält man nach Kruyt die in den obigen Tabellen angegebenen Werte. Es ist beachtenswert, daß die ζ-Potentiale bei weitem nicht so stark mit der Elektrolytkonzentration variieren wie die ε-Potentiale. Damit steht in guter Übereinstimmung, daß die Erscheinungen der Endosmose und Kataphorese, welche mit dem ζ-Potential eine größere Parallelität zeigen, als es die Strömungspotentiale tun [1]), offensichtlich nicht so stark von der Konzentration der Elektrolyte abhängen wie die Strömungspotentiale.

Nur anhangsweise soll erwähnt werden, daß auch beim Fallen fester Teilchen durch eine Schicht Wasser eine Potentialunterschiede zwischen dem

[1]) Weil die spezifische Leitfähigkeit in der Endosmose-Formel nicht erscheint.

oberen und dem unteren Ende der Wassersäule entstehen: Potentiale fallender Teilchen. Die Erscheinung ist die Umkehrung der Strömungspotentiale und dieser vollkommen analog.

83. Der Einfluß des elektrokinetischen Potentials auf die Grenzflächenspannung.

Nur der Vollständigkeit halber soll noch eine mechanische Äußerung der elektrokinetischen Potentiale hier erwähnt werden, deren genauere Erörterung dem später folgenden Band bei dem Kapitel der Kolloide vorbehalten bleiben muß. Nach den Beobachtungen von Lippmann gelegentlich der Erfindung des Kapillarelektrometers und der darauf bezüglichen Theorie von Helmholtz hat die Doppelschicht an einer Phasengrenze einen Einfluß auf die Oberflächenspannung. Jede einzelne Lage der Doppelschicht sucht sich, da sie aus gleichsinnig geladenen Teilchen besteht, zu dehnen und wirkt daher der gewöhnlichen Oberflächenspannung entgegen. Infolgedessen muß die Grenzflächenspannung an der Grenze zweier Phasen von dem Potentialunterschied abhängig sein. Ist nun die eine Phase fest oder wenigstens viel zäher als die andere, so kann diese Dehnung nur in derjenigen Ionenschicht stattfinden, welche in dem flüssigen bzw. weniger viscösen Medium liegt. Dieses Dehnungsbestreben der oberflächlichen Flüssigkeitsschicht ist antagonistisch der gewöhnlichen Oberflächenspannung; die gesamte Spannung ist daher von der absoluten Größe der elektrischen Dichte der Doppelschicht abhängig; sie ist ein Maximum, wenn diese Dichte = 0 ist; dies ist der Fall, wenn auch die Potentialdifferenz der Doppelschicht = 0 ist, also im isoelektrischen Punkt. Die Theorie wurde von Bredig [1]) auf kolloide Lösungen übertragen, und von Michaelis [2]) wurde für viele kolloide Lösungen eiweißartiger Stoffe gezeigt, daß in der Tat der (durch Kataphorese ermittelte) isoelektrische Punkt identisch mit dem (durch Bestimmung des Flockungsoptimums ermittelten) Maximum der Grenzflächenspannung ist. Hierüber folgt Näheres im zweiten Bande.

84. Übersicht über die elektrokinetischen Erscheinungen.

Zum Schluß wird es nützlich sein, über alle elektrokinetischen Erscheinungen eine systematische Übersicht zu geben. Gegeben

---

1) Bredig, Anorgan. Fermente. Leipzig 1901.

2) Zusammenfassend bei L. Michaelis, Nernst-Festschrift. Halle 1913.

sei eine Wand und eine gegen diese verschiebliche Flüssigkeit. Legen wir in tangentialer Richtung zur Wand ein äußeres Potentialgefälle an, so tritt eine Verschiebung der Flüssigkeit gegen die Wand ein. Ist die Wand mechanisch nicht verschieblich (Kapillare oder Diaphragma), so verschiebt sich die Flüssigkeit gegen die Wand: Elektroendosmose. Ist die Wand verschieblich (suspendierte Teilchen), die Flüssigkeit aber unverschieblich (entweder wenn sie sich in einer geschlossenen Kammer befindet oder wenn sie sich in einem offenen U-Rohr befindet, in dem merkliche hydrostatische Druckunterschiede nicht entstehen können), so verschiebt sich die Wand gegen die Flüssigkeit (Elektrophorese).

Wird, umgekehrt, die Wand gegen die Flüssigkeit mechanisch verschoben, so bildet sich ein Potentialunterschied in der Richtung dieser Verschiebung aus. Ist die Wand befestigt und fließt die Flüssigkeit an der Wand entlang (die Wand ist eine Kapillare oder ein Diaphragma), so bildet sich ein Strömungspotential. Ist die Flüssigkeit feststehend und die Wand verschieblich (fallende Teilchen), so bildet sich das Potential fallender Teilchen.

85. Die Spaltung der Phasengrenzpotentiale.

Die Beziehung der Phasengrenzpotentiale von S. 163 zu den Adsorptionspotentialen.

Vergleicht man das Kapitel über die Phasengrenzpotentiale und über die Adsorptionspotentiale, so scheint es auffällig, daß der an einer Grenze herrschende Potentialunterschied auf zwei ganz verschiedene Weisen betrachtet wird. Denken wir z. B. an die Phasengrenze Glas—Wasser, und fassen das Potential als ein Phasengrenzpotential auf, so hing dasselbe ausschließlich von der Konzentration der $H^{\cdot}$-Ionen in der Lösung ab. Betrachten wir es aber als ein Adsorptionspotential, so hing es von allen Ionen der Lösung ab, besonders stark von etwa vorhandenen dreiwertigen Kationen, welche für das Phasengrenzpotential ganz belanglos waren. Der Potentialunterschied z. B.: Glas/wäßrige Lösung scheint demnach überhaupt nicht fest definiert, sondern je nach seiner Äußerungsart verschieden zu sein. Als Phasengrenzpotential faßten wir es auf, wenn es sich in Form einer elektromotorischen Kraft bei der Anordnung der Haberschen Glaskette äußert. Als Adsorptionspotential faßten wir es auf, wenn es sich in Form der elektrokinetischen Erscheinungen äußert. Dieser Zwiespalt war lange Zeit die Quelle einer Unklarheit, welche sich aber jetzt langsam zu klären beginnt, besonders durch die Aufklärungen, die Freundlich angebahnt hat. Zum Verständnis dieses Problems schicken wir eine Überlegung von Haber[1]) voraus.

Gegeben sei folgende Kette (Abb. 31): Eine Silberelektrode (rechts) berührt eine Lösung von $AgNO_3$, welche gesättigt ist mit AgCl. In dieselbe Lösung taucht (links) eine zweite Silberelektrode, aber nicht direkt, sondern überzogen von einer Schicht (geschmolzenem und wieder erstarrtem) festem AgCl. Dieses System ist im chemischen Gleichgewicht. Wenn man die Elektroden metallisch verbindet, kann deshalb kein Strom fließen[2]). Nun finden sich drei Phasengrenzflächen in diesem System, a, b, c. Jede können wir als den Sitz einer Potentialdifferenz betrachten; c ist ein gewöhnliches metallisches Elektrodenpotential. Damit die Kette stromlos sei, muß der Potentialunterschied bei c = dem von a + b sein. Durch die Zwischenschaltung der festen AgCl-Schicht ist also der Potentialunterschied der Silberelektrode gegen die Lösung nicht geändert worden. Das kann man in folgenden, allgemeingültigen Satz zusammenfassen. **Wenn man zwischen zwei in chemischem Gleichgewicht befindliche Phasen A und C eine dritte Phase B einschaltet, welche mit den beiden anderen ebenfalls in chemischem Gleichgewicht ist, so ändert sich dadurch der Potentialunterschied zwischen A und C nicht.** Daraus folgt, daß der gesamte Potentialsprung von A nach C durch die Zwischenschaltung der dritten Phase in zwei Stufen zerlegt wird.

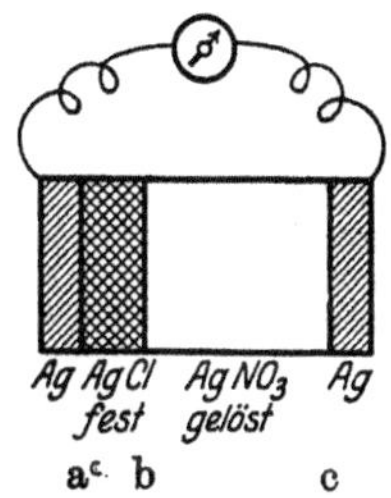

Abb. 31.

Benutzen wir nun ein mit festem AgCl überzogenes Stück Silber einmal als den einen Pol einer galvanischen Kette, ein zweites Mal, etwa in Form einer kolloiden Lösung für einen kataphoretischen Versuch, so äußert sich im ersten Fall der gesamte Potentialunterschied des Silbers gegen die Lösung, im

[1]) F. Haber, Ann. d. Physik. [4], 927 (1918), s. S. 949. R. Beutner, Dissert., Karlsruhe (1908).

[2]) Festes AgCl leitet immerhin genügend, um wenigstens mit elektrostatischen Maßinstrumenten die Messung der Klemmspannung dieser Kette zu gestatten. Die Leitung ist eine elektrolytische, keine metallische.

zweiten Fall aber nur der Potentialunterschied der gegeneinander verschieblichen Flächen, also zwischen der Lösung und dem festen AgCl. So erklärt es sich, daß oberflächlich betrachtet, dieselbe Grenzfläche (Silber—wäßrige Lösung) ein anderes und von anderen Bedingungen abhängiges elektromotorisches Potential ε als elektrokinetisches Potential ζ zeigen wird. Die Sauberkeit der Silberoberfläche ist für das elektromotorische Potential belanglos; für das elektrokinetische Potential muß es sich dagegen bemerkbar machen, daß das Silber je nach der Natur der angrenzenden Lösung von einer Schicht AgCl oder Ag_2O oder dgl. überzogen ist. Wirklich reine Metalloberflächen sind in Lösungen auf die Dauer nicht haltbar; die meisten Metalle werden stets zum mindesten mit einer Oxydschicht überzogen sein.

Es ist ferner klar, daß die zwischen A und B zwischengeschaltete Schicht nicht eine dritte Phase zu sein braucht. Die Zwischenschaltung einer Schicht, in der infolge von Grenzflächenwirkungen die Ionen eine andere Verteilung als im Innern der Phase haben, genügt, um die Potentialdifferenz von A nach B in Stufen zu zerlegen. Da die Zusammensetzung dieser Schichten der Grenzfläche nach dem Innern der Flüssigkeit zu sich allmählich und nicht sprungweise ändert, kann man auch annehmen, daß durch eine solche Adsorptionsschicht der Potential„sprung“ in einen allmählichen, in irgend einer Kurve verlaufenden Potentialabfall verwandelt wird[1]); ja es kann sogar vorkommen, daß diese Kurve eine Maximum- und Minimumbildung zeigt, und daß ein Teil des Potentialabfalls ein anderes Vorzeichen als das gesamte Potential hat[2]). So haben Freundlich und Gyemant[3]) Fälle beschrieben, wo ε und ζ, an einem und demselben Material experimentell bestimmt, ein verschiedenes Vorzeichen haben. Eine anschauliche graphische Darstellung eines allmählichen Potentialabfalls an einer Grenzschicht hat v. Smoluchowski in folgendem Schema entworfen (Abb. 32).

Wenn diese Deutung richtig ist, so dürfte in allen denjenigen Fällen ein Diskrepanz zwischen elektromotorischem und elektrokinetischem Potential zu erwarten sein, wo an der Phasengrenze

---

[1]) v. Smoluchowski, Handbuch der Elektrizität und des Magnetismus von L. Graetz. 1912 u. 1921. Bd. II.

[2]) H. Freundlich, Kolloid-Zeitschr. 28, 240 (1921).

[3]) Freundlich u. Gyemant, Zeitschr. f. physikal. Chem. 100 (1922).

eine Adsorptionsschicht vorhanden ist, und das dürfte mit verschwindenden Ausnahmen immer der Fall sein.

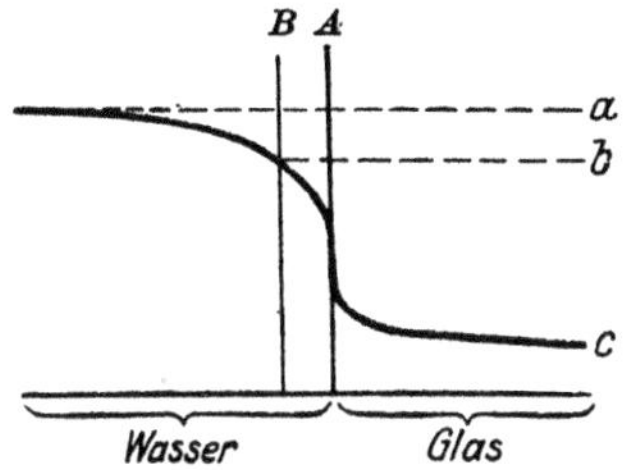

$$a - c = \varepsilon,$$
$$a - b = \zeta.$$

Abb. 32.

A stellt die Trennungsfläche Wasser/Glas vor, AB die Dicke der adhärenten, unverschieblichen Wasserschicht. Die Kurve gibt schematisch das Potential wieder; im Innern des Wassers hat es die Höhe a und fällt über b nach c ab. Der elektromotorische Potentialsprung, der bei der Glaskette zum Ausdruck kommt, ist $= a - c$. Der elektrokinetische Potentialsprung entspricht $a - b$.

So wichtig auch diese Frage für die Kolloidchemie und die Biologie ist, so scheint es doch nicht angebracht, im Rahmen dieses Buches auf sie weiter einzugehen, solange das experimentelle Material darüber so knapp ist. Noch mehr als an manchen anderen Stellen dieses letzten Abschnittes schwebt die Grundlage noch in der Luft, aber die große Wichtigkeit dieses Problems für die Biologie, und die Aussicht, daß die in letzter Zeit besonders durch H. Freundlich angebahnte Forschung bald zu einer klaren Einsicht führen wird, veranlaßte die Abfassung dieses provisorischen Kapitels.

86. Die Coehnsche Regel.

Alle elektrokinetischen Erscheinungen wurden im Vorangehenden unter der Voraussetzung betrachtet, daß eine der beiden Phasen Wasser oder eine wäßrige Lösung sei. Es soll nun kurz berichtet werden, was wir von diesen Erscheinungen wissen, wenn eine andere Flüssigkeit als Wasser die verschiebliche Phase ist. Die theoretische Behandlung dieses Falles ist noch schwerer, weil wir von der Dissoziation der meisten Lösungsmittel oder der in ihnen gelösten Elektrolyte zu wenig wissen. Es hat sich eine empirische Regel ergeben. Coehn[1]) bestimmte, meist durch elektroosmotische Versuche an Kapillaren aus Glas oder Quarz, aber auch in elektrophoretischen Versuchen, in denen die Wanderung von Flüssigkeitströpfchen in einer mit ihnen nicht mischbaren Flüssigkeit untersucht wurde, eine große Zahl von Wandpotentialen. Er bestimmte zunächst im wesentlichen das Vorzeichen der Ladung, später versuchte er auch das Potential quantitativ aus der Endosmose mit Hilfe der Helmholtzschen Formel zu bestimmen[2]). Wenn nun auch v. Smoluchowski[3]) gezeigt hat, daß diese Zahlen nicht ohne weiteres verwertbar sind, so bleiben doch die qualitativen Resultate teilweise zu Recht bestehen. Er stellte folgende Regel auf: Jeder Stoff lädt sich gegen einen Stoff von höherer Dielektrizitätskonstante negativ, gegen einen Stoff von niederer Dielektrizitätskonstante positiv auf. Ist die feste Wand eine Glaskapillare, so laden sich alle Stoffe mit einer D. K. > 5 positiv, < 5 negativ auf; z. B.:

	DK	Ladung gegen Glas
Wasser	81	+
Glycerin	56	+
Alkohol	26	+
Essigsäure	9,7	+
Anilin	7,2	+
Propionsäure	5,5	− (!)
Äthylbutyrat	5,3	+
Amylacetat	5,2	+
Chloroform	5,02	−
Äthyläther	4,25	−
Buttersäure	3,16	−
Benzol	2,25	−
Terpentinöl	2,23	−

Dieselbe Regel gilt auch für die Elektrizität, die beim Reiben zweier fester Stoffe gegeneinander entsteht, wie es ja überhaupt offensichtlich ist, daß die Wandpotentiale die Überleitung bilden zu der am längsten bekannten Erscheinung der Elektrizitätslehre, der Reibungselektrizität, die auch heute noch die dunkelste aller elektrischen Erscheinungen ist.

Wir können heute noch nicht einmal sagen, ob die freie Elek-

[1]) A. Coehn, Wiedem. Ann. **64**, 217 (1898).
[2]) A. Coehn u. U. Raydt, Ann. d. Phys. **30**, 777 (1909).
[3]) M. v. Smoluchowski, Elektrische Endosmose und Strömungsströme, in Graetz' Handbuch der Elektrizität, Bd. II, Leipzig 1921.

trizität auch in diesen Fällen durch Ionen oder ob sie durch freie Elektronen repräsentiert wird, obgleich wir bei Stoffen im nichtmetallischen Zustand die Beteiligung freier Elektronen für unwahrscheinlich halten dürfen. Irgend ein Widerspruch gegen die für bekanntere Verhältnisse abgeleiteten Gesetze kann in der Coehnschen Regel nicht gefunden werden. Sie als ein allgemein gültiges Gesetz aufzustellen, wäre weit übertrieben. Es wurde ja gezeigt, daß z. B. die Ladung des Wassers gegen Glas durch eine Spur Aluminiumsalze, welche gewiß keinen meßbaren Einfluß auf die Dielektrizitätskonstante des Wassers haben, sogar umgekehrt wird. Es liegt auch keine Veranlassung vor, von einer Superposition der früher entwickelten Ionengesetze über die allgemein gültige Coehnsche Regel als Grundlage zu sprechen; zweifellos lassen sich die Erscheinungen einheitlich erklären. Nur reichen heute unsere Theorien nur so weit, als wir von der Ionisation der Phasen etwas wissen. Für die anderen Fälle soll vorläufig die Coehnsche Regel als empirisch einigermaßen zutreffend angenommen werden. In neuester Zeit hat R. Keller [1]) die Coehnsche Regel zur Erklärung biologisch wichtiger Erscheinungen, insbesondere der histologischen Färbung, herangezogen, und vielleicht hat er, neben erheblichen Mißgriffen, auch brauchbare Anregungen gegeben, die aber durchaus noch der Ausarbeitung harren.

Am wahrscheinlichsten scheint mir heute folgende Deutung der Coehnschen Regel. Besitzt die eine Phase einen ausgesprochen ionogenen Charakter (Kieselsäure, Eisenoxyd), so gilt die Coehnsche Regel überhaupt nicht; die hierfür geltenden Gesetze sind oben dargestellt worden. Hier spielt die Dielektrizitätskonstante eine untergeordnete Rolle. Je nach Art und Menge der gelösten Elektrolyte lädt sich das Wasser gegen die andere Phase bald positiv, bald negativ. Hat die nichtwäßrige Phase an sich ein starkes Adsorptionsvermögen (Kohle), so gilt die Coehnsche Regel ebenfalls nicht; Kohle lädt sich gegen wäßrige Lösungen je nach Menge und Natur der vorhandenen Elektrolyte bald positiv, bald negativ. Dagegen trifft die Regel offenbar in den Fällen oft zu, wo mindestens einer der beteiligten Stoffe ein chemisch indifferenter Stoff ist, und wo gleichzeitig ein besonders hohes Adsorptionsvermögen, wie das der Kohle, nicht vorhanden ist, wo also die Adsorption der gelösten Ionen durch die Grenzfläche im wesentlichen eine „scheinbare“ (s. S. 200) ist. In diesen Fällen wäre folgendes eine gemeinschaftliche Deutung der Coehnschen Regel, die ich mit aller Reserve als vorläufige Arbeitshypothese aussprechen möchte. Die Ursache für die Aufladung der Grenzfläche beruht im wesentlichen auf Spuren von Wasser; von den beiden Ionen des Wassers ist das OH-Ion das oberflächenaktivere. Da nun

[1]) R. Keller, Elektrohistologische Untersuchungen an Pflanzen und Tieren. Prag 1920.

in dem Medium mit der größeren Dielektrizitätskonstante das Wasser stärker ionisiert ist, werden an der Oberfläche dieses Mediums die OH'-Ionen angereichert, und daher erscheint diese Grenzfläche gegen dieses Medium selbst negativ.

87. Die physiologische und kolloidchemische Bedeutung der Adsorptionspotentiale.

Die erste Frage, die man stellen muß, ist, ob die Adsorptionspotentiale eine Beziehung haben zu den elektrischen Potentialdifferenzen und Strömen, die wir mit Hilfe elektrischer Meßinstrumente im lebenden Organismus feststellen können. Diese Frage müßte scheinbar zunächst verneint werden. Es wurde ja gezeigt, daß die Adsorptionspotentiale sich im allgemeinen nur durch elektrokinetische Erscheinungen — Elektroendosmose usw. — äußern, daß man sie nicht mit Hilfe von metallischen Elektroden ableiten kann. Sobald wir das an einer Wand vorhandene Potential irgendwie zu einem elektrischen Meßinstrument ableiten wollen, erhalten wir immer das Phasengrenzpotential, und nicht das Adsorptionspotential, und diese beiden werden ja im allgemeinen, wie wir sahen, nicht identisch sein. Der einzige Fall, wo ein Adsorptionspotential eine direkte elektrische, mit elektrischen Meßinstrumenten erkennbare Äußerung von sich gibt, ist das Strömungspotential (bzw. das Potential fallender Teilchen). Wie wir aber schon erwähnten, scheinen zunächst für die Entstehung der Strömungspotentiale die Bedingungen im lebenden Organismus so ungünstig wie möglich.

Um so einleuchtender ist aber die sich nicht auf elektrische Meßinstrumente erstreckende Äußerung der Adsorptionspotentiale in den kolloiden Lösungen. Nur die Adsorptionspotentiale können für den Zustand der kolloiden Lösung von Einfluß sein. Denn dieser Zustand wird bestimmt durch die Spannungen an der Grenzfläche der Phasen; von ihnen hängen Veränderungen der Form und Größe der Teilchen, Koagulation und Peptisation ab. Das wichtigste Agens, welches diese Spannungen beeinflußt, ist die elektrische Ladung. Da aber alle Änderungen des kolloiden Zustandes auf der gegenseitigen Wirkung der sich berührenden Grenzflächen beruhen, können nur diejenigen Doppelschichten von Bedeutung sein, die an der Grenzfläche, an der Wand der dispersen Teilchen und der Nachbarschicht des Dispersionsmittels liegen, also die Adsorptionspotentiale. Somit haben wir eigentlich außer den elektrokinetischen Erscheinungen eine neue Betätigungsweise der Adsorptionspotentiale kennen gelernt, die nunmehr die Theorie der Kolloide vorbereitet.

Aber auch für andere Fragen von höchster physiologischer Bedeutung haben alle diese Erscheinungen eine viel höhere Wichtigkeit, als es nach dieser Erörterung zunächst scheinen könnte. Betrachten wir nämlich jene kapillarelektrischen Erscheinungen in sehr engporigen Diaphragmen, wie sie an Kollodium- oder Gelatinemembranen auftreten können, insbesondere die von Bethe beschriebenen Polarisationserscheinungen, so rückt die physiologische Verwendbarkeit dieser Dinge für die Fragen der Ruheströme, Aktionsströme und der Reizung der Muskeln und Nerven in so greifbare Nähe und erhält eine so umfassende Anwendungsfähigkeit, daß wir in diesem Bande noch nicht die Möglichkeit haben, sie genauer zu erörtern. Bedeutende Anfänge dazu sind von Bethe[1]) gemacht worden, in denen wiederum die exzeptionelle Stellung gerade der $H^{\cdot}$-Ionen zutage tritt, und die Frage scheint sich für den Physiologen jetzt geradezu dahin zuzuspitzen, ob man für die Erklärung der bioelektrischen Ströme, der Ionenpermeabilität, des Reizes und anderer ebenso wichtiger physiologischer Erscheinungen besser die Theorie der Grenzkräfte zwischen einer wäßrigen und einer nichtwäßrigen Phase (S. 153), oder die Theorie der kapillarelektrischen Erscheinungen in engporigen, gallertartigen Diaphragmen (S. 236) zugrunde legen soll.

In den letzten Kapiteln ist der Rahmen des gesteckten Themas dieses Buches etwas überschritten und eine Vollständigkeit der Darstellung der mitangeschnittenen Probleme auch nicht annähernd erstrebt oder erreicht worden. Aber gerade in der Unabgrenzbarkeit des Stoffes und in seinem sich ständig mehrenden Einfluß auf andere Gebiete zeigt sich seine grundlegende Wichtigkeit, und die Zeit erscheint nicht mehr fern, wo das hier dargestellte Stückchen physikalischer Chemie, zweifellos an vielen Stellen ausgebessert und umgemodelt, als nichts weiter erscheinen wird, als die primitivste Grundlage derjenigen rationellen Physiologie, die wir von den nächsten Jahrzehnten erwarten.

[1]) A. Bethe, Pflügers Arch. f. d. ges. Physiol. **163**, 147 (1916).

Anhang.

Oxydations-Reduktions-Potentiale.

Die bisher betrachteten Elektroden haben die gemeinschaftliche Eigenschaft, daß sie die Tendenz zeigen, Ionen in die Lösung zu senden. Es gibt aber auch metallische Leiter, welche eine solche Tendenz in meßbarem Maße nicht haben, z. B. Gold, Platin. Ist Platin mit einem Gase wie Wasserstoff beladen, so wirkt es als Wasserstoffelektrode, aber nicht als Platinelektrode. Die Funktion einer solchen indifferenten Elektrode kann aber unter anderen Umständen auch nur darin bestehen, als Empfänger oder Geber für Elektronen zu dienen, da jedes Metall für Elektronen durchlässig ist. Das ist nur eine andere Ausdrucksweise dafür, daß jedes Metall ein Leiter erster Klasse ist.

Es gibt chemische Reaktionen, welche in der Abspaltung von Elektronen bestehen. Sie sind in ihrem Wesen aufs innigste verwandt mit denjenigen Reaktionen, die man in der Chemie von jeher als Oxydationen bezeichnet hat. Im erweiterten Sinne bezeichnet man daher auch die Abspaltung eines Elektrons als Oxydation. So wird z. B. ein K-Atom durch Abspaltung eines Elektron zum Kalium-Ion oxydiert. Dieser Vorgang kann aber in meßbarem Umfange nur vor sich gehen, wenn ein Akzeptor für das Elektron vorhanden ist, der die elektrische Ladung neutralisiert. Bringt man K mit Wasser zusammen, so ist das Wasserstoffion dieser Akzeptor. Durch Annahme des negativen Elektrons wird es zu elektro-neutralem Wasserstoffgas. Das bei einer Oxydation auftretende freie Elektron kann aber ebensogut durch eine indifferente metallische Elektrode aufgenommen werden, und bei geeigneter Anordnung macht sich der Fortschritt der Oxydation durch einen durch das System fließenden elektrischen Strom bemerkbar.

Der umgekehrte Prozeß, die Aufnahme eines Elektron, wird als Reduktion bezeichnet. Die Reaktion

$$Fe^{+++} + \ominus \rightleftarrows Fe^{++} \tag{1}$$

ist eine Reduktion im Sinne von links nach rechts, eine Oxydation im Sinne von rechts nach links. Die Reaktion ist reversibel. Nehmen wir vorläufig einmal an, daß die bei dieser Reaktion auftretenden freien Elektronen keine Gegenkraft erzeugen, so würde nach dem Massenwirkungsgesetz die Reaktion fortschreiten, bis die Gleichgewichtsbedingung

$$\frac{[Fe^{+++}]}{[Fe^{++}]} = k \tag{2}$$

erfüllt ist, wo k eine diese Reaktion charakterisierende Konstante ist. Ist das Verhältnis der Ferri- und Ferroionen in einer Lösung, welche beide enthält, verschieden von k, so kann die Reaktion (1) in der vom Massenwirkungsgesetz vorgeschriebenen Richtung nur dann fortschreiten, wenn die entstehenden freien Elektronen abgeführt werden. Dies kann man auf folgende Weise bewerkstelligen.

$$\begin{array}{lcc|l} & \text{I} & \text{II} & \\ \text{Pt} \,\Big| & \dfrac{[Fe^{+++}]}{[Fe^{++}]} = r & \Big|\; \dfrac{[Fe^{+++}]}{[Fe^{++}]} = k & \text{Pt} \end{array} \tag{3}$$

Die in obigem Schema aufgestellte Kette besteht aus zwei Elektroden aus Pt. Die eine taucht in eine gemischte Lösung von Fe^{+++} und Fe^{++}-Ionen, z. B. $FeCl_3 + FeCl_2$. Das Verhältnis der Konzentrationen von Fe^{+++} und Fe^{++} sei = r. Die andere Elektrode taucht in eine Lösung derselben Ionenarten, das Verhältnis ihrer Konzentrationen sei hier = k, entsprechend Gleichung (2). Mit anderen Worten, an dieser zweiten Elektrode herrsche chemisches Gleichgewicht und daher keine Tendenz, Elektronen abzugeben oder aufzunehmen. Ferner sei angenommen, daß die Lösung II ein sehr großes Volumen habe und daß die Zuführung einer kleinen Menge von Fe^{+++}-Ionen das Konzentrationsverhältnis k nicht meßbar ändert. Die Lösung I habe aber ein kleines Volumen, so daß sich durch Zuführung von Fe^{+++}-Ionen das Verhältnis r ändert Verbinden wir die beiden Elektronen durch einen Draht, so können durch diesen Elektronen nach Bedarf zu- oder abgeführt werden, und dies wird so lange geschehen, bis r = k geworden ist. Die chemische Reaktion ist also von einem elektrischen Strom begleitet, der in jedem Augenblick eine bestimmte elektromotorische Kraft hat. Diese fällt von ihrem Anfangswert allmählich bis auf 0. Man kann die elektromotorische Kraft einer solchen Kette auffassen als die Differenz der beiden Potentialsprünge, welche zwischen jeder der Platinelektroden und der angrenzenden Lösung besteht. Da an der rechten Seite der Kette keine Tendenz zur Ionenübertragung besteht, so ist die Potentialdifferenz der rechten Elektrode gegen die Lösung II sicherlich = 0, und die elektromotorische Kraft der Kette ist die Potentialdifferenz der Elektrode I gegen die Lösung I. Es sei die Konzentration

der Fe+++-Ionen	links c_I^{+++}	rechts c_{II}^{+++}
der Fe++-Ionen	links c_I^{++}	rechts c_{II}^{++}

Wenn bei der Betätigung der Kette die Elektrizitätsmenge 1F geflossen ist, ist links 1 Mol Fe^{+++} verschwunden, rechts ist ebensoviel hinzugekommen. Links ist 1 Mol Fe^{++} hinzugekommen, rechts ebensoviel verschwunden. Die Zustandsänderung ist dieselbe, als ob 1 Mol Fe^{+++} von links nach rechts und 1 Mol Fe^{++} von rechts nach links befördert worden wäre. Die elektrische Zustandsänderung verläuft reversibel. Dieselbe Überlegung wie früher (S. 135) ergibt als maximale Arbeit für diese Zustandsänderung

$$R\,T \ln \frac{c_I^{+++}}{c_{II}^{+++}} + R\,T \ln \frac{c_{II}^{++}}{c_I^{++}}.$$

Die dieser gleiche elektrische Arbeit ist E . F, also

$$E = \frac{R\,T}{F} \ln \frac{c_I^{+++} \cdot c_{II}^{++}}{c_I^{++} \cdot c_{II}^{+++}} = \frac{R\,T}{F} \ln (r \cdot k) = \frac{R\,T}{F} \cdot \ln r + K \cdot$$

Beispiele für Oxydations-Reduktionsprozesse, welche ebenfalls in dem Austausch eines einzigen Elektrons zwischen der Oxydations- und der Reduktionsstufe stehen, sind z. B. auch das System Ferrozyanat $\rightleftharpoons$ Ferrizyanat, ferner nach den Untersuchungen von Conant das System Hämoglobin $\rightleftharpoons$ Methämoglobin. Dagegen ist das System Hämoglobin-Oxyhämoglobin überhaupt nicht mit einem Elektronenaustausch verbunden. Hier wird einfach molekularer Sauerstoff addiert, und daher ist auch ein Gemisch von Hämoglobin und Oxyhämoglobin nicht imstande, einer Platinelektrode ein bestimmtes Potential zu erteilen.

Sehr häufig sind Fälle, bei denen die Oxydation in der gleichzeitigen Aufnahme von zwei Elektronen besteht. So wird Chinon durch Aufnahme von zwei Elektronen zum sekundären Ion des Hydrochinon reduziert.

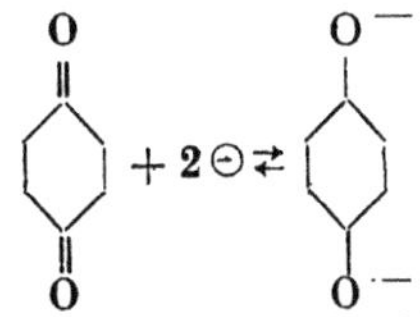

Chinon sek. Hydrochinon-Ion

Das sekundäre Ion des Hydrochinon reagiert sekundär mit den H-Ionen der Lösung unter Bildung von Hydrochinon.

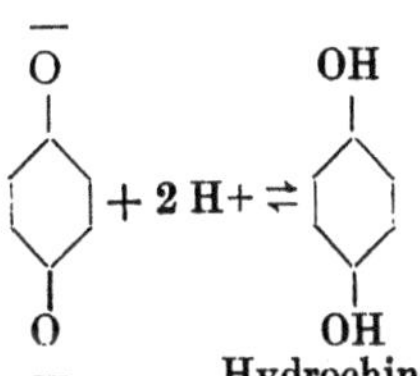

Hydrochinon

In einem solchen Falle hängt das Potential einer Platinelektrode von der Zusammensetzung der Lösung in folgender Weise ab:

$$E = \frac{R\,T}{2\,F} \ln \frac{[\text{Chinon}]}{[\text{Hydrochinon-Ion}^{=}]} + K$$

oder allgemein, wenn die oxydierte Form einer Molekelarart in reversibler Weise durch Aufnahme von n Elektronen in die reduzierte Form übergeht, so ist ihr Potential gegen eine Platinelektrode

$$E = \frac{R\,T}{n\,F} \ln \frac{[O_x]}{[\text{prim. Red.}]} + K.$$

Unter dem Bruchstrich steht hier die Konzentration des „primären Reduktionsproduktes". Das soll bedeuten, daß man hier nicht das etwa durch eine sekundäre Reaktion aus demselben entstehende weitere Umwandlungsprodukt (in unserem Beispiel das fertige Hydrochinon), sondern das primäre Produkt der Reduktion (d. h. die zweiwertigen Ionen des Hydrochinon) einsetzen muß. Das primäre Reduktionsprodukt und das undissoziierte Hydrochinon in der Lösung steht aber nach dem Massenwirkungsgesetz in einem bestimmten Verhältnis zueinander. Fassen wir das Hydrochinon als zweiwertige Säure auf, so ist nach S. 48

$$[\text{Hydrochinon-Ion}^{=}] = \frac{[\text{gesamtes Hydrochinon}]}{1 + \frac{[H^+]}{k_1} + \frac{[H^+]^2}{k_1 \cdot k_2}}$$

daher

$$E = \frac{R\,T}{2\,F} \ln \left(\frac{[\text{Chinon}]}{[\text{gesamtes Hydrochinon}]} \cdot \frac{k_1 k_2 + k_1 [H+] + [H+]^2}{k_1 k_2} \right) + K.$$

Das im Nenner stehende Produkt $k_1\,k_2$ kann man in die Konstante mit einbeziehen, und man erhält:

$$E = \frac{R\,T}{2\,F} \ln \frac{[\text{Chinon}]}{[\text{gesamtes Hydrochinon}]} + \frac{R\,T}{2\,F} \ln (k_1 k_2 + k_1 [H+] + [H+]^2) + K'$$

Diese Formel kann unter gewissen Bedingungen wesentlich vereinfacht werden. Ist nämlich $[H^+] \gg k_1$, d. h. ist die Lösung so sauer, daß das Hydrochinon fast ganz undissoziiert vorhanden ist, so ist $k_1\,[H^+] \ll [H^+]^2$ und auch $k_1\,k_2 \ll [H^+]^2$. Dann kann geschrieben werden

$$E = \frac{R\,T}{2\,F} \ln \frac{[\text{Chinon}]}{[\text{Hydrochinon}]} + \frac{R\,T}{F} \ln [H+] + K \qquad (6)$$

Variiert man in einer Reihe von Versuchen die $[H^+]$ und hält das Verhältnis von Chinon und Hydrochinon konstant, so wird

$$E = \frac{R\,T}{F} \ln [H+] + K'' \qquad (7)$$

d. h. das Potential hängt vom pH der Lösung in derselben Weise ab, wie das Potential einer Platin-Wasserstoffelektrode. Die Elektrode verhält sich demnach einfach wie eine Wasserstoffelektrode, welche mit einer Wasserstoffatmosphäre von außerordentlich niedrigem Druck in Gleichgewicht steht. Hierauf beruht die Messung von pH mit Hilfe der Chinhydronelektrode nach Bijlman. Die zu untersuchende Lösung wird mit einer beliebigen Menge Chinhydron versetzt. Dies ist eine kristallisierte Verbindung von 1 Molekül Chinon + 1 Molekül Hydrochinon, welche bei der Auflösung fast vollständig in die Komponenten zerfällt. Eine andere Lösung von bekanntem pH wird ebenfalls mit Chinhydron versetzt. Aus diesen beiden Versuchen und zwei Elektroden aus blankem Platin oder aus Gold wird eine Kette hergestellt, deren elektromotorische Kraft ist:

$$E = \frac{R\,T}{F} \ln \frac{h_1}{h_2}$$

wo h_1 die H-Ionenkonzentration der bekannten, h_2 die der unbekannten Lösung ist. Die Chinhydronelektrode stellt wegen ihrer Einfachheit und Sicherheit eine wesentliche Bereicherung der Methoden zur Messung der H-Ionen dar. Die Voraussetzung für die Brauchbarkeit dieser Methode ist allerdings, daß die Grundbedingung erfüllt sein muß, daß die Konzentration des gesamten Hydrochinons praktisch gleich ist der Konzentration des undissoziierten Hydrochinon, oder mit anderen Worten, es dürfen weder primäre noch sekundäre Hydrochinonionen in einer Menge von der Größenordnung des gesamten Hydrochinons vorhanden sein. Daher kann man die Chinhydronelektrode bei pH > etwa 8 nicht mehr anwenden, wohl aber stets in sauren Lösungen.

Hält man aber in einer Reihe von Versuchen h konstant, und variiert das Mengenverhältnis von Chinon und Hydrochinon, so nimmt die Gleichung (6) die Form an

$$E = \frac{RT}{2F} \cdot \ln \frac{[Ox]}{[Re]} + K''' \tag{7}$$

wo Ox im allgemeinen das Oxydationsprodukt, Re das Reduktionsprodukt bedeutet. Die Konstante K''' hat demnach die Bedeutung, daß sie das Potential einer Elektrode darstellt, wenn das Konzentrationsverhältnis von Ox : Re = 1 ist. Diese Konstante ist charakteristisch für die verschiedenen Oxydations-Reduktionssysteme oder kurz Redoxsysteme und hat außerdem für jedes pH einen speziellen Wert, z. B. für p_h = 7,7 (nach einer Zusammenstellung von E. Newton Harvey, meistens nach den Messungen von Clark und von Conant):

H_2-Elektrode	—0,46	Volt
Safranin	—0,32	,,
Anthrachinon β-Na-sulfonat	—0,26	,,
Indigomonosulfonat	—0,20	,,
Indigodisulfonat (Indigokarmin)	—0,15	,,
Indigotrisulfonat	—0,115	,,
Indigotetrasulfonat	—0,075	,,
Methylenblau	—0,01	,,
Lauths Violes	+0,03	,,
Methämoglobin-Hämoglobin	+0,08	,,
1-2-Naphthochinon	+0,13	,,
Chinon-Hydrochinon	+0,24	,,
K-Ferrizyanat	+0,43	,,
O_2-Elektrode	+0,76	,,

(„Safranin" bedeutet eine Mischung von gleichen Mengen Safranin mit Leukosafranin; „K-ferrizyanat" bedeutet eine Mischung von gleichen Mengen Ferrizyanat und Ferrozyanat usw.)

Der absolute Wert des Potentials hat ebensowenig Bedeutung wie der einer anderen Elektrode. Er muß auf eine willkürliche Bezugselektrode bezogen werden. Die in der Tabelle angegebenen Werte sind bezogen auf das Potential einer Wasserstoffelektrode von 1 Atmosphäre Wasserstoffdruck gegen eine Lösung von $p_h = 0$. Auch die Wasserstoffelektrode kann in diesem Sinne als Redox-Elektrode betrachtet werden und hat für das in dieser Tabelle durchweg gültige ph 7,7 den Wert $-0{,}46$ Volt, wie man leicht nachrechnen kann. Das Oxydationsprodukt ist in diesem Falle das H-Ion, das Reduktionsprodukt H_2. In Zahlen lautet die Gleichung (7) für 25° C:

$$E = 0{,}030 \cdot \log \frac{Ox}{Re} + K'''$$

wobei E in Volt ausgedrückt ist.

Wenn sich das Verhältnis Ox : Re von 10 : 1 bis auf 1 : 10 ändert, ändert sich das Potential also im ganzen nur um 0,060 Volt, d. h. sobald Ox und Re überhaupt nur in Mengen gleicher Größenordnung nebeneinander bestehen, kann das Potential nur in engen Grenzen schwanken, und im ganzen wird das Potential viel mehr durch die chemische Natur des Redoxsystems, d. h. durch die Größe der Konstanten K''', als durch das Mengenverhältnis von Ox : Re bestimmt. Die Hinzufügung eines bestimmten Redoxsystems im Überschuß zu einem anderen Redoxsystem in geringerer Konzentration wirkt daher auf das Redox-Potential in ähnlicher Weise als Puffer, wie die Hinzufügung eines gewöhnlichen Puffers auf das p_h einer Lösung. Andererseits kann das Oxydationspotential eines beliebigen Redoxsystems in genügender Konzentration dadurch angenähert bestimmt werden, daß man ein bekanntes Redoxsystem in sehr geringer Konzentration hinzufügt; das letztere wirkt dann als ein Indikator. Fügt man z. B. zu einer farblosen reduzierenden Flüssigkeit Methylenblau und findet, daß dieses zur Hälfte reduziert wird, so ist das Redox-Potential gleich dem des Methylenblausystems in der soeben gegebenen Tabelle. Wird aber Methylenblau zu 99% reduziert, so ist das Potential um 30 Millivolt größer usw. In dieser Weise stellt eine Reihe von geeigneten Farbstoffen von verschiedener Reduzierbarkeit, deren Redox-Potential von Mansfeld W. Clark, sowie von Conant gemessen worden ist, einen Satz von Redox-Indikatoren dar, der in seiner Anwendungsweise eine gewisse Ähnlichkeit mit pH-Indikatoren hat. Diese Redox-Indikatorenmethode, sowie auch die direkte Potentialmessung gegen eine Platin- oder Goldelektrode ist in letzter Zeit dazu benutzt worden, um das Reduktionsvermögen lebender Zellen namentlich unter anaerobiotischen Bedingungen zu studieren.

Bemerkung zu dem Kapitel:

Dissoziation der starken Elektrolyte.

Die Aktivitätstheorie hat inzwischen eine so gründliche Durcharbeitung und Erweiterung erfahren, daß hier wenigstens einige Quellen genannt werden sollen, nach denen sie studiert werden kann. Die Fortschritte sind hauptsächlich zu verdanken den zielbewußt durch Jahre hin fortgesetzten experimentellen Untersuchungen von G. N. Lewis und seinen Mitarbeitern, welche theoretisch auf einer streng thermodynamischen Grundlage aufgebaut sind, den fortgesetzten Untersuchungen von Bjerrum, den Untersuchungen über die Löslichkeit schwer löslicher Salze von Brönstedt und seinen Mitarbeitern, und ganz besonders den grundlegenden theoretischen Untersuchungen von Debye und Hückel, welche, die im Text erwähnten Anfänge der Theorie von Ch. J. Ghosh weit überflügelnd und zum Teil richtig stellend, gezeigt haben, wie die elektrische Wechselwirkung der Ionen aufeinander theoretisch zu behandeln ist. Durch diese Theorie ist es möglich gewesen, wenigstens für das Bereich großer Verdünnungen (etwa 0,01 molar) die Aktivitätskoeffizienten von Ionen ohne Zuhilfenahme willkürlicher Konstanten oder ad hoc konstruierter Hypothesen zu berechnen. Für höhere Konzentrationen bedarf es allerdings der Einführung neuer Parameter, welche je nach der chemischen Natur der Ionenart verschieden sind und als Ionenradien gedeutet werden, obwohl sie mit den aus dem Bohrschen Atommodell hervorgehenden Ionenradien wenig zu tun haben. Das experimentelle Material, die Kenntnis der Aktivitätsfaktoren der verschiedenen Ionenarten unter den verschiedensten Bedingungen ist inzwischen hauptsächlich durch die fortgesetzten Untersuchungen der Schule von G. N. Lewis bedeutend erweitert worden. Für die Physiologie sind außerdem bemerkenswert die Studien über die Löslichkeit der wasserlöslichen Kalksalze.

Literatur.

Oxydations-Reduktions-Potentiale.

Peters, Rudolf: Über Oxydations- und Reduktionsketten usw. Z. f. physikal. Chemie **26**, 193 (1898).
Clark, W. Mansfield: Studies on Oxidation-Reduction. Public Health Reports, Treasury Departments, United States Public Health (Service, Reprints Nr. 823, 826, 834, 848, 904, 915, 1017, Supplement Nr. 54 and Nr. 55 (zum Teil mit Barnett Cohen, H. D. Gibbs, M. X. Sullivan and R. K. Cannan).
Conant, James B.: Am. chem. soc. **44**, 1382 (1922); **45**, 1047 (1923); J. of biol. chem. **57**, 401 (1923); **62**, 595 (1924) (zum Teil mit L. F. Fieser, S. S. Kurtz, R. E. Lutz).
Bijlmann, E. et H. Lund: Sur l'électrode à quinhydrone. Ann. chim. [9] **16**, 321 (1921).
Ausgezeichnete Übersicht über das Gebiet:
Clark, W. Mansfield: Studies on reversible oxidation-reduction in organic systems. Chem. review **2**, 127 (1926).
Conant, James B.: The electrochemical formulation of the irreversible reduction and oxidation of organic compounds. Chem. review **3**, 1 (1927).

Starke Elektrolyte.

1. Lewis, Gilbert Newton and Merle Randall: Thermodynamics and the free energy of chemical Substances. New York 1923.
2. Hückel, E.: Zur Theorie der Elektrolyte. Ergebn. d. exakten Naturwissenschaften Bd. 3, S. 199.
3. Debye, P. und E. Hückel: I. Physikal. Zeitschr. **24**, 185. 1923. II. Ebenda 305. 1923.
4. Debye, P.: Recueil des travaux chim. des Pays-Bas **42**, 597. Physikal. Zeitschr. **24**, 334. 1923.
5. Debye, P.: Physikal. Zeitschr. **25**, 97. 1924.
6. Schärer, O.: Physikal. Zeitschr. **25**, 145. 1924.
7. Bjerrum, N.: Proc. of the Internat. Congr. applied chemistry Sect X. London 1909.
8. Bjerrum, N.: Zeitschr. f. Elektrochem. **24**, 321. 1918.
9. Bjerrum, N.: Zeitschr. f. anorgan. Chem. **109**, 275. 1920.
10. Bjerrum, N.: Zeitschr. f. physikal. Chem. **104**, 406. 1923.
11. Brönstedt, J. N.: Journ. of the Americ. chem. soc. **42**, 761. 1920.
12. Brönstedt, J. N.: Ibid. **44**, 938. 1922.
13. Brönstedt, J. N. and V. K. La Mer: Journ. of the Americ. chem. soc. **46**, 555. 1924.
14. L. Emmet Holt, jr., Victor K. La Mer and H. Bruce Chown: Studies in calcification. The Journ. of biol. chem. **44**, 509 and 567 (1925).
15. Hastings, A. B., C. D. Murray and J. Sendroy: Studies of the solubility of calcium salts. Journ. of biol. chem. **71**, 723—781. 1927.

Namenverzeichnis.

Sachverzeichnis.

GPSR Compliance

The European Union's (EU) General Product Safety Regulation (GPSR) is a set of rules that requires consumer products to be safe and our obligations to ensure this.

If you have any concerns about our products, you can contact us on ProductSafety@springernature.com

In case Publisher is established outside the EU, the EU authorized representative is:

Springer Nature Customer Service Center GmbH
Europaplatz 3
69115 Heidelberg, Germany

Batch number: 10682439

Printed by Printforce, the Netherlands